Giovani Glaucio de Oliveira Costa

Análise Multivariada Light

Sem Matemática

Volume 2

EDITORA CIÊNCIA MODERNA

Análise Multivariada Light – Sem Matemática – Volume 2

Editor: Paulo André P. Marques
Produção Editorial: Dilene Sandes Pessanha
Capa: Daniel Jara
Diagramação: Daniel Jara
Copidesque: Eveline Vieira Machado

FICHA CATALOGRÁFICA

COSTA, Giovani Glaucio de Oliveira.

Análise Multivariada Light – Sem Matemática – Volume 2

Rio de Janeiro: Editora Ciência Moderna Ltda., 2021.

1. Estatística
I — Título

ISBN: 978-85-399-0834-9 CDD 519.5

Editora Ciência Moderna Ltda.
R. Alice Figueiredo, 46 – Riachuelo
Rio de Janeiro, RJ – Brasil CEP: 20.950-150
Tel: (21) 2201-6662/ Fax: (21) 2201-6896
E-MAIL: LCM@LCM.COM.BR
WWW.LCM.COM.BR **06/21**

À minha mãezinha querida, Oneida Barreto de Campos Costa; aos meus irmãos, amigos e companheiros André Luiz de Oliveira Costa e Andréa Viviane de Oliveira Costa; à minha afilhadinha e sobrinha amada, Juliana Paula Costa Lima e à Editora Ciência Moderna, pela confiança que depositou em meu trabalho.

Prefácio

Para fazer alguma inferência sobre a vida profissional de uma pessoa, sempre é bom conhecermos sua origem. Dr. Giovani Gláucio de Oliveira Costa é um exemplo de profissional em sua área de atuação em que sua trajetória de vida profissional vai muito além do que podemos constatar em seu currículo, pois a formação do material humano vai além, muito além, da vivência nos bancos escolares. Oriundo do ensino médio da rede pública estadual do Rio de Janeiro buscou sempre a sua formação em centros de excelência e, desde ainda muito jovem, sempre soube não apenas identificar seu objetivo profissional, mas traçar os caminhos pelos quais deveria trilhar para dar a partida em busca deste, através da iniciativa de ingressar no Curso Técnico/Profissionalizante em Estatística da Escola Nacional de Ciências Estatísticas do IBGE. A partir daí, o autor deu prosseguimento, sempre com grande sucesso à sua formação acadêmica, durante a Graduação em Estatística na Universidade do Estado do Rio de Janeiro (UERJ), o Mestrado em Engenharia de Produção (Qualidade Total) na Universidade Federal Fluminense (UFF), o Doutorado em Engenharia Elétrica (Análise Multivariada) na Pontifícia Universidade Católica do Rio de Janeiro (PUC-RJ) e no seu Pós-doutoramento em Sociologia (Análise Multivariada) pelo Instituto Universitário de Pesquisas do Rio de Janeiro (IUPERJ). Ao lançarmos este breve olhar sobre a sua formação acadêmica, é impossível não destacar a diversidade presente na mesma, o que se reflete em sua atuação profissional como pesquisador e, sobretudo, como educador na sua área de conhecimento. A plêiade de atuações que o Dr. Giovani tem em sua carteira de atividades, seja na área da educação, economia, social, estratégica, etc., confere a este pesquisador um caráter peculiar e amplamente desejável para o pesquisador brasileiro, com elevada capacidade de utilizar sua formação para atuar em prol do desenvolvimento científico, mas sem esquecer de seu papel como cidadão e do retorno que, como aluno do ensino público brasileiro, há que se oferecer a nossa população.

A apresentação desta obra, além de nos brindar com um precioso trabalho de elevada qualidade técnica dentro da área da Estatística Multivariada, traz a experiência acumulada pelo Dr. Giovani e reflete a diversidade sempre presente ao longo de sua, ainda tão jovem, trajetória de vida acadêmica, evidenciando sua preocupação e busca pela qualidade da educação e o desenvolvimento científico, tecnológico e social de nosso país. Que o leitor possa apreciar o conteúdo desta obra, sorvendo dela as técnicas multivariadas e a brilhante experiência de vida que um exemplo de profissional de elevado nível nos oferece.

À cada página, permitam-se obter mais do que a técnica, muito além da teoria. Aproveitem a disponibilidade do Dr. Giovani em dividir conosco sua trajetória e todas as conquistas alcançadas com excelência e generosidade.

Jairo Pinheiro da Silva

Licenciado em Ciências- Biologia, UFRRJ, 1990

Mestre e Medicina Veterinária - Parasitologia Veterinária, UFRRJ, 1993

Doutor em Ciências -Biofísica, UFRJ, 2003

Pós-doutorado Sênior, Biologia Celular e Tecidual, UENF, 2011

Cientista do Nosso Estado, FAPERJ

Pró-reitor Adjunto de Pesquisa e Pós-graduação, UFRRJ

Apresentação

O pesquisador atualmente necessita gerir base de dados cada vez maiores e com complexidades de medições cada vez mais acentuadas.

Este texto tem o objetivo de oferecer uma literatura de estatística multivariada com as técnicas básicas existentes e com um foco essencialmente aplicado, sem formalismos matemáticos e com geração dos resultados através do *software* estatístico SPSS. O resultado é uma obra voltada para interpretação dos resultados obtidos com as técnicas essênciais da análise multivariada.

O autor ao escrever este livro focou suas aplicações e exercícios em cases acadêmicos e empresariais com uma apresentação fortemente fundamentada em reconhecimento de padrões que possibilitam produzir novas teorias e 'otimizar' tomadas de decisão.

O texto reduz a dependência da matemática, identifica os conceitos fundamentais que afetam o uso dos métodos multivariados, potencializa o uso computacional através dos *softwares* SPSS e amplia a interpretação dos resultados das análises.

O resultado é um manual aplicado de análise multivariada light, básico e sem matemática, para aqueles que não são estatísticos, mas que precisam aplicar seus métodos em pesquisas e controlar com menos riscos os seus negócios.

O objetivo deste livro é introduzir métodos estatísticos multivariados para quem não tem formação em matemática. Ele não pretende ser um livro-texto detalhado. Ao contrário, a intenção é que sirva como um manual aplicado para utilizar técnicas multivariadas básicas em situações reais de pesquisa acadêmica e empresarial. Em outras palavras, é um livro para "fazer você ir adiante" na aplicação de um método multivariado básico em uma base de dados acadêmica e de negócios.

Assume-se que os leitores tenham um conhecimento prático de estatística elementar, incluindo testes de significância usando Distribuição Normal, T-Student, Qui-quadrado e F-Snedecor, Análise da Variância e Regressão Linear Múltipla.

Uma das razões pelas quais métodos multivariados estão sendo usados com tanta frequência em nossos dias é o pronto acesso a pacotes computacionais para fazer os cálculos. De fato, o uso de *softwares* computacionais é essencial para realização de análises multivariadas. Nesta obra, usaremos integralmente o SPSS para consecução dos cálculos multivariados.

Até certo ponto, os capítulos podem ser lidos de forma independente. Os dois primeiros capítulos são preliminares onde são apresentados os conceitos básicos de análise multivariada, bem como metodologias para preparação das bases de dados para aplicações multivariadas. Os capítulos seguintes já começam objetivamente a apresentar as técnicas estatísticas multivariadas mais elementares da literatura estatística.

No final de cada capítulo são apresentados exercícios aplicativos com suas soluções dispostas sequencialmente. Em anexo, segue um manual básico do SPSS.

Serão disponibilizadas, no site da Editora Ciência Moderna, todas as bases de dados utilizadas nas aplicações e exercícios propostos. Também existem exercícios complementares dos capítulos 3 e 4.

Aproveito a oportunidade para manifestar meus sinceros agradecimentos aos meus alunos do Mestrado e Doutorado em Ciências Ambientais e Florestais da Universidade Federal Rural do Rio de Janeiro, pelas preciosas críticas e sugestões para melhora da qualidade didática do texto desta obra.

Muito embora a revisão de um livro seja feita por muitas pessoas, alguns erros podem passar despercebidos, assim não se furtem em apontar erros e as avaliações críticas e sugestões dos leitores são muito bem-vindas para o refino desta obra.

Será muito gratificante para mim se meu livro tiver sido de alguma forma útil para o leitor, nem que tenha sido em somente um parágrafo e/ou uma página. Entretanto, espero, de verdade que ele seja relevante em todo o seu conteúdo. Obrigado a todos e boa leitura.

O Autor
giovaniglaucio@ufrrj.br
giovaniglaucio@hotmail.com

Sumário

Capítulo 3

Capítulo 4

Capítulo 1

Análise de *Clusters*

1.1 Conceito

É um procedimento multivariado utilizado para detectar grupos homogêneos nos dados, sendo os grupos mais comumente formados por casos.

A análise de *cluste*r pretende organizar um conjunto de casos em grupos homogêneos, de tal modo que os indivíduos pertencentes a um grupo são os mais semelhantes possível e diferenciados dos restantes.

A análise de *cluster* é também chamada de *análise de classificação* ou *taxonomia numérica*. A análise de *cluster* é utilizada para classificar objetos, registros ou casos e, eventualmente, variáveis, em *cluster*.

A análise de *cluster* tem sido aplicada em pesquisas com vários objetivos:

- Segmentação da base de dados para uma análise estrutural ou subperfis porventura latentes;
- Segmentar o comportamento do entrevistado em pesquisas de opinião e mercado;
- Segmentar a base de dados em função das variáveis estratégicas na problemática em foco e comparar os grupos formados;
- Redução de dados para criar subgrupos de dados mais fáceis de manejar do que as observações individuais.

As variáveis sobre as quais se faz a análise de *cluster* devem ser selecionadas com base em uma pesquisa passada, na teoria, nas hipóteses que estão sendo testadas ou no julgamento do pesquisador. Deve-se escolher uma medida adequada de distância ou semelhança. A medida mais comum é a distância euclidiana ou seu quadrado.

A maioria dos métodos de aglomeração consiste de processos relativamente simples que não têm o apoio de um raciocínio estatístico rigoroso. A maioria dos métodos de *cluster* é *heurística*, baseada em algoritmos. Assim, a análise de *cluster* contrasta fortemente com a análise dos componentes principais e a análise fatorial, que se baseiam em um rigoroso raciocínio estatístico. Embora muitos métodos de análise de *cluster* tenham importantes propriedades estatísticas, não se pode deixar de reconhecer a simplicidade dos fundamentos de tais métodos da análise de dados.

1.2 Estatísticas da Análise de *Cluster*

As principais estatísticas e conceitos que ajudam a realizar a análise de *cluster* são:

- ***Calendário de agregação*** - *dá a informação sobre os objetos ou casos a serem combinados em cada estágio de um processo hierárquico de clusterização. Com um gráfico que relaciona o estágio do processo em função dos coeficientes de fusão, pode-se ter uma informação inicial do número de cluster ideal para a base de dados em análise;*

- ***Diagrama de icicle*** - *mostra os cases de cada cluster em função do número de cluster.*

- ***Dendograma*** - *também chamado de gráfico de árvore, é um dispositivo gráfico para apresentar os resultados da aglomeração, isto é, informar quantos clusters foram formados e quais os casos constituintes desses clusters. Também* *auxilia concluir sobre o número de clusters que deve ser seccionada a base de dados, além de informar os constituintes destes. Confirma o número de clusters formados e os casos de cada um deles;*

- ***Composição de um cluster*** *- uma tabela que indica o cluster ao qual pertence cada objeto;*
- ***Centroides de cluster*** *- os valores médios das variáveis para todos os casos em cada cluster formado. Ajuda a perfilar os clusters retidos na análise;*
- ***Distância entre os centros dos clusters*** *- indicam o grau de separação dos pares individuais de clusters. Os clusters que se apresentam amplamente separados são distintos e, por conseguinte, desejáveis. A tabela que informa esses dados pode ser importante para se ter uma ideia de quanto os valores observados se distanciam do perfil médio, formando grupos rigorosamente distintos.*

Os processos de aglomeração podem ser ***hierárquicos ou não hierárquicos***. Os métodos hierárquicos agrupam os casos da base de dados a partir de uma matriz de ***semelhança/distância***. Já os métodos não hierárquicos agrupam os casos da amostra diretamente nos seus casos, partindo de uma repartição inicial dos indivíduos por um número de grupos predefinidos pelo investigador em função de um **centro** assumido. Um exemplo de método não hierárquico é o *K-means*, que consiste na transferência de um indivíduo para um *cluster* cuja média, denominada de centroide, encontra-se na menor distância.

1.3 Análise de *Cluster* Hierárquico

Realiza agrupamentos dos registros da base de dados em função de distâncias, variâncias e centroides ***sem conhecimento***, *a priori*, do número de *cluster*.

Na clusterização à base de distâncias, pode-se escolher entre mais de 40 medidas de similaridade ou dissimilaridade, padronizar os dados usando vários métodos e agrupar casos ou variáveis. É possível também analisar variáveis brutas ou escolher entre diversas transformações de padronização. Gera medidas de distância ou de similaridade usando o procedimento de aproximidades. Exibe as estatísticas em cada fase para auxiliar o analista a selecionar a melhor solução. Este procedimento é recomendado para conjuntos de dados que sejam pequenos em número.

O ***cluster* hierárquico** se caracteriza pelo desenvolvimento de uma hierarquia ou uma estrutura em forma de árvore. Os métodos hierárquicos podem ser aglomerativos ou divisivos. Os métodos aglomerativos consistem de *métodos de encadeamento, métodos de variância* e métodos de *centroide*. Os métodos de encadeamento compreendem o *encadeamento único, encadeamento completo* e *encadeamento médio*. O método de *Ward* é um método de variância bastante usado.

O ***cluster* aglomerativo** é o processo de aglomeração hierárquico em que cada objeto tem início em um *cluster* separado. Formam-se os *clusters* agrupando os objetos em *clusters* cada vez maiores. Portanto, nesse método, cada observação da base de dados é tida inicialmente como um *cluster* e nos passos subsequentes, os dois objetos mais próximos vão agregando-se em um só *cluster*.

O ***cluster* divisivo** é um processo inverso, em que se parte de um só grupo que inclui todos os indivíduos e por meio de divisões sucessivas e sistemáticas, as observações mais afastadas vão sendo retiradas e constituem *clusters* menores. Portanto, o *cluster* divisivo é o processo de aglomeração hierárquica em que todos os objetos partem de um *cluster* gigante. Formam-se os *clusters* dividindo esse *cluster* gigante em *clusters* cada vez menores.

Os métodos de encadeamento (***Linkage Methods***) são **métodos aglomerativos** de *cluster* hierárquico que agrupam os objetos com base no cálculo da **distância** entre eles.

O método de encadeamento único (***Single Linkage***) é o método de encadeamento baseado na distância mínima ou na regra do vizinho mais próximo.

O método de encadeamento completo (***Complete* Linkage**) é o método de encadeamento baseado na distância máxima ou na regra do vizinho mais afastado.

O método de encadeamento médio (***Average Linkage***) é o método de encadeamento baseado na distância média entre todos os pares de objetos, onde cada membro de um par é extraído de cada um dos *clusters*.

O método da variância é um método aglomerativo de *cluster* hierárquico, em que os conglomerados são gerados de modo a minimizar a **variância** dentro do *cluster*.

O processo de *Ward* é um método de variância em que se deve minimizar **o quadrado da distância euclidiana** às médias dos conglomerados.

O método do centroide é o método de variância de aglomeração hierárquica, em que a distância entre dois *clusters* é a distância entre seus centroides (médias para todas as variáveis).

1.4 Análise de *Cluster* Não Hierárquico ou *K-Means*

Este procedimento assume que os dados recaem em um número **conhecido** de *clusters*. Dado esse número, o procedimento atribuirá casos aos agrupamentos, isto é, inicialmente determina ou assume um **centro** de *cluster* e, em seguida, grupa os objetos que estão a menos de um valor pré-especificado do centro.

Exemplo de Aplicação

Uma pessoa que faz pesquisa de mercado pode, por exemplo, desejar agrupar cidades em grupos homogêneos usando a análise de cluster K-Means para encontrar cidades-pilotos para testar estratégias de marketing.

Os métodos não hierárquicos são chamados frequentemente de aglomeração de *K-Means*. Esses métodos podem ser classificados como *limiar sequencial, limiar paralelo e particionamento otimizador*.

O método do ***limiar sequencial*** é o método de aglomeração não hierárquico em que se escolhe **um centro** de aglomeração e se agrupam todos os objetos que estão a menos de um valor especificado em relação ao centro.

O método do ***limiar paralelo*** é o método de aglomeração não hierárquico que especifica de uma só vez **vários centros** de *cluster*. Todos os objetos que estão a menos de um valor predeterminado do centro são agrupados juntamente.

O método do ***particionamento otimizador*** é o método de aglomeração não hierárquico baseado em um critério global, estabelecido pelo programa, e toda a formação dos *clusters* é feita para otimizar o atendimento desse critério.

Ao realizar a análise de *cluster* hierárquico, o pesquisador ainda não tem a informação do número de grupos que se deve segmentar a base de dados. A própria realização da análise possibilitará essa informação. Já na realização do método *K-Means*, essa informação já deve ser conhecida e toda análise deve ser focada na classificação e no traço do perfil de cada *cluster*.

A figura abaixo sintetiza os processos de classificação da análise de *cluster*. Os métodos hierárquicos e não hierárquicos podem ser utilizados sequencialmente. No primeiro, escolhe-se o número de *clusters* a ser segmentada a base de dados e no método não hierárquico, classificam-se todos os objetos nos *clusters* retidos e realiza-se sua perfilização. Esta sequência analítica será adotada na segmentação da base de dados de nossas aplicações e exercícios.

Figura - Uma Classificação dos Processos de Aglomeração

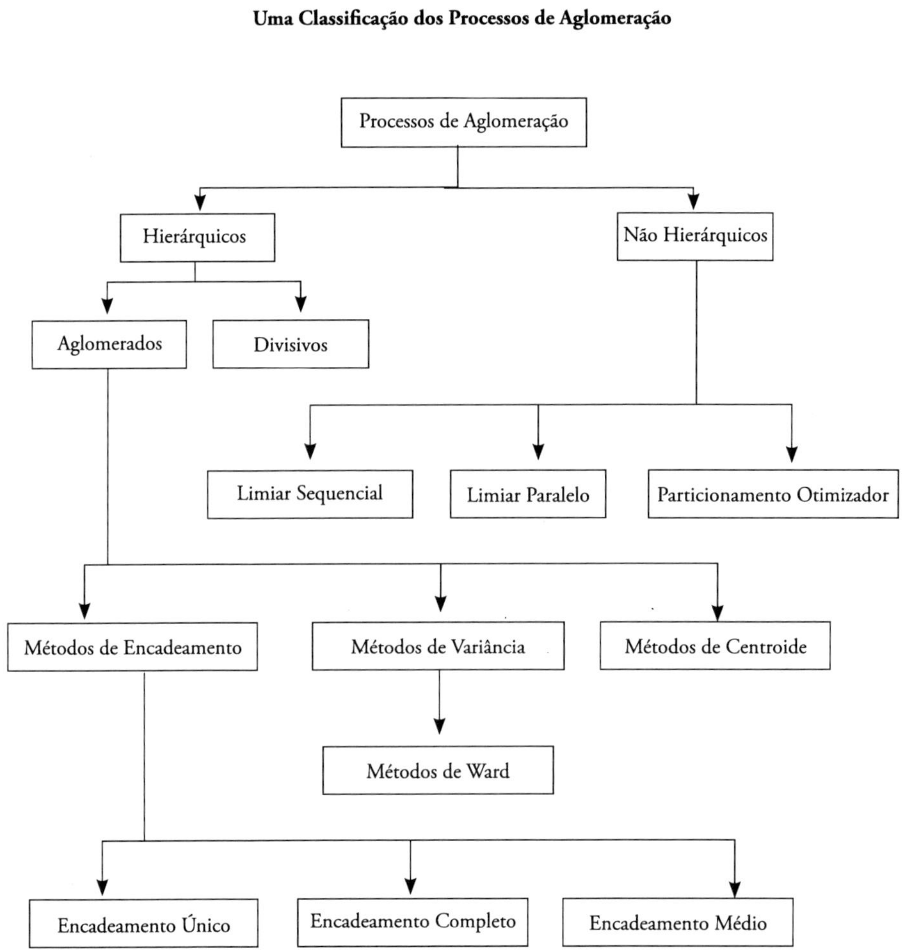

1.5 Método da Análise de *Cluster*

O método da análise de *cluster* é formado pelas seguintes etapas que devem ser seguidas nesta ordem:

- Formular o problema;
- Escolher uma medida de distância;
- Escolher um processo de aglomeração;
- Decidir quanto ao número de cluster;
- Interpretar e perfilar os clusters;
- Avaliar a confiabilidade e a validade do processo de aglomeração.

O primeiro passo consiste em formular o problema de aglomeração, definindo as variáveis sobre as quais se baseará a aglomeração. Escolhe-se. Então. uma medida apropriada de distância. A medida de distância determina quão semelhantes ou quão diferentes são os objetos que estão sendo aglomerados.

Foram elaborados vários processos de aglomeração e o pesquisador deve escolher aquele que se afigura apropriado ao problema em foco. A decisão sobre o número de *cluster* exige julgamento por parte do pesquisador. Existem estatísticas que ajudam a decisão de forma mais objetiva. Os *clusters* derivados devem ser interpretados e perfilados em termos das variáveis usadas para constituí-los, com a ajuda da tabela estatística dos "centroides de *cluster*". Finalmente, o pesquisador precisa avaliar a confiabilidade e a validade do processo de aglomeração.

1.6 Determinação do Número de *Clusters*

O número de *clusters* pode basear-se também em considerações teóricas, conceituais ou práticas. Na conglomeração hierárquica, as distâncias nas quais se combinam os *clusters* é um critério importante. Os tamanhos relativos dos *clusters* devem ser significativos. Os *clusters* devem ser interpretados em termos de centroides de aglomeração. Em geral, convém perfilar os *clusters* em termos da importância das variáveis consideradas em cada *cluster*.

1.7 Confiabilidade e Validade da Análise de *Cluster*

A confiabilidade e a validade das soluções podem ser avaliadas de diferentes maneiras. Dados os diversos julgamentos que a análise de *cluster* acarreta, nenhuma solução de aglomeração deve ser aceita sem uma avaliação de sua confiabilidade e validade. Os processos formais para avaliar a confiabilidade e a validade de soluções de *cluster* são complexos e nem sempre totalmente defensáveis. Não obstante, os processos seguintes permitem uma verificação adequada da qualidade dos resultados da aglomeração:

- Fazer a análise de cluster sobre os mesmos dados utilizando diferentes medidas de distância. Comparar os resultados em relação às medidas para verificar a estabilidade da solução;

- Utilizar métodos diferentes de aglomeração e comparar os resultados;

- Separar aleatoriamente a base de dados em duas metades. Fazer a aglomeração separadamente sobre cada metade. Comparar os centroides dos clusters nas duas subamostras;

- Apagar as variáveis aleatoriamente. Fazer a análise de cluster com base no conjunto de dados reduzido de variáveis. Comparar os resultados com os obtidos por aglomeração baseada em todo o conjunto de variáveis;

- Em uma análise de cluster não hierárquico, a solução pode depender da ordem dos registros na base de dados. Fazer repetições múltiplas utilizando diferentes ordens de casos até que a solução se estabilize.

1.8 Segmentação de Mercado

Uma das mais correntes aplicações da análise de *cluster* é a segmentação de mercado.

A segmentação de consumidores, empresas, marcas ou produtos permite-nos compreender o mercado, quer no nível do comportamento, quer no nível da organização e da distribuição. Segmentar significa encontrar agrupamentos de indivíduos, empresas, produtos ou serviços que compartilham, associam, ou seja, entendidos como tendo algumas características comuns. Com a segmentação, pretende-se encontrar diferentes grupos com características homogêneas. Definir grupos tem por finalidade eliminar ou diminuir a inabilidade ou a incoerência de lidar com grupos de empresas, grupos de consumidores e grupos de produtos e serviços, estabelecendo tomadas de decisão e gestão relacionadas aos perfis de cada grupo. Com a segmentação, pretende-se conseguir a definição de metas, objetivos, políticas de ação ou publicidade adequada a consumidores, empresas, produtos e serviços.

Conhecer as empresas de seu mercado, seus clientes e o desempenho de seus produtos e serviços, suas características, quais os mais rentáveis, quais padrões de comportamento assumem e quais preferências apresentam é fundamental para as empresas estabelecerem melhores estratégias específicas e, assim, sobreviverem no mercado.

A informática de hoje permite-nos recorrer a muitas ferramentas estatísticas multivariadas para a segmentação de mercado e essas técnicas facilitam a interpretação de sinais de comportamento, preferências, hábitos, desejos etc., que os consumidores ou as empresas apresentam, não visíveis em uma análise direta dos valores de negócio obtido. A ***análise de cluster*** é uma das técnicas estatísticas mais utilizadas para a segmentação de consumidores, empresas, produtos ou serviços.

Uma segmentação simples pode diferenciar um conjunto de empresas, consumidores, produtos e serviços que permitirão construir parâmetros das estratégias a implementar para conseguir o tratamento, comportamento mais adequado a cada grupo e, assim, otimizar o desempenho das empresas e negócios.

1.9 Sequência de Passos de *Cluster* Hierárquico

1. *ANALYSE;*
2. *CLASSIFY;*
3. *HIERARCHICAL CLUSTERS;*
4. *Em PLOT, marcar "DENDROGRAM";*
5. *Em METHOD, marcar em CLUSTER METHOD a opção "WARD´S METHOD" e, em MEASURE, a opção "SQUARED EUCLIDEAN DISTANCE";*
6. *CONTINUE;*
7. *OK.*

Observações:

- *Com **"AGGLOMERATION SCHEDULE"**, faz-se, com **"STAGE X COEFFICIENTS"**, o **"GRÁFICO DOS COEFICIENTES DE FUSÃO"**, no Excel;*

- *Com **"VERTICAL ICICLE"** e **"DENDROGRAM"**, tem-se a informação do número de clusters latentes na base de dados. Após esta análise e constatação, parte-se com o número de clusters detectados para a **Análise de Cluster Não Hierárquico K-Means**, com o objetivo da classificação dos objetos nos clusters gerados e outras estatísticas.*

1.10 Sequência de Passos de *Cluster* Não Hierárquico

1º) PADRONIZAÇÃO DAS VARIÁVEIS:

A sequência para esta análise de dados é:

1. *DESCRIPTIVE STATISTICS;*
2. *DESCRIPTIVE;*
3. *Indicar as variáveis a serem padronizadas;*
4. *Marcar SAVE STANDARDIZED VALUES AS VARIABLES;*
5. *OK.*

2º) CLASSIFICAÇÃO OU CONGLOMERAÇÃO

A sequência para esta análise de dados é:

1. *ANALYSE;*
2. *CLASSIFY;*
3. *K-MEANS CLUSTER;*
4. *VARIABLES: indicar as variáveis de cluster;*
5. *NUMBER OF CLUSTER: indicar os números de clusters desejados para a conglomeração;*
6. *ITERATIVE: deixar os valores default;*
7. *SAVE: marcar CLUSTER MEMBERSHIP → CONTINUE;*
8. *OPTIONS: marcar INITIAL CLUSTER CENTER e CLUSTER INFORMATION FOR EACH CASE → CONTINUE;*
9. *OK.*

Para identificar os constituintes de cada *cluster* visualmente, pode-se construir um gráfico de dispersão seguindo os passos a seguir no SPSS:

3º) GRÁFICOS DOS *CLUSTERS* (*SCATER-PLOT*)

A sequência para esta análise de dados é:

1. GRAPHS;
2. LEGACY DIALOGS;
3. SCATTER/DOT;
4. SIMPLE SCATTER;
5. DEFINE;
6. Y AXIS: indicar a variável da ordenada;
7. *X AXIS: indicar a variável da abscissa;*
8. *SET MARKERS BY: indicar a variável criada pela análise de clusters após a rodada. Essa variável classifica cada observação da base nos clusters criados;*
9. *LABEL CASES BY: indicar a variável que identifica cada* case;
10. *OPTIONS: marcar DISPLAY CHART WITH CASE LABELS → CONTINUE;*
11. *OK.*

1.11 Procedimentos Analíticos Quando a Clusterização Envolve mais de Duas Variáveis

Quase sempre a base de dados tem mais de duas variáveis e o gráfico dos *clusters* é bidimensional. Podemos adotar duas soluções analíticas:

1ª) Escolha livremente duas variáveis da base de dados para serem as abscissas e as ordenadas. Verifique se com essas duas variáveis há informações completas e fidedignas dos perfis dos clusters. Caso contrário, mude as combinações de variáveis;

*2ª) Realize uma análise fatorial por componentes principais na base de dados, solicitando dois fatores (escores fatoriais) e salve-os em **"DATA VEW" (scores → save as variables)**. Use essas duas variáveis como os eixos do plano cartesiano do gráfico dos clusters. Pronto, as duas novas variáveis ou fatores são combinações lineares das* *variáveis originais e representarão no gráfico todos os indicadores do espaço de partida.*

Para identificar os constituintes de cada *cluster* visualmente, pode-se construir, alternativamente ao gráfico de dispersão de *cluster*, um gráfico de barras seguindo os passos mostrados no SPSS:

1. *GRAPHS;*
2. *LEGACY DIALOGS;*
3. *BAR;*
4. *STACKED: Em CATEGARY AXIS: inserir a variável QCL_1 (Cluster number of case) criada pela análise e inserida na base de dados. Em DEFINE STACKS BY, inserir a variável que identifica os "cases".*

Aplicação 1

Um levantamento foi realizado para coletar os valores mínimos e máximos dos preços de aluguéis de apartamentos de um quarto em 10 bairros do Rio de Janeiro. Os resultados da pesquisa estão apresentados abaixo. Agruparemos os bairros da amostra segundo a análise de *cluster* pelos valores mínimos e máximos dos preços de aluguéis de apartamentos de um quarto.

Numeração	Bairro	Mínimo(R$)	Máximo(R$)
1	Barra da Tijuca	1600	3500
2	Botafogo	1500	3000
3	Centro	950	2100
4	Copacabana	1500	3100
5	Flamengo	1500	3000
6	Ipanema	2300	5000
7	Jacarepaguá	600	1300
8	Leblon	2700	5500
9	Recreio dos Bandeirantes	1800	2600
10	Tijuca	1200	2200

Solução:

Antes de aplicarmos a sequência de passos no SPSS para a obtenção dos resultados da análise e, assim, proceder a interpretação dos resultados, temos que definir os métodos de aglomeração hierárquico e não hierárquico a serem utilizados, bem como uma medida de distância para a realização do *cluster* hierárquico.

Nesta aplicação, utilizaremos o ***quadrado da distância euclidiana*** e os seguintes métodos:

- Primeiro, um método hierárquico → método aglomerativo → método da variância → método de Ward → para obter o número de clusters e os formadores de cada um deles;
- Depois, um método não hierárquico para perfilar e ratificar os clusters: particionamento otimizador.

Aplicando a sequência para a realização da análise de *cluster* no SPSS, chegamos aos seguintes resultados:

Análise de *Cluster* Hierárquico

Tabela 1
Calendário de Agregação

Agglomeration Schedule

Stage	Cluster Combined		Coefficients	Stage Cluster First Appears		Next Stage
	Cluster 1	Cluster 2		Cluster 1	Cluster 2	
1	2	5	,000	0	0	2
2	2	4	6666,667	1	0	4
3	3	10	42916,667	0	0	7
4	1	2	213750,000	0	2	6
5	6	8	418750,000	0	0	9
6	1	9	721250,000	4	0	8
7	3	7	1353333,33	3	0	8
8	1	3	4759687,50	6	7	9
9	1	6	18181250,0	8	5	0

Com o calendário de agregação, podemos construir o gráfico dos coeficientes de fusão no *Excel*, que relaciona o estágio (*stage*) com os coeficientes de fusão (*coefficients*) e, assim, é possível ter uma informação inicial do número de *clusters* ideal para a base de dados em análise. É o que apresentamos a seguir:

Gráfico 1

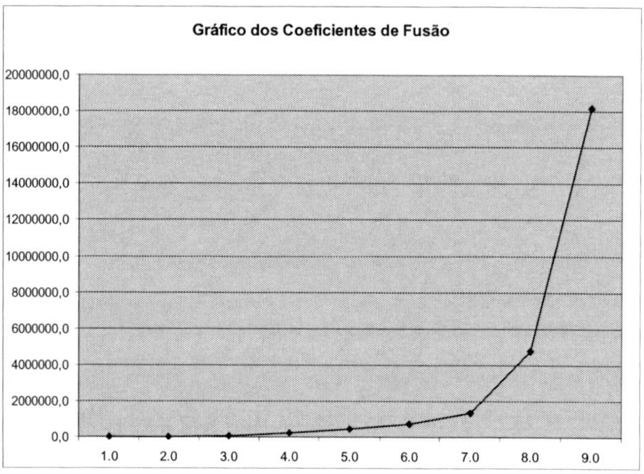

O gráfico 1 revela valores significativos até o coeficiente de fusão 3, do maior para o menor. Em seguida, ocorre uma queda brusca. Este comportamento evidencia uma segmentação da base de dados em três *clusters*.

Tabela 2
Diagrama Icicle

Vertical Icicle

	Case																		
Number of clusters	8		6		7		10		3		9		4		5		2		1
1	X	X	X	X	X	X	X	X	X	X	X	X	X	X	X	X	X	X	X
2	X	X	X		X	X	X	X	X	X	X	X	X	X	X	X	X	X	X
3	**X**	**X**	**X**		**X**	**X**	**X**	**X**	**X**		**X**	**X**	**X**	**X**	**X**	**X**	**X**	**X**	**X**
4	X	X	X		X		X	X	X		X	X	X	X	X	X	X	X	X
5	X	X	X		X		X	X	X		X		X	X	X	X	X	X	X
6	X		X		X		X	X	X		X		X	X	X	X	X	X	X
7	X		X		X		X	X	X		X		X	X	X	X	X		X
8	X		X		X		X		X		X		X	X	X	X	X		X
9	X		X		X		X		X		X		X		X	X	X		X

O diagrama icicle informa quais seriam os casos formadores de uma segmentação evidenciada pelo calendário de agregação. Para três *clusters*, teríamos um primeiro *cluster* formado pelos elementos 8 e 6, um segundo *cluster* formado pelos casos 7, 10 e 3, e um terceiro *cluster* formado pelos casos 9, 4, 5, 2 e 1.

Gráfico 2
Dendograma

```
* * * * * * H I E R A R C H I C A L   C L U S T E R   A N A L Y S I S *
* * * * *

 Dendrogram using Average Linkage (Between Groups)

                     Rescaled Distance Cluster Combine

  C A S E     0         5         10        15        20        25
 Label  Num   +---------+---------+---------+---------+---------+

         2    òø
         5    òú
         4    òôòø
         1    ò÷ ùòòòòòòòø
         9    òòò÷       ùòòòòòòòòòòòòòòòòòòòòòòòòòòòòòòòòòòòòòø
         3    òûòòòø     ó                                     ó
        10    ò÷   ùòòòòò÷                                     ó
         7    òòòòò÷                                           ó
         6    òòòûòòòòòòòòòòòòòòòòòòòòòòòòòòòòòòòòòòòòòòòòòòòò÷
         8    òòò÷
```

O dendograma, gráfico 2, é utilizado para confirmar o resultado do diagrama icicle. Observando o dendograma, percebemos que o referido gráfico também segmenta a base de dados em três *clusters* e esses *clusters* têm formação idêntica ao informado pelo diagrama icicle.

Agora, realizaremos a análise de *cluster* não hierárquico para perfilar os *clusters* por meio dos centroides e também ratificar os resultados do *cluster* hierárquico.

Análise de *Cluster* Não Hierárquico

A interpretação e o perfil dos *clusters* envolvem o exame dos centroides respectivos. Os centroides representam os valores médios contidos no *cluster* em cada uma das variáveis. Os centroides permitem descrever cada conglomerado atribuindo-lhe um nome ou rótulo. Neste caso, por termos duas variáveis com domínios de variação não muito diferentes, não iremos recorrer à padronização das medidas. O método não hierárquico, uma vez rodado no SPSS, com a indicação de três *clusters*, gerou as tabelas 1 e 2 com os centroides dos *clusters* e seus respectivos tamanhos.

Tabela 1
Centroides

Final Cluster Centers

	Cluster		
	1	2	3
Mínimo	2500	1580	917
Máximo	5250	3040	1867

Tabela 2
Número de Casos em Cada *Cluster*

Number of Cases in each Cluster

Cluster	1	2,000
	2	5,000
	3	3,000
Valid		10,000
Missing		,000

O *cluster 1* é formado pelos bairros da amostra com o valor mínimo do preço de aluguel de um quarto de 2.500 reais e máximo de 5.250 reais. Tem dois elementos. É o *cluster* com ***"maior variação"*** de preços de aluguel da base de dados.

O *cluster 2* é formado pelos bairros da amostra com um valor mínimo do preço de aluguel de um quarto de 1.580 reais e máximo de 3.040 reais. Tem cinco elementos. É o *cluster* com ***"mediana variação"*** de preços de aluguel da base de dados.

O *cluster 3* é formado pelos bairros da amostra com o valor mínimo do preço de aluguel de um quarto de 917 reais e máximo de 1.867 reais. Tem três elementos. É o *cluster* com ***"menor variação"*** de preços de aluguel da base de dados.

Gráfico 3
Gráfico dos Objetos Identificados

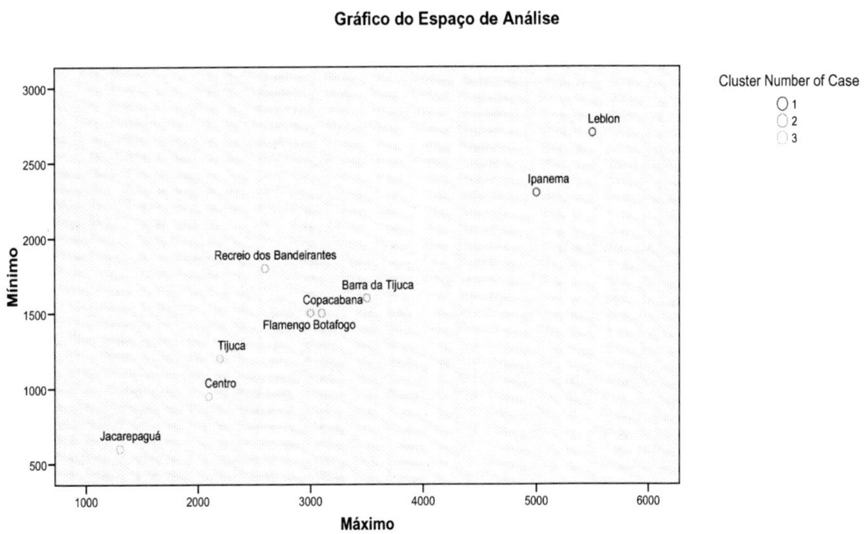

O gráfico 3 identifica prontamente os formadores dos *clusters*. O *cluster 1* é formado pelos bairros do Leblon e Ipanema. O *cluster 2* é constituído pelos bairros do Recreio dos Bandeirantes, Barra da Tijuca, Copacabana, Flamengo e Botafogo, e, finalmente, o *cluster 3* é composto pelos bairros da Tijuca, Centro e Jacarepaguá.

Aplicação 2

Abaixo estão representados os dados do perfil de 10 empresas que atuam no mercado de lojas de departamento em uma cidade. Com base na análise de *cluster*, realize a segmentação do mercado.

X_1: Número de funcionários
X_2: Estimativa de clientes
X_3:Estimativa de clientes fidelizados
X_4:Estimativa de faturamento mensal

Numeração	Empresas	X_1	X_2	X_3	X_4
1	A	5000	10000	800	200000
2	B	3000	5000	400	100000
3	C	600	180	80	15000
4	D	500	150	50	10000
5	E	6000	12000	950	300000
6	F	3200	5150	450	115000
7	G	640	200	90	20000
8	H	700	195	95	25000
9	I	4500	8600	680	190000
10	J	3100	5100	430	110000

Solução:

Antes de aplicarmos a sequência de passos no SPSS para a obtenção dos resultados da análise e, assim, proceder a interpretação dos resultados, temos que definir os métodos de aglomeração hierárquico e não hierárquico a serem utilizados, bem como uma medida de distância para a realização do *cluster* hierárquico.

Nesta aplicação, utilizaremos o ***quadrado da distância euclidiana*** e os seguintes métodos:

- Primeiro, um método hierárquico → método aglomerativo → método da variância → método de Ward → para obter o número de cluster e os formadores de cada um deles;

- Depois, um método não hierárquico para perfilar e ratificar os clusters: particionamento otimizador.

Aplicando a sequência para a realização da análise de *cluster* no SPSS, chegamos aos seguintes resultados:

Análise de *Cluster* Hierárquico

Tabela 1
Calendário de Agregação

Agglomeration Schedule

Stage	Cluster Combined		Coefficients	Stage Cluster First Appears		Next Stage
	Cluster 1	Cluster 2		Cluster 1	Cluster 2	
1	3	7	12501050,000	0	0	3
2	6	10	25007500,000	0	0	6
3	3	8	62511850,000	1	0	5
4	1	9	113624050,000	0	0	7
5	3	4	188642587,500	3	0	8
6	2	6	292835737,500	0	2	8
7	1	5	7648766804,167	4	0	9
8	2	3	21844845680,952	6	5	9
9	1	2	85269568465,000	7	8	0

Com o calendário de agregação, podemos construir o gráfico dos coeficientes de fusão no *Excel*, que relaciona o estágio (*stage*) com os coeficientes de fusão (*coefficients*) e, assim, pode-se ter uma informação inicial do número de *clusters* ideal para a base de dados em análise. É o que apresentamos a seguir:

Gráfico 1

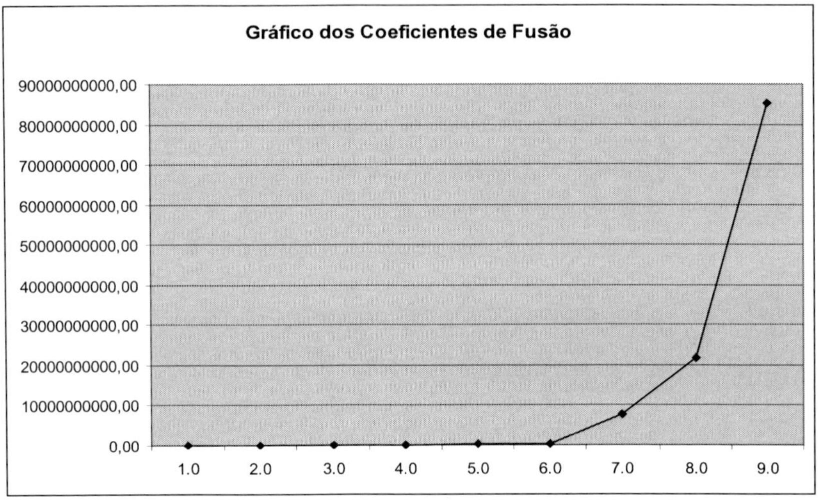

O gráfico 1 revela valores significativos até o coeficiente de fusão 3, do maior para o menor. Em seguida, ocorre uma queda brusca. Este comportamento evidencia uma segmentação da base de dados em três *clusters*.

Tabela 2
Diagrama Icicle

Vertical Icicle

	Case																		
Number of clusters	4		8		7		3		10		6		2		5		9		1
1	X	X	X	X	X	X	X	X	X	X	X	X	X	X	X	X	X	X	X
2	X	X	X	X	X	X	X	X	X	X	X	X	X		X	X	X	X	X
3	X	X	X	X	X	X	X		X	X	X	X	X		X	X	X	X	X
4	X	X	X	X	X	X	X		X	X	X	X	X		X		X	X	X
5	X	X	X	X	X	X	X		X	X	X		X		X		X	X	X
6	X		X	X	X	X	X		X	X	X		X		X		X	X	X
7	X		X	X	X	X	X		X	X	X		X		X		X		X
8	X		X		X	X	X		X	X	X		X		X		X		X
9	X		X		X	X	X		X		X		X		X		X		X

O diagrama icicle informa quais seriam os casos formadores da segmentação do mercado antecipada pelo calendário de agregação. Para três *clusters*, teríamos um primeiro *cluster* formado pelos elementos 4, 8, 7 e 3, um segundo *cluster* formado pelos casos 10, 6 e 2, e um terceiro *cluster* formado pelos casos 5, 9 e 1.

Gráfico 2
Dendograma

```
* * * * * * H I E R A R C H I C A L   C L U S T E R   A N A L Y S I S *
* * * * *


 Dendrogram using Ward Method

                      Rescaled Distance Cluster Combine

  C A S E    0         5        10        15        20        25
  Label  Num +---------+---------+---------+---------+---------+

          3  òø
          7  òú
          8  òôòòòòòòòòòø
          4  ò÷          ùòòòòòòòòòòòòòòòòòòòòòòòòòòòòòòòòòòòø
          6  òø          ó                                     ó
         10  òôòòòòòòòòò÷                                     ó
          2  ò÷                                                ó
          1  òûòòòø                                            ó
          9  ò÷    ùòòòòòòòòòòòòòòòòòòòòòòòòòòòòòòòòòòòòòòòòòò÷
          5  òòòòò÷
```

O dendograma, gráfico 2, é utilizado para confirmar o resultado do diagrama icicle. Observando o dendograma, percebemos que o referido gráfico também segmenta a base de dados em três *clusters* e esses *clusters* têm formação idêntica ao informado pelo diagrama icicle.

Agora, realizaremos a análise de *cluster* não hierárquico para perfilar os *clusters* por meio dos centroides e também ratificar os resultados do *cluster* hierárquico.

Análise de *Cluster* Não **Hierárquico**

Neste caso, por termos quatro variáveis com domínios de variação muito diferentes, recomenda-se a padronização das variáveis. O método não hierárquico, uma vez rodado no SPSS, com a indicação de três *clusters*, gerou as tabelas 1 e 2 com os centroides dos *clusters* e seus respectivos tamanhos.

Tabela 1
Centroides

Final Cluster Centers

	Cluster		
	1	2	3
Zscore(X1)	1,19813	,18443	-1,03692
Zscore(X2)	1,24383	,09556	-1,00455
Zscore(X3)	1,24884	,07406	-,99218
Zscore(X4)	1,24984	-,00171	-,93609

Tabela 2
Número de Casos em Cada *Cluster*

Number of Cases in each Cluster

Cluster	1	3,000
	2	3,000
	3	4,000
Valid		10,000
Missing		,000

O *cluster 1* é formado pelas empresas com os mais altos valores padronizados. Tem três elementos. É o *cluster* das ***"grandes empresas"*** do mercado das lojas de departamento da cidade.

O *cluster 2* é formado pelas empresas com valores padronizados medianos. Tem três elementos. É o *cluster* das ***"médias empresas"*** do mercado das lojas de departamento da cidade.

O *cluster 3* é formado pelas empresas com os menores valores padronizados. Tem quatro elementos. É o *cluster* das ***"pequenas empresas"*** do mercado das lojas de departamento da cidade.

Gráfico 3
Gráfico dos Objetos Identificados

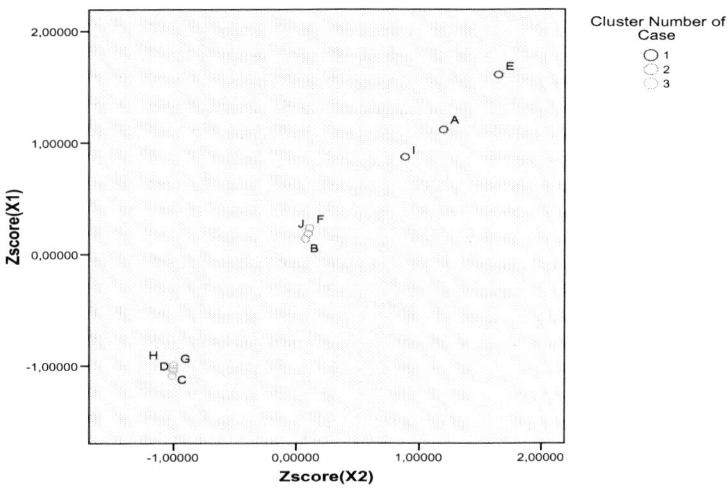

O gráfico 3 identifica prontamente os formadores dos *clusters*. O *cluster 1* é formado pelas empresas A, E e I. O *cluster 2* é constituído pelas empresas B, F e J, e, finalmente, o *cluster 3* é composto pelas empresas C, D, G e H.

Aplicação 3

Uma empresa realizou uma pesquisa com seus consumidores para avaliar o perfil de percepção quanto às suas marcas oferecidas no mercado. A cada consumidor foi solicitada uma nota de 0 a 7 para o nível que se dá a cada questão abaixo referente à empresa:

X_1: nível de satisfação com o consumo das marcas da empresa;
X_2: nível de imagem positiva que tem das marcas da empresa;
X_3: nível de frequência com que compra as marcas da empresa;
X_4: nível de qualidade das propagandas das marcas da empresa;
X_5: nível de fidelização que se percebe com as marcas da empresa.

Os dados levantados estão dispostos na tabela abaixo. Realize a segmentação dos consumidores da empresa.

Consumidor	X_1	X_2	X_3	X_4	X_5
1	7	7	6	6	5
2	4	4	4	3	4
3	4	4	3	3	4
4	7	6	7	6	7
5	6	5	7	7	6
6	1	2	1	1	2
7	1	2	2	2	2
8	1	1	1	1	1
9	2	2	2	2	2
10	1	1	1	1	1
11	2	2	2	1	1
12	3	2	2	2	2
13	1	1	1	1	2
14	7	6	7	7	7
15	1	1	1	1	1
16	3	3	4	4	3
17	2	3	2	2	1
18	1	1	3	2	2
19	4	4	4	4	3
20	4	3	3	3	4

Neste exercício, utilizaremos o ***quadrado da distância euclidiana*** e os seguintes métodos:

- Primeiro, um método hierárquico → método aglomerativo → método da variância → método de Ward → para obter o número de clusters e os formadores de cada um deles;

- Depois, um método não hierárquico para perfilar e ratificar os clusters: particionamento otimizador.

Aplicando a sequência para a realização da análise de *cluster* no SPSS, chegamos aos seguintes resultados:

Análise de *Cluster* Hierárquico

Tabela 1
Calendário de Agregação

Agglomeration Schedule

Stage	Cluster Combined		Coefficients	Stage Cluster First Appears		Next Stage
	Cluster 1	Cluster 2		Cluster 1	Cluster 2	
1	10	15	,000	0	0	2
2	8	10	,000	0	1	11
3	3	20	,500	0	0	7
4	4	14	1,000	0	0	13
5	6	13	1,500	0	0	11
6	9	12	2,000	0	0	12
7	2	3	2,833	0	3	14
8	16	19	3,833	0	0	14
9	7	18	4,833	0	0	15
10	11	17	5,833	0	0	12
11	6	8	7,333	5	2	17
12	9	11	9,083	6	10	15
13	4	5	11,250	4	0	16
14	2	16	14,517	7	8	18
15	7	9	18,100	9	12	17
16	1	4	22,683	0	13	19
17	6	7	32,123	11	15	18
18	2	6	105,063	14	17	19
19	1	2	397,300	16	18	0

Com o calendário de agregação, podemos construir o gráfico dos coeficientes de fusão no *Excel*, que relaciona o estágio (*stage*) com os coeficientes de fusão (*coefficients*) e, assim, pode-se ter uma informação inicial do número de *clusters* ideal para a base de dados em análise. É o que apresentamos a seguir:

Gráfico 1

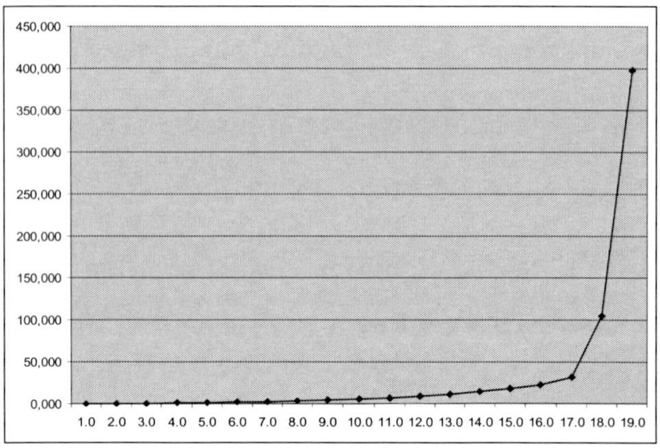

O gráfico 1 revela valores significativos até o coeficiente de fusão 3, do maior para o menor. Em seguida, ocorre uma queda brusca. Este comportamento evidencia uma segmentação da base de dados em três *clusters*.

Tabela 2
Diagrama Icicle

Vertical Icicle

	Case																																						
Number of clusters	17		11		12		9		18		7		15		10		8		13		6		19		16		20		3		2		5		14		4		1
1	X	X	X	X	X	X	X	X	X	X	X	X	X	X	X	X	X	X	X	X	X	X	X	X	X	X	X	X	X	X	X	X	X	X	X	X	X	X	X
2	X	X	X	X	X	X	X	X	X	X	X	X	X	X	X	X	X	X	X	X	X	X	X	X	X	X	X	X	X	X	X		X	X	X	X	X	X	X
3	X	X	X	X	X	X	X	X	X	X	X	X	X	X	X	X	X	X	X	X	X		X	X	X	X	X	X	X	X	X		X	X	X	X	X	X	X
4	X	X	X	X	X	X	X	X	X	X	X		X	X	X	X	X	X	X	X	X		X	X	X	X	X	X	X	X	X		X	X	X	X	X	X	X
5	X	X	X	X	X	X	X	X	X	X	X		X	X	X	X	X	X	X	X	X		X	X	X	X	X	X	X	X	X		X	X	X	X	X		X
6	X	X	X	X	X	X	X		X	X	X		X	X	X	X	X	X	X	X	X		X	X	X	X	X	X	X	X	X		X	X	X	X	X		X
7	X	X	X	X	X	X	X		X	X	X		X	X	X	X	X	X	X	X	X		X	X	X		X	X	X	X	X		X	X	X	X	X		X
8	X	X	X	X	X	X	X		X	X	X		X	X	X	X	X	X	X	X	X		X	X	X		X	X	X	X	X		X		X	X	X		X
9	X	X	X		X	X	X		X	X	X		X	X	X	X	X	X	X	X	X		X	X	X		X	X	X	X	X		X		X	X	X		X
10	X	X	X		X	X	X		X	X	X		X	X	X	X	X		X	X	X		X	X	X		X	X	X	X	X		X		X	X	X		X
11	X		X		X	X	X		X	X	X		X	X	X	X	X		X	X	X		X	X	X		X	X	X	X	X		X		X	X	X		X
12	X		X		X	X	X		X		X		X	X	X	X	X		X	X	X		X	X	X		X	X	X	X	X		X		X	X	X		X
13	X		X		X	X	X		X		X		X	X	X	X	X		X	X	X		X		X		X	X	X	X	X		X		X	X	X		X
14	X		X		X	X	X		X		X		X	X	X	X	X		X	X	X		X		X		X	X	X		X		X		X	X	X		X
15	X		X		X		X		X		X		X	X	X	X	X		X	X	X		X		X		X	X	X		X		X		X	X	X		X
16	X		X		X		X		X		X		X	X	X	X	X		X		X		X		X		X	X	X		X		X		X	X	X		X
17	X		X		X		X		X		X		X	X	X	X	X		X		X		X		X		X	X	X		X		X		X		X		X
18	X		X		X		X		X		X		X	X	X	X	X		X		X		X		X		X		X		X		X		X		X		X
19	X		X		X		X		X		X		X	X	X		X		X		X		X		X		X		X		X		X		X		X		X

O diagrama icicle informa quais seriam os casos formadores da segmentação do consumidor antecipada pelo calendário de agregação. Para três *clusters*, teríamos um primeiro formado pelos elementos 17, 11, 12, 9, 18, 7, 15, 10, 8, 13 e 6, um segundo *cluster* formado pelos casos 19, 16, 20, 3 e 2, e um terceiro *cluster* formado pelos casos 5, 14, 4 e 1.

Gráfico 2
Dendograma

```
* * * * * * H I E R A R C H I C A L   C L U S T E R   A N A L Y S I S *
* * * * *

 Dendrogram using Ward Method

                     Rescaled Distance Cluster Combine

   C A S E      0         5        10        15        20        25
  Label  Num    +---------+---------+---------+---------+---------+

          10    òø
          15    òú
           8    òú
           6    òú
          13    òôòòòòòòòòòòòø
           7    òú           ó
          18    òú           ó
           9    òú           ó
          12    òú           ùòòòòòòòòòòòòòòòòòòòòòòòòòòòòòòòòòòòø
          11    òú           ó                                   ó
          17    ò÷           ó                                   ó
           3    òø           ó                                   ó
          20    òú           ó                                   ó
           2    òôòòòòòòòòòòò÷                                   ó
          16    òú                                               ó
          19    ò÷                                               ó
           4    òø                                               ó
          14    òú                                               ó
           5    òôòòòòòòòòòòòòòòòòòòòòòòòòòòòòòòòòòòòòòòòòòòòòòòò÷
           1    ò÷
```

O dendograma, gráfico 2, é utilizado para confirmar o resultado do diagrama icicle. Observando o dendograma, percebemos que o referido gráfico também segmenta a base de dados em três *clusters* e esses *clusters* têm formação idêntica ao informado pelo diagrama icicle.

Agora, realizaremos a análise de *cluster* não hierárquico para perfilar os *clusters* por meio dos centroides e também ratificar os resultados do *cluster* hierárquico.

Análise de *Cluster* Não Hierárquico

Neste caso, por termos cinco variáveis com o mesmo domínio de variação, não recorreremos à padronização das variáveis. O método não hierárquico, uma vez rodado no SPSS, com a indicação de três *clusters*, gerou as tabelas 1 e 2 com os centroides dos *clusters* e seus respectivos tamanhos.

Tabela 1
Centroides

Final Cluster Centers

	Cluster		
	1	2	3
X1	1	7	4
X2	2	6	4
X3	2	7	4
X4	1	7	3
X5	2	6	4

Tabela 2
Número de Casos em Cada *Cluster*

Number of Cases in each Cluster

Cluster	1	11,000
	2	4,000
	3	5,000
Valid		20,000
Missing		,000

O *cluster 1* é formado pelos consumidores com as mais baixas avaliações. Tem 10 elementos. É o *cluster* dos consumidores com uma ***"postura negativa"*** com relação à empresa.

O *cluster 2* é formado pelos consumidores com as mais altas avaliações. Tem quatro elementos. É o *cluster* dos consumidores com uma ***"postura positiva"*** com relação à empresa.

O *cluster 3* é formado pelos consumidores com avaliações indiferentes quanto à empresa. Tem cinco elementos. É o *cluster* dos consumidores com uma ***"postura indiferente"*** com relação à empresa.

Gráfico 3
Gráfico dos Objetos Identificados

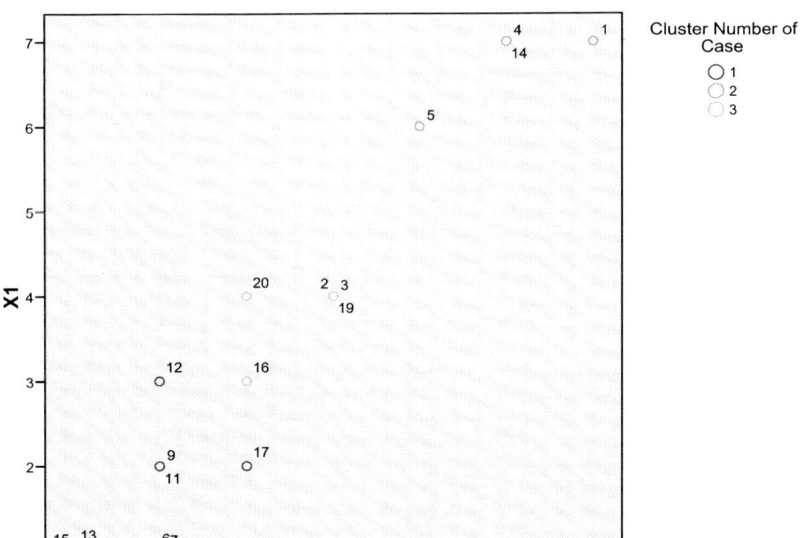

O gráfico 3 identifica prontamente os formadores dos *clusters*. O *cluster 1* é formado pelos consumidores 17, 11, 12, 9, 18, 7, 15, 10, 8, 13, 6, o *cluster 2* é constituído pelas empresas 5, 14, 4 e 1, e, finalmente, o *cluster 3* é composto pelas empresas 19, 16, 20, 3 e 2.

Aplicação 4

A base de dados a seguir se refere à comparação dos planos de saúde com relação aos serviços prestados. Agrupe os planos de saúde em *clusters* homogêneos quanto aos serviços prestados utilizando os métodos hierárquicos e *k-means*.

Base de Comparação dos Serviços Prestados por Planos de Saúde

Código	Planos de Saúde	X_1	X_2	X_3	X_4	X_5	X_6	X_7	X_8	X_9	X_{10}
1	Dix	1	1	1	2	1	1	1	1	1	1
2	Amil	1	1	1	2	1	1	1	1	1	1
3	SulAmérica	1	1	1	1	1	1	1	1	1	2
4	Bradesco	1	1	1	1	1	1	1	1	1	2
5	Lincx	1	1	1	2	1	1	1	1	1	1
6	Transmontano	1	1	1	2	1	1	1	1	1	1
7	Porto Seguro	1	1	1	1	1	1	1	1	1	2
8	Unimed Paulistana	1	1	1	2	1	1	1	1	1	1

Nota: 1 = sim e 2 = não

Continuação...

Código	Planos de Saúde	X_{11}	X_{12}	X_{13}	X_{14}	X_{15}	X_{16}	X_{17}	X_{18}	X_{19}	X_{20}	X_{21}	X_{22}
1	Dix	2	1	1	2	2	2	1	2	2	1	2	2
2	Amil	1	1	1	2	2	2	1	1	2	1	1	1
3	SulAmérica	1	1	1	1	1	1	1	1	1	1	1	1
4	Bradesco	1	1	1	1	1	1	1	1	1	1	1	1

5	Lincx	1	1	1	1	1	1	1	1	1	1	1	1
6	Transmontano	2	1	1	2	2	2	1	2	2	1	2	2
7	Porto Seguro	2	1	1	1	1	1	1	1	2	1	1	1
8	Unimed Paulistana	2	1	1	2	2	2	1	1	2	1	1	1

Nota: 1 = sim e 2 = não

Solução:

Neste exercício, utilizaremos o ***quadrado da distância euclidiana*** e os seguintes métodos:

- Primeiro, um método hierárquico → método aglomerativo → método da variância → método de Ward → para obter o número de clusters e os formadores de cada um deles;
- Depois, um método não hierárquico para perfilar e ratificar os clusters: particionamento otimizador.

Aplicando a sequência para a realização da análise de *cluster* no SPSS, chegamos aos seguintes resultados:

Análise de *Cluster* Hierárquico

Tabela 1
Calendário de Agregação

Agglomeration Schedule

	Cluster Combined			Stage Cluster First Appears		
Stage	Cluster 1	Cluster 2	Coefficients	Cluster 1	Cluster 2	Next Stage
1	1	6	,000	0	0	6
2	3	4	,000	0	0	4
3	2	8	,500	0	0	6
4	3	7	1,833	2	0	5
5	3	5	3,500	4	0	7
6	1	2	6,750	1	3	7
7	1	3	18,125	6	5	0

Com o calendário de agregação, podemos construir o gráfico dos coeficientes de fusão no *Excel*, que relaciona o estágio (*stage*) com os coeficientes de fusão (*coefficients*) e, assim, pode-se ter uma informação inicial do número de *cluster* ideal para a base de dados em análise. É o que apresentamos a seguir:

Gráfico 1

O gráfico 1 evidencia que a base de dados se estrutura em dois *clusters*.

Tabela 2
Diagrama Icicle

Vertical Icicle

	Case														
Number of clusters	5		7		4		3		8		2		6		1
1	X	X	X	X	X	X	X	X	X	X	X	X	X	X	X
2	X	X	X	X	X	X	X		X	X	X	X	X	X	X
3	X	X	X	X	X	X	X		X	X	X		X	X	X
4	X		X	X	X	X	X		X	X	X		X	X	X
5	X		X		X	X	X		X	X	X		X	X	X
6	X		X		X	X	X		X		X		X	X	X
7	X		X		X		X		X		X		X	X	X

O diagrama *icicle* informa quais seriam os casos formadores da segmentação do espaço de análise. Para dois *clusters*, teríamos um *cluster* formado pelos planos de saúde Lincx, Porto Seguro, Bradesco e SulAmérica. Outro *cluster* seria formado pelos planos de saúde Unimed Paulistana, Amil, Transmontano e Dix.

Gráfico 2

```
* * * * * * H I E R A R C H I C A L   C L U S T E R   A N A L Y S I S *
* * * * *

 Dendrogram using Ward Method

                      Rescaled Distance Cluster Combine

   C A S E      0         5        10        15        20        25
  Label  Num    +---------+---------+---------+---------+---------+

          1     òûòòòòòòòòòòòòòø
          6     ò÷              ùòòòòòòòòòòòòòòòòòòòòòòòòòòòòòòòòòø
          2     òòòûòòòòòòòòòòò÷                                  ó
          8     òòò÷                                              ó
          3     òûòòòø                                            ó
          4     ò÷   ùòø                                          ó
          7     òòòòò÷ ùòòòòòòòòòòòòòòòòòòòòòòòòòòòòòòòòòòòòòòòòò÷
          5     òòòòòòò÷
```

O dendograma, gráfico 2, confirma a configuração para dois *clusters*. Um *cluster* é formado pelos planos de saúde Lincx, Porto Seguro, Bradesco e SulAmérica e o outro *cluster* é formado pelos planos de saúde Unimed Paulistana, Amil, Transmontano e Dix.

Agora, realizaremos a análise de *cluster* não hierárquico para perfilar os *clusters* por meio dos centroides e também ratificar os resultados do *cluster* hierárquico.

Análise de *Cluster* Não **Hierárquico *K-Means***

O método não hierárquico para dois *clusters* gera os resultados a seguir:

Tabela 1
Centroides

	Cluster	
	1	2
Acupuntura	1	1
Maternidade (parto)	1	1
Cobertura para transplantes de rim e córnea	1	1
Outros tipos de transplantes	2	1
Doenças Infecto-contagiosas	1	1
Cobertura para doenças crônicas	1	1
AIDS	1	1
Hemodiálise e Diálise sem limites	1	1
Quimioterapia e Radioterapia	1	1
Rede própria de hospitais	1	2
Urgências no exterior	2	1
Próteses e órteses	1	1
Cirurgia para correção de miopia a partir de 7 graus	1	1
Lab. Fleury	2	1
Hosp Albert Einstein	2	1
Hosp Sírio Libanês	2	1
365 dias de internação e UTI	1	1
Reembolso para consultas para consultas e exames	2	1
Remoção terrestre	2	1
Exames pedidos por médico não credenciado	2	1
Descontos em medicamentos	2	1

Nota: 1 = sim e 2 = não

Tabela 2

Número de Casos em Cada *Cluster*

Number of Cases in each Cluster

Cluster	1	4
	2	4
Valid		8
Missing		0

A análise de *cluster K-means* confirma a configuração de uma segmentação dos planos de saúde em dois *clusters*.

Podemos, então, perfilar os *clusters* gerados.

O *cluster 1* é formado pelos planos de saúde que não contemplam 41% dos serviços considerados.

O *cluster 2* é formado pelos planos de saúde que não contemplam 4% dos serviços considerados.

O gráfico 3 a seguir representa de forma visual a disposição dos *clusters*.

Gráfico 3

Gráfico dos *Clusters* Formados

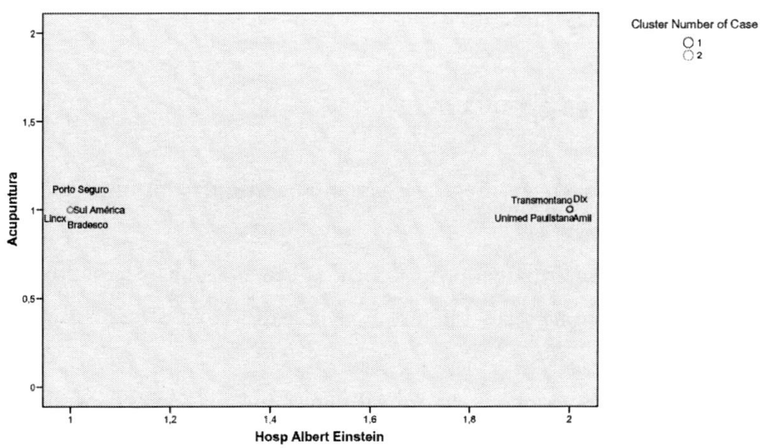

O gráfico 3 informa quais os melhores planos de saúde a serem contratados pelos clientes no Brasil, que são os formadores do *cluster* 2.

1.12 Exercícios Propostos

1) Correlacione as colunas que discorrem sobre a análise de *cluster*:

(1) *Cluster* Hierárquico
(2) *Cluster* Não Hierárquico
(3) *Cluster* Hierárquico Aglomerativo
(4) *Cluster* Hierárquico Divisivo
(5) Tipos de *Clusters* Aglomerativos
(6) *Cluster* Hierárquico Aglomerativo por Encadeamento Único
(7) *Cluster* Hierárquico Aglomerativo por Encadeamento Completo
(8) *Cluster* Hierárquico Aglomerativo por Encadeamento Médio
(9) Tipo de Método de Variância
(10) Método do Centroide
(11) *Cluster* Não Hierárquico Limiar Sequencial
(12) *Cluster* Não Hierárquico Limiar Paralelo
(13) *Cluster* Não Hierárquico de Particionamento Otimizador
(14) Método de Ward
(15) Métodos de Encadeamento

( ) Método de *cluster* Não Hierárquico baseado em vários centros de aglomeração.
( ) Método de *cluster* aglomerativo baseado na distância mínima entre os pares de *"cases"*.
( ) Método de *cluster* baseado nos próprios *"cases"* da base de dados.
( ) Método de *cluster* Não Hierárquico baseado somente em um centro de aglomeração.
( ) Método de *cluster* que parte inicialmente de cada *"case"* como *cluster* e vai formando os aglomerados.

Método de Ward.

( ) A distância entre dois *clusters* é a distância de seus centroides

( ) Método de *cluster* aglomerativo baseado na distância máxima entre os pares de *"cases"*.

( ) Método de *cluster* baseado em distâncias.

( ) Método de Variância baseado na minimização do quadrado da distância euclidiana.

( ) Método de Encadeamento, Método de Variância e Método do Centroide.

( ) Método de *cluster* Não Hierárquico no qual se cria um critério global de aglomeração e o particionamento dos *clusters* é baseado na otimização desse critério.

( ) Método de *cluste*r que parte inicialmente de um *cluster* gigante, que é a própria base de dados, e vai dividindo até formar os *clusters* finais.

( ) Método de Encadeamento Único, Completo e Médio.

( ) Método de *cluster* aglomerativo baseado na distância média entre os pares de *"cases"*.

Solução:

(12) Método de *cluster* Não Hierárquico baseado em vários centros de aglomeração.

(6) Método de *cluster* aglomerativo baseado na distância mínima entre os pares de *"cases"*.

(2) Método de *cluster* baseado nos próprios *"cases"* da base de dados.

(11) Método de *cluster* Não Hierárquico baseado somente em um centro de aglomeração.

(3) Método de *cluster* que parte inicialmente de cada *"case"* como *cluster* e vai formando os aglomerados.

(9) Método de Ward.

(10) A distância entre dois *clusters* é a distância de seus centroides.

(7) Método de *cluster* aglomerativo baseado na distância máxima entre os pares de *"cases"*.

(1) Método de *cluster* baseado em distâncias.

(14) Método de Variância baseado na minimização do quadrado da distância euclidiana.

(5) Método de Encadeamento, Método de Variância e Método do Centroide.

(13) Método de *cluster* Não Hierárquico em que se cria um critério global de aglomeração e o particionamento dos *clusters* é baseado na otimização desse critério.

(4) Método de *cluster* Hierárquico que parte inicialmente de um *cluster* gigante, que é a própria base de dados, e vai dividindo até formar os *clusters* finais.

(15) Método de Encadeamento Único, Completo e Médio.

(8) Método de *cluste*r aglomerativo baseado na distância média entre os pares de *"cases"*.

2) Coloque em sequência as fases do método de clusterização das bases de dados.

( ) Decidir quanto ao número de *cluster.*

( ) Escolher um processo de aglomeração.

( ) Avaliar a confiabilidade e a validade do processo de aglomeração.

( ) Interpretar e perfilar os *clusters.*

( ) Formular o problema.

( ) Escolher uma medida de distância.

Solução:

(4) Decidir quanto ao número de *cluster.*

(3) Escolher um processo de aglomeração.

(6) Avaliar a confiabilidade e a validade do processo de aglomeração.

(5) Interpretar e perfilar os *clusters.*

(1) Formular o problema.

(2) Escolher uma medida de distância.

3) Existem, segundo a Psicologia do Consumo, quatro tipos de consumidores: *o consciente, o consumista, o alienado* e *o compulsivo*. Abaixo são definidos os tipos de consumidores segundo os especialistas.

Consciente:

- Não compra tudo que vê e o que quer;
- Planeja seus gastos, reflete e prioriza antes de comprar;
- Pesquisa preços e compra de acordo com suas possibilidades;
- Conhece e defende seus direitos;
- Exige qualidade.

Consumista:

- Compra por impulso;
- Nem sempre compra o que é necessário;
- Acumula coisas inúteis que pouco usará;
- Imita os outros.

Alienado:

- Não conhece seus direitos;
- Não pesquisa preços;
- Não tem objetivos definidos.

Compulsivo:

- *Gasta desordenadamente e está sempre com dívidas;*
- *Compra para preencher ou compensar decepções e frustrações provocadas por problemas do dia a dia;*

- *Precisa de ajuda para controlar seus gastos;*
- É dependente do consumo e não admite que *tem um problema.*

Uma pesquisa de opinião encomendada por uma empresa é realizada com o objetivo de realizar uma análise de *cluster* entre os consumidores de uma base de dados para segmentá-la nos quatro tipos de consumidores definidos por especialistas em Psicologia do Consumo.

Optou-se por um levantamento por amostragem por quotas com 25 consumidores que responderam a um questionário com 16 itens. Estas variáveis se referem às características específicas de cada tipo teórico de consumidor. Os entrevistados teriam que indicar, em uma escala de 0 a 10, com que grau cada um destes atributos está presente em seu hábito de consumo, conforme descreve a tabela abaixo:

Variáveis	**Descrição**	**Escala**
X_1	Não compra tudo que vê e o que quer	0 a 10
X_2	Planeja seus gastos, reflete e prioriza antes de comprar	0 a 10
X_3	Pesquisa preços e compra de acordo com suas possibilidades	0 a 10
X_4	Conhece e defende seus direitos	0 a 10
X_5	Exige qualidade	0 a 10
X_6	Compra por impulso	0 a 10
X_7	Nem sempre compra o que é necessário	0 a 10
X_8	Acumula coisas inúteis que pouco usará	0 a 10
X_9	Imita os outros	0 a 10
X_{10}	Não conhece seus direitos	0 a 10
X_{11}	Não pesquisa preços	0 a 10
X_{12}	Não tem objetivos definidos	0 a 10
X_{13}	Gasta desordenadamente e está sempre com dívidas	0 a 10
X_{14}	Compra para preencher ou compensar decepções e frustrações provocadas por problemas do dia a dia	0 a 10
X_{15}	Precisa de ajuda para controlar seus gastos	0 a 10
X_{16}	É dependente do consumo e não admite que tem um problema	0 a 10

Notas: todas as variáveis foram consideradas quantitativas contínuas.

Com esse procedimento, espera-se identificar no espaço de análise os perfis de consumidores típicos e, assim, conseguir informações que possam nortear as políticas de satisfação e fidelização dos consumidores da empresa. Os resultados da pesquisa encontram-se na tabela abaixo.

Consumidor	X_1	X_2	X_3	X_4	X_5	X_6	X_7	X_8	X_9	X_{10}	X_{11}	X_{12}	X_{13}	X_{14}	X_{15}	X_{16}
1	1	2	3	2	1	10	9	10	10	1	1	1	1	3	1	1
2	1	1	3	2	1	4	2	1	1	10	9	9	2	2	1	2
3	1	2	2	4	5	3	1	2	1	1	1	1	10	10	10	10
4	1	1	1	2	2	8	10	8	10	2	1	3	2	1	2	2
5	1	1	2	2	4	1	1	3	2	9	9	10	2	5	1	2
6	1	1	2	1	1	9	10	7	9	1	3	3	2	4	4	1
7	1	1	3	2	2	5	1	2	1	10	9	9	2	2	1	1
8	1	1	3	2	1	4	2	1	1	10	9	9	2	2	1	2
9	1	1	3	1	1	4	1	4	1	1	1	1	10	9	10	9
10	1	2	1	2	1	10	10	8	9	1	5	2	2	3	3	3
11	1	1	3	2	1	1	3	1	1	9	10	9	2	2	2	1
12	1	1	3	2	2	1	1	2	1	1	1	1	9	10	9	8
13	1	2	3	2	1	10	9	10	10	1	1	1	1	3	1	1
14	1	2	1	2	1	10	10	8	9	1	5	2	2	3	3	3
15	1	1	1	1	3	7	10	10	10	2	3	2	2	5	1	1
16	1	1	3	2	1	4	2	1	1	10	9	9	2	2	1	2
17	1	2	3	3	1	1	1	2	2	2	1	1	10	9	8	10
18	2	2	2	3	1	1	2	5	1	1	2	1	9	10	10	10
19	2	2	2	2	2	1	2	3	1	9	10	9	2	2	1	2
20	2	2	2	3	1	1	2	5	1	1	2	1	9	10	10	10
21	2	2	2	2	2	1	2	3	1	2	1	1	10	10	10	10
22	3	3	3	1	2	4	1	3	1	1	1	3	9	10	10	9
23	9	10	9	10	9	2	1	1	2	3	3	2	1	2	1	2
24	9	8	9	9	9	1	1	1	2	3	3	1	1	1	4	1
25	10	9	10	10	10	1	2	1	2	1	1	2	1	2	2	2

Realize a análise de dados por *clusters* hierárquico e não hierárquico sequencialmente, e obtenha a segmentação dos consumidores.

Solução:

Neste exercício, utilizaremos o ***quadrado da distância euclidiana*** e os seguintes métodos:

- Primeiro, um método hierárquico → método aglomerativo → método da variância → método de Ward → para obter o número de cluster e os formadores de cada um deles;

Depois, um método não hierárquico para perfilar e ratificar os clusters: particionamento otimizador.

Aplicando a sequência para a realização da análise de *cluster* no SPSS, chegamos aos seguintes resultados:

Análise de *Cluster* Hierárquico:

Tabela 1
Calendário de Agregação

Agglomeration Schedule

Stage	Cluster Combined		Coefficients	Stage Cluster First Appears		Next Stage
	Cluster 1	Cluster 2		Cluster 1	Cluster 2	
1	18	20	,000	0	0	16
2	8	16	,000	0	0	5
3	10	14	,000	0	0	13
4	1	13	,000	0	0	19
5	2	8	,000	0	2	6
6	2	7	3,750	5	0	20
7	11	19	9,250	0	0	15
8	12	21	15,250	0	0	9
9	12	17	21,250	8	0	16
10	23	25	28,750	0	0	12
11	9	22	36,750	0	0	18
12	23	24	47,250	10	0	22
13	6	10	57,917	0	3	21
14	4	15	72,917	0	0	19
15	5	11	88,083	0	7	20
16	12	18	103,683	9	1	17
17	3	12	122,917	0	16	18
18	3	9	143,708	17	11	24
19	1	4	165,208	4	14	21
20	2	5	193,363	6	15	22
21	1	6	229,339	19	13	23
22	2	23	1180,468	20	12	23
23	1	2	2597,037	21	22	24
24	1	3	4338,320	23	18	0

Com o calendário de agregação, podemos construir o gráfico dos coeficientes de fusão no *Excel*, que relaciona o estágio (*stage*) com os coeficientes de fusão (*coefficients*) e, assim, pode-se ter uma informação inicial do número de *clusters* ideal para a base de dados em análise. É o que apresentamos a seguir:

Gráfico 1

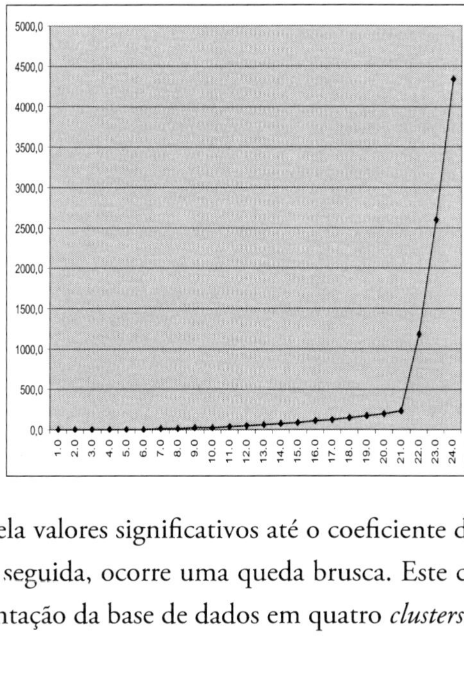

O gráfico 1 revela valores significativos até o coeficiente de fusão 4, do maior para o menor. Em seguida, ocorre uma queda brusca. Este comportamento evidencia uma segmentação da base de dados em quatro *clusters*.

Tabela 2

Diagrama Icicle

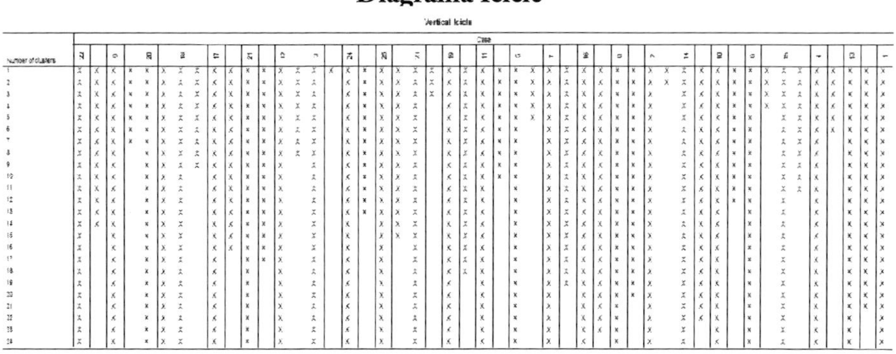

O diagrama icicle informa quais seriam os casos formadores da segmentação do consumidor antecipada pelo calendário de agregação. Para quatro *clusters*, teríamos um primeiro *cluster* formado pelos elementos 18, 20, 12, 21, 17, 3, 9 e 22, um segundo *cluster* formado pelos casos 10, 14, 6, 1, 13, 4 e 15, e um terceiro *cluster* formado pelos casos 23, 25 e 24. Finalmente, um quarto *cluster* seria 8, 16, 2, 7,11, 19 e 5.

Gráfico 2
Dendograma

```
* * * * * * H I E R A R C H I C A L   C L U S T E R   A N A L Y S I S *
* * * * *

 Dendrogram using Ward Method

                         Rescaled Distance Cluster Combine

  C A S E      0         5        10        15        20        25
  Label  Num   +---------+---------+---------+---------+---------+

          18   òø
          20   òú
          12   òú
          21   òú
          17   òôòòòòòòòòòòòòòòòòòòòòòòòòòòòòòòòòòòòòòòòòòòòòòòòòø
           3   òú                                                ó
           9   òú                                                ó
          22   ò÷                                                ó
          10   òø                                                ó
          14   òú                                                ó
           6   òôòòòòòòòòòòòòòòòòòòòòòòòòòòòòòòòòòòòòòòòòø       ó
           1   òú                                        ó       ó
          13   òú                                        ó       ó
           4   òú                                        ó       ó
          15   ò÷                                        ùòòòòòòò÷
          23   òø                                        ó
          25   òôòòòòòòòòòòòòòòòòòòòòòòòòòòø             ó
          24   ò÷                          ó             ó
           8   òø                          ùòòòòòòòòòòòòò÷
          16   òú                          ó
           2   òú                          ó
           7   òôòòòòòòòòòòòòòòòòòòòòòòòòòò÷
          11   òú
          19   òú
           5   ò÷
```

O dendograma, gráfico 2, é utilizado para confirmar o resultado do diagrama icicle. Observando o dendograma, percebemos que o referido gráfico também segmenta a base de dados em quatro *clusters* e esses *clusters* têm formação idêntica ao informado pelo diagrama icicle.

Agora, realizaremos a análise de *cluster* não hierárquico para perfilar os *clusters* por meio dos centroides e também ratificar os resultados do *cluster* hierárquico.

Análise de *Cluster* Não Hierárquico:

Neste caso, por termos 16 variáveis com o mesmo domínio de variação, não recorreremos à padronização das variáveis. O método não hierárquico, uma vez rodado no SPSS, com a indicação de quatro *clusters*, gerou as tabelas 1 e 2 com os centroides dos *clusters* e seus respectivos tamanhos.

Tabela 1
Centroides

Final Cluster Centers

	Cluster			
	1	2	3	4
X1	1	1	2	9
X2	2	1	2	9
X3	2	3	3	9
X4	2	2	2	10
X5	1	2	2	9
X6	9	3	2	1
X7	10	2	1	1
X8	9	2	3	1
X9	10	1	1	2
X10	1	10	1	2
X11	3	9	1	2
X12	2	9	1	2
X13	2	2	10	1
X14	3	2	10	2
X15	2	1	10	2
X16	2	2	10	2

Tabela 2

Número de Casos em Cada *Cluster*

Number of Cases in each Cluster

Cluster	1	7,000
	2	7,000
	3	8,000
	4	3,000
Valid		25,000
Missing		,000

O *cluster 1* é formados pelos consumidores com as mais altas avaliações nas variáveis X_6 Compra por impulso, X_7 Nem sempre compra o que é necessário, X_8 Acumula coisas inúteis que pouco usará e X_9 Imita os outros. Tem sete elementos. É o *cluster* dos consumidores do ***"tipo consumista"***.

O *cluster 2* é formados pelos consumidores com as mais altas avaliações nas variáveis X_{10} Não conhece seus direitos, X_{11} Não pesquisa preços e X_{12} Não tem objetivos definidos. Tem sete elementos. É o *cluster* dos consumidores do ***"tipo alienado"***.

O *cluster 3* é formados pelos consumidores com as mais altas avaliações nas variáveis X_{13} Gasta desordenadamente e está sempre com dívidas, X_{14} Compra para preencher ou compensar decepções e frustrações provocadas por problemas do dia a dia, X_{15} Precisa de ajuda para controlar seus gastos e X_{16} É dependente do consumo e não admite que tem um problema. Tem oito elementos. É o *cluster* dos consumidores do ***"tipo compulsivo"***.

O *cluster 4* é formados pelos consumidores com as mais altas avaliações nas variáveis X_1 Não compra tudo que vê e o que quer, X_2 Planeja seus gastos, reflete e prioriza antes de comprar, X_3 Pesquisa preços e compra de acordo com suas possibilidades, X_4 Conhece e defende seus direitos e X_5 Exige qualidade. Tem três elementos. É o *cluster* dos consumidores do ***"tipo consciente"***.

Para construir o gráfico dos *clusters* (gráfico dos objetos identificados), utilizaremos como eixos do plano bidimensional os escores fatoriais dos dois fatores gerados em uma análise fatorial com as variáveis de conglomeração da base de dados. O resultado do recurso analítico segue abaixo, com o gráfico 3.

Gráfico 3
Gráfico dos Objetos Identificados

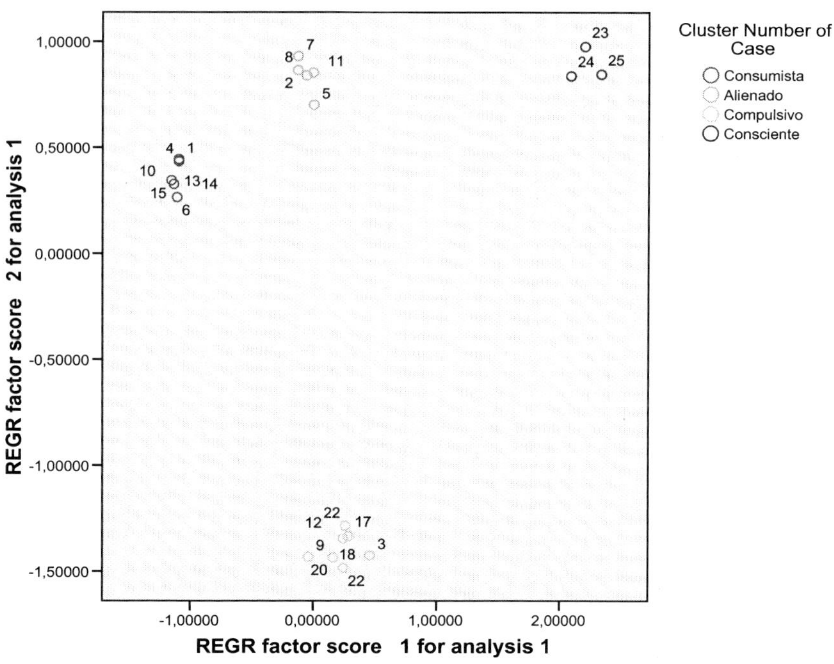

4) Faça uma análise de *cluster* não hierárquico para dois *clusters* da base de dados abaixo:

Base de Preços de Imóveis nos Bairros do Rio de Janeiro

Bairros	Sala e Quarto	Sala e 2 Quartos	Sala e 3 Quartos
Bangu	451579	168464	1102342
Barra da Tijuca	712239	698820	982309
Botafogo	598226	905965	1289278
Centro	350864	435575	585968
Copacabana	585442	938055	1535394
Flamengo	535255	886744	1279846
Gávea	451579	1277472	1591667
Ilha do Governador	251160	339554	592392
Inhaúma	158222	222186	273750
Ipanema	981316	1610128	2707079
Irajá	137538	260617	307512
Jacarepaguá	209469	303466	447698
Jardim Botânico	451579	1245750	1660870
Lagoa	451579	1448200	2496978
Laranjeiras	594563	824154	1122824
Leblon	1049453	1728612	2907437
Madureira	144867	187956	246400
Méier	203833	288369	371070
Ramos	155882	240884	329316
Recreio dos Bandeirantes	451579	556556	707978
Santa Teresa	361824	553622	649295
São Cristóvão	451579	297751	381469
Tijuca	336000	545467	711650
Vila Isabel	325082	415751	570957

Solução:

- Neste exercício, utilizaremos *o* ***método não hierárquico para perfilar:*** *particionamento otimizador.*

Aplicando a sequência para a realização da análise de no SPSS, chegamos aos seguintes resultados:

Neste caso, por termos variáveis com o mesmo domínio de variação, não recorreremos à padronização das variáveis. O método não hierárquico, uma vez rodado no SPSS, com a indicação de dois *clusters*, gerou as tabelas 1 e 2 com os centroides dos *clusters* e seus respectivos tamanhos.

Tabela 1
Centroides

Final Cluster Centers

	Cluster	
	1	2
SalaeQuarto	357209	661825
Salae2Quartos	451772	1374703
Salae3Quartos	664003	2149904

Tabela 2
Número de Casos em Cada *Cluster*

Final Cluster Centers

	Cluster	
	1	2
SalaeQuarto	357209	661825
Salae2Quartos	451772	1374703
Salae3Quartos	664003	2149904

O *cluster 1* é formado pelos bairros com os menores preço de venda na cidade do Rio de Janeiro e o *cluster* 2, com os valores de preço de vendas maiores.

A tabela 3 a seguir informa os bairros pertencentes a cada *cluster*:

Tabela 3

Tabela Indicadora dos Formadores dos *Clusters*

Cluster Membership

Case Number	Bairros	Cluster	Distance
1	Bangu	1	530387.3
2	Barra da Tijuca	1	537026.6
3	Botafogo	1	809536.3
4	Centro	1	79950.453
5	Copacabana	2	757706.0
6	Flamengo	1	774702.1
7	Gávea	2	604388.7
8	Ilha do Governador	1	170198.3
9	Inhaúma	1	494573.7
10	Ipanema	2	684063.9
11	Irajá	1	460305.9
12	Jacarepagua	1	301014.5
13	Jardim Botânico	2	547710.2
14	Lagoa	2	412389.7
15	Laranjeiras	1	636805.9
16	Leblon	2	921609.1
17	Madureira	1	537662.0
18	Méier	1	368828.7
19	Ramos	1	443871.4
20	Recreio	1	147713.2
21	Santa Tereza	1	103009.7
22	São Cristóvão	1	335341.3
23	Tijuca	1	107232.3
24	Vila Isabel	1	104820.0

O gráfico 1 informa a dispersão dos bairros no espaço de venda no Rio de Janeiro:

Gráfico 1
Gráfico dos Objetos

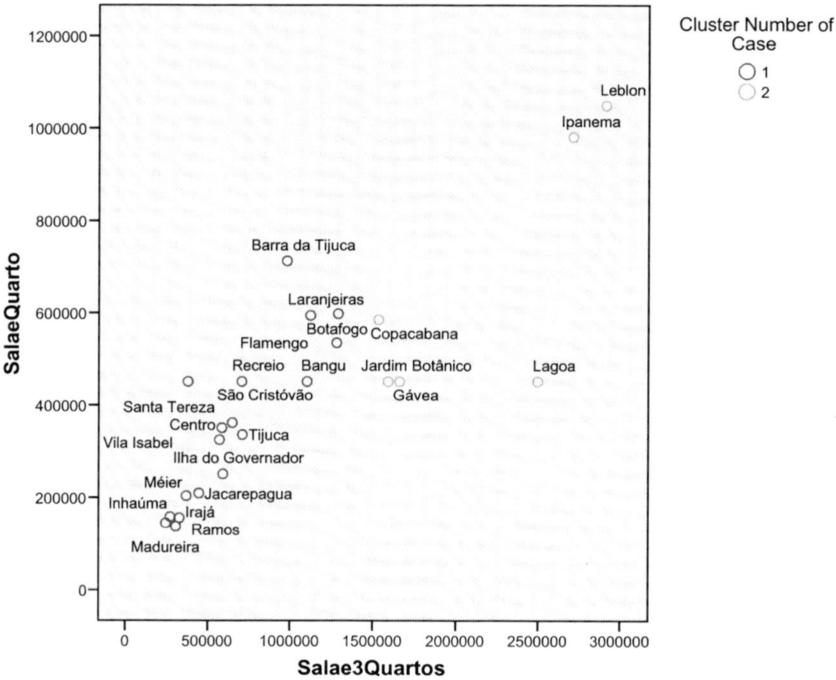

5) Um levantamento feito mensalmente pelo Extra, em 12 supermercados no centro e nas Zonas Sul, Norte e Oeste, mostra que o valor da cesta básica, composta por 13 alimentos considerados nas pesquisas do Departamento Intersindical de Estatística e Estudos Socioeconômicos (DIEESE), teve uma redução de 1,31% em setembro de 2013, na comparação com agosto. Os dados estão registrados na tabela abaixo. Faça uma análise de *cluster* não hierárquico com três *clusters* e analise se existem subgrupos de alimentos que especificamente apresentam graus de variação de preços diferenciados nos supermercados e nas localidades.

Base de Cesta Básica

Alimentos	Extra ZonaSul	Mundial ZonaSul	Prezunic ZonaSul	ExtraZona Norte	Mundial ZonaNorte	Prezunic ZonaNorte
Chá de dentro-6 kg	89.88	84.60	92.40	89.88	84.60	101.28
Leite longa vida Elegê-7.5 litros	26.17	25.12	26.17	26.17	25.12	26.17
Feijão preto tipo 1 Combrasil-4.5 kg	21.55	21.55	22.27	21.55	21.55	22.27
Arroz tipo 1 João-3 kg	9.87	9.48	8.37	9.87	9.48	8.37
Farinha de mandioca torrada Granfino-1.5 kg	6.48	6.37	7.12	6.88	6.37	7.12
Batata-6 kg	8.34	16.14	13.74	8.34	16.14	13.74
Tomate-9 kg	21.51	22.41	20.61	21.51	22.41	20.61
Pão francês-6 kg	53.40	38.40	46.14	53.40	38.40	46.14
Café em pó torrado e moído Pilão-600 g	9.09	9.09	10.72	9.09	9.09	10.72
Banana prata-7.5 dúzias	14.95	18.75	19.95	19.00	18.75	19.95
Açúcar refinado União-3 kg	6.87	6.57	7.05	6.87	6.57	7.05
Óleo de soja refinado Liza-900 ml	3.59	3.68	3.69	3.59	3.68	3.69
Manteiga extra com sal Itambé-750 g	21.56	13.05	14.58	21.56	13.05	14.58
Chá de dentro-6 kg	89.88	84.60	92.40	113.40	84.60	95.10
Leite longa vida Elegê-7.5 litros	261.17	25.12	26.17	25.42	25.12	26.17
Feijão preto tipo 1 Combrasil-4.5 kg	22.41	21.55	22.27	21.55	21.55	22.27
Arroz tipo 1 João-3 kg	8.97	9.48	9.87	9.45	9.48	8.37
Farinha de mandioca torrada Granfino-1.5 kg	6.88	5.97	7.12	6.37	6.37	7.12
Batata-6 kg	20.94	8.88	13.74	13.14	16.14	13.74
Tomate-9 kg	18.81	17.82	20.61	21.51	22.41	20.61
Pão francês-6 kg	38.34	38.40	46.14	47.94	38.40	46.14
Café em pó torrado e moído Pilão-600 g	9.94	9.09	10.72	9.09	9.09	10.72
Banana prata-7.5 dúzias	12.40	11.45	19.95	8.95	18.75	19.95

Açúcar refinado União-3 kg	7.05	6.57	7.05	5.97	6.57	7.05
Óleo de soja refinado Liza-900 ml	3.29	3.68	3.69	3.29	3.68	3.69
Manteiga extra com sal Itambé-750 g	14.96	13.05	14.58	21.56	13.05	14.43

Solução:

- Neste exercício, utilizaremos ***o método não hierárquico para perfilar:*** *particionamento otimizador.*

Aplicando a sequência para a realização da análise de *cluster* no SPSS, chegamos aos seguintes resultados:

Neste caso, por termos variáveis com o mesmo domínio de variação, não recorreremos à padronização das variáveis. O método não hierárquico, uma vez rodado no SPSS, com a indicação de dois *clusters*, gerou as tabelas 1 e 2 com os centroides dos *clusters* e seus respectivos tamanhos.

Tabela 1
Centroides

Final Cluster Centers

	Cluster		
	1	2	3
ExtraZonaSul	89.88	26.17	16.11
MundialZonaSul	84.6	25.1	15.0
PrezunicZonaSul	92.4	26.2	15.8
ExtraZonaNorte	89.88	26.17	16.51
MundialZonaNorte	84.6	25.1	15.0
PrezunicZonaNote	101.28	26.17	15.84
ExtraZonaOeste	89.88	261.17	14.91
MundialZonaOeste	84.6	25.1	13.3
PrezunicZonaOeste	92.4	26.2	16.0
ExtraCentro	113.4	25.4	15.3
MundialCentro	84.6	25.1	15.0
PrezunicCentro	95.1	26.2	15.8

Tabela 2
Número de Casos em Cada *Cluster*

Number of Cases in each Cluster

Cluster	1	1
	2	1
	3	11
Valid		13
Missing		0

O *cluster 1* é formado pelo alimento com o maior preço nos supermercados, que foi o chá de dentro. O *cluster* 2, com o segundo maior preço nos supermercados, que foi o leite longa vida Elegê. O *cluster* 3 é formado pela maioria dos alimentos da cesta básica com os menores preços da cesta.

A tabela 3 a seguir informa os bairros pertencentes a cada *cluster*:

Case Number	Alimentos	Cluster	Distance
1	Chá de dentro-6 kg	1	.000
2	Leite longa vida Elegê-7. 5 litros	2	.000
3	Feijão preto tipo 1 Combrasil-4.5 kg	3	22.563
4	Arroz tipo 1 João-3 kg	3	21.560
5	Farinha de mandioca torrada Granfino-1.5 kg	3	30.264
6	Batata-6 kg	3	14.473
7	Tomate-9 kg	3	19.510
8	Pão francês-6 kg	3	101.466
9	Café em pó torrado e moído Pilão-600 g	3	19.955
10	Banana prata-7.5 dúzias	3	12.877
11	Açúcar refinado União-3 kg	3	29.994
12	Óleo de soja refinado Liza-900 ml	3	40.951
13	Manteiga extra com sal Itambé-750 g	3	10.622

Tabela 3
Tabela Indicadora dos Formadores dos *Clusters*

O gráfico 1 informa espacialmente os *clusters* formados.

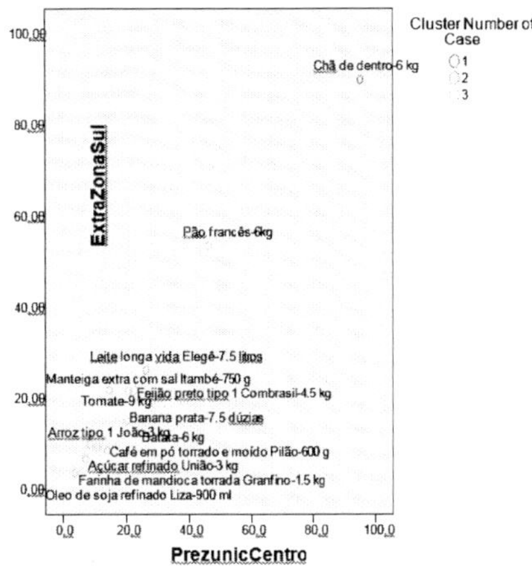

Gráfico 1
Gráfico dos Objetos Identificados

Portanto, apesar da pesquisa do DIEESE informar que em média os preços dos alimentos da cesta básica se mantiverem baixos e estáveis nos supermercados investigados, detecta-se pela análise de *clusters* que dois alimentos se destacam por preços altos: a carne bovina e o litro de leite.

6) O Supremo Tribunal Federal (STF) aprovou em setembro de 2013 os embargos infringentes e 12 condenados do esquema do "Mensalão" do Governo Lula podem ser beneficiados. O que pode mudar com os embargos infringentes está exposto na tabela abaixo. Realize uma análise *k-means* com dois *clusters* e divulgue uma mapa de percepção de como os candidatos seriam agrupados em função do beneficiamento com a aprovação do benefício pelo STF.

O Que Pode Mudar com os Embargos Infringentes?

Condenados	Pena Atual	Pena Depois
Breno Fischberg	3	0
Crisitano Paz	25	23
Delúbio Soares	8	6
João Claudio Genu	4	0
João Paulo Cunha	9	6
José Dirceu	10	7
José Genoíno	6	4
José Roberto Salgado	16	14
Kátia Rabello	16	14
Marcos Valério	40	37
Ramom Hollerbach	29	27
Simone Vasconcelos	12	12

Fonte: Jornal O Globo, 18-09-2013.

Nota: Pena depois = pena se for absolvido em novo julgamento.

Solução:

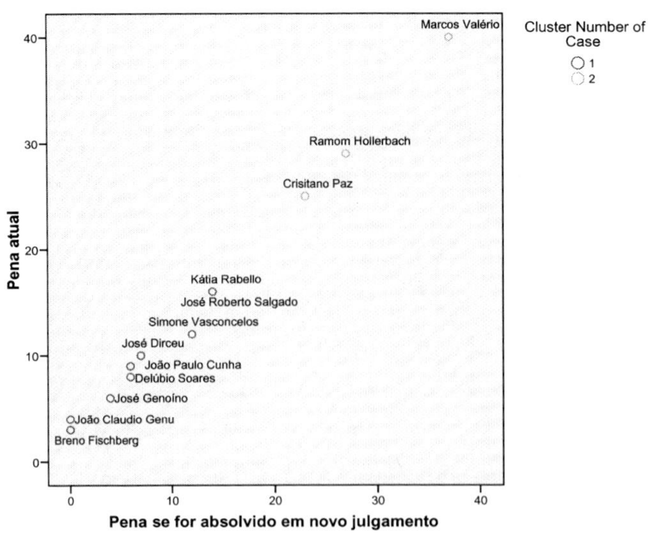

Pelo que podemos observar do gráfico de percepção, o *cluster* 1 é formado pelos candidatos que permaneceriam em situação bem desfavorável, mesmo com os embargos infringentes, isto é, seriam pouco beneficiados. Esse *cluster* abrange somente 25% dos candidatos com direito ao benefício. Portanto, 75% dos referidos réus seriam de alguma forma beneficiados com a lei aprovada pelo STF.

7) O Instituto Nacional de Estudos e Pesquisas Educacionais (INEP) levantou os dados da base de dados abaixo que se referem às taxas de rendimento segundo as dependências administrativas no município do Rio de Janeiro de 2007 a 2011. Realize uma análise de *clusters* hierárquico e não hierárquico, e perfile os grupos gerados.

Base de Taxa de Rendimento do Ensino Médio RJ

Anos de Referência	Tipo de Escola	Taxa de Aprovação	Taxa de Reprovação	Taxa de Abandono
2007	Federal	84.8	13.0	2.2
2007	Estadual	58.6	23.8	17.6
2007	Particular	89.4	9.9	0.7
2008	Federal	85.9	13.3	0.8
2008	Estadual	55.5	24.7	19.8
2008	Particular	89.2	10.4	0.4
2009	Federal	85.7	13.9	0.4
2009	Estadual	55.7	25.5	18.8
2009	Particular	89.4	10.0	0.6
2010	Federal	87.0	12.4	0.6
2010	Estadual	56.9	25.2	17.9
2010	Particular	88.5	11.0	0.5
2011	Federal	87.6	11.7	0.7
2011	Estadual	59.4	26.0	14.6
2011	Particular	88.9	10.6	0.5

Taxa de Aprovação: É a proporção de alunos da matrícula total na série k, no ano t, que são aprovados.

Taxa de Reprovação: É a proporção de alunos da matrícula total na série k, no ano t, que são reprovados.

Taxa de Abandono: É a proporção de alunos da matrícula total na série k, no ano t, que abandonaram a escola.

Solução:

Neste exercício, utilizaremos o ***quadrado da distância euclidiana*** e os seguintes métodos:

- Primeiro, um método hierárquico → método aglomerativo → método da variância → método de Ward → para obter o número de cluster e os formadores de cada um deles;
- Depois, um método não hierárquico para perfilar e ratificar os clusters: particionamento otimizador.

Aplicando a sequência para a realização da análise de *cluster* no SPSS, chegamos aos seguintes resultados:

Análise de *Cluster* Hierárquico:

Tabela 1
Calendário de Agregação

Agglomeration Schedule

Stage	Cluster Combined		Coefficients	Stage Cluster First Appears		Next Stage
	Cluster 1	Cluster 2		Cluster 1	Cluster 2	
1	3	9	.010	0	0	7
2	6	15	.080	0	0	4
3	4	7	.360	0	0	9
4	6	12	.730	2	0	7
5	10	13	1.160	0	0	10
6	5	8	2.000	0	0	8
7	3	6	2.998	1	4	13
8	5	11	5.438	6	0	12
9	1	4	8.051	0	3	10
10	1	10	14.552	9	5	13
11	2	14	21.792	0	0	12
12	2	5	41.384	11	8	14
13	1	3	77.896	10	7	14
14	1	2	4726.139	13	12	0

Com o calendário de agregação, podemos construir o gráfico dos coeficientes de fusão no *Excel*, que relaciona o estágio (*stage*) com os coeficientes de fusão (*coefficients*) e, assim, pode-se ter uma informação inicial do número de *cluster* ideal para a base de dados em análise. É o que apresentamos a seguir:

Gráfico 1

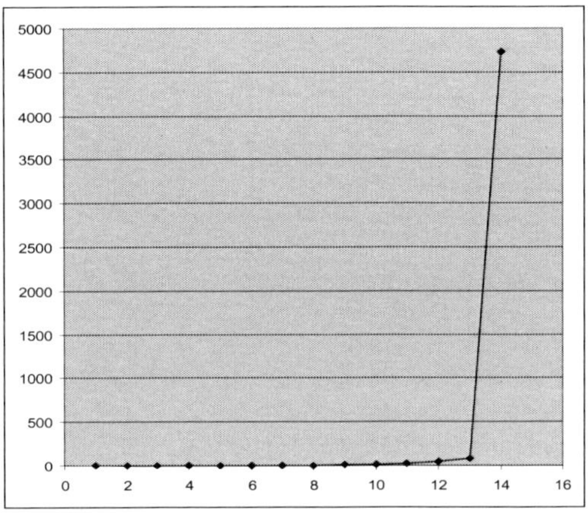

O gráfico 1 evidencia que a base de dados se estrutura em dois *clusters*.

Tabela 2
Diagrama Icicle

Vertical Icicle

	Case																												
Number of clusters	11		8		5		14		2		12		15		6		9		3		13		10		7		4		1
1	X	X	X	X	X	X	X	X	X	X	X	X	X	X	X	X	X	X	X	X	X	X	X	X	X	X	X	X	X
2	X	X	X	X	X	X	X	X	X		X	X	X	X	X	X	X	X	X	X	X	X	X	X	X	X	X	X	X
3	X	X	X	X	X	X	X	X	X		X	X	X	X	X	X	X	X	X		X	X	X	X	X	X	X	X	X
4	X	X	X	X	X		X	X	X		X	X	X	X	X	X	X	X	X		X	X	X	X	X	X	X	X	X
5	X	X	X	X	X		X		X		X	X	X	X	X	X	X	X	X		X	X	X	X	X	X	X	X	X
6	X	X	X	X	X		X		X		X	X	X	X	X	X	X	X	X		X	X	X		X	X	X	X	X
7	X	X	X	X	X		X		X		X	X	X	X	X	X	X	X	X		X	X	X		X	X	X		X
8	X		X	X	X		X		X		X	X	X	X	X	X	X	X	X		X	X	X		X	X	X		X
9	X		X	X	X		X		X		X	X	X	X	X		X	X	X		X	X	X		X	X	X		X
10	X		X		X		X		X		X	X	X	X	X		X	X	X		X	X	X		X	X	X		X
11	X		X		X		X		X		X	X	X	X	X		X	X	X		X		X		X	X	X		X
12	X		X		X		X		X		X		X	X	X		X	X	X		X		X		X	X	X		X
13	X		X		X		X		X		X		X	X	X		X	X	X		X		X		X		X		X
14	X		X		X		X		X		X		X		X		X	X	X		X		X		X		X		X

O diagrama icicle informa quais seriam os casos formadores da segmentação do espaço de análise antecipada pelo calendário de agregação. Para dois *clusters*, teríamos um primeiro *cluster* formado pelos elementos 11, 8, 5, 14, e 2, e um segundo *cluster* formado pelos casos 12, 15, 6, 9, 3, 13, 10, 7, 4 e 1.

Gráfico 2

```
* * * * * * H I E R A R C H I C A L   C L U S T E R   A N A L Y S I S *
* * * * *


 Dendrogram using Ward Method

                     Rescaled Distance Cluster Combine

   C A S E      0         5        10        15        20        25
  Label  Num    +---------+---------+---------+---------+---------+

           3    òø
           9    òú
           6    òú
          15    òôòòòòòòòòòòòòòòòòòòòòòòòòòòòòòòòòòòòòòòòòòòòòòòòòø
          12    òú                                                ó
          10    òú                                                ó
          13    òú                                                ó
           4    òú                                                ó
           7    òú                                                ó
           1    ò÷                                                ó
           5    òø                                                ó
           8    òú                                                ó
          11    òôòòòòòòòòòòòòòòòòòòòòòòòòòòòòòòòòòòòòòòòòòòòòòòòò÷
           2    òú
          14    ò÷
```

O dendograma, gráfico 2, é utilizado para confirmar o resultado do diagrama icicle. Observando o dendograma, percebemos que o referido gráfico também segmenta a base de dados em dois *clusters* e esses *clusters* têm formação idêntica ao informado pelo diagrama icicle.

Agora, realizaremos a análise de *cluster* não hierárquico para perfilar os *clusters* por meio dos centroides e também ratificar os resultados do *cluster* hierárquico.

Análise de *Cluster* Não Hierárquico:

O método não hierárquico, uma vez rodado no SPSS, com a indicação de dois *clusters*, gerou as tabelas 1 e 2 com os centroides dos *clusters* e seus respectivos tamanhos.

Tabela 1
Centroides

Final Cluster Centers

	Cluster	
	1	2
Taxa de Aprovação	87.6	57.2
Taxa de Reprovação	11.6	25.0
Taxa de Abandono	.7	17.7

Tabela 2
Número de Casos em Cada *Cluster*

Number of Cases in each Cluster

Cluster	1	10
	2	5
Valid		15
Missing		0

O *cluster 1* é formado pelos anos com as maiores taxas de aprovação e as menores taxas de reprovação e abandono.

O *cluster 2* é formado pelos anos com as menores taxas de aprovação e as maiores taxas de reprovação e abandono.

O gráfico 3 a seguir identificará quais são os *clusters* gerados em função do tipo de escola (federal, estadual e particular).

Gráfico 3
Gráfico dos Objetos Identificados

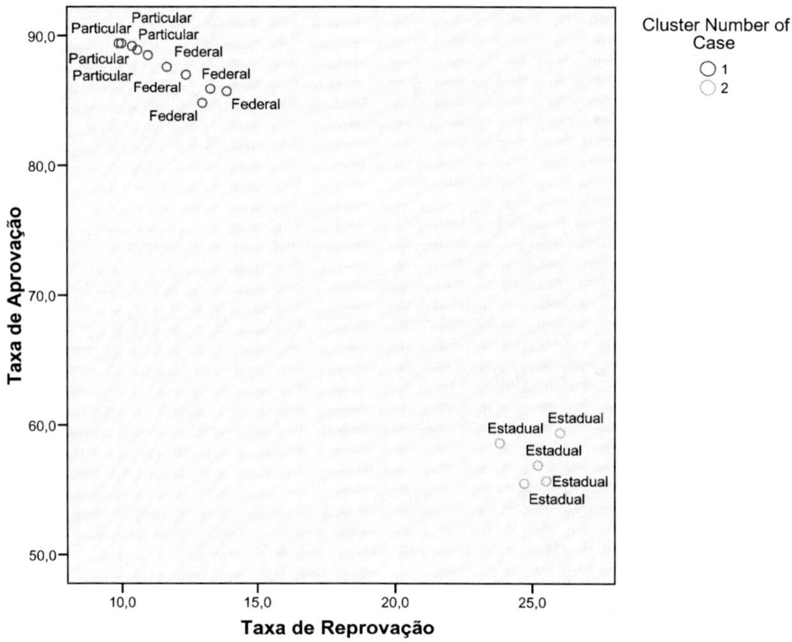

Pela observação do gráfico dos objetos identificados, percebemos que o *cluster* 1, formado pelos melhores indicadores, é constituído pelas instituições federais e particulares de ensino médio, e o *cluster* 2, formado pelos piores indicadores, é constituído pelas instituições estaduais de ensino médio.

8) A Fundação Getúlio Vargas realizou uma pesquisa em 2014 para medir o índice de satisfação em relação aos serviços públicos nas regiões metropolitanas no Brasil. Os dados se encontram na base de dados que segue abaixo. Segmente as regiões metropolitanas em função dos índices similares de satisfação com os serviços públicos utilizando a análise de *clusters* hierárquico e não hierárquico.

Código da Região Metropolitana	**Regiões Metropolitanas**	**Saúde**	**Segurança**	**Transporte**	**Educação**
1	Belo Horizonte	75	72	71	59
2	Brasília	80	85	82	64
3	Porto Alegre	76	80	72	67
4	Recife	75	80	77	57
5	Rio de Janeiro	84	84	77	71
6	São Paulo	78	80	69	68

Solução:

Neste exercício, utilizaremos o ***quadrado da distância euclidiana*** e os seguintes métodos:

- Primeiro, um método hierárquico → método aglomerativo → método da variância → método de Ward → para obter o número de clusters e os formadores de cada um deles;
- Depois, um método não hierárquico para perfilar e ratificar os clusters: particionamento otimizador.

Aplicando a sequência para a realização da análise de *cluster* no SPSS, chegamos aos seguintes resultados:

Análise de *Cluster* Hierárquico:

Tabela 1
Calendário de Agregação

Agglomeration Schedule

Stage	Cluster Combined		Coefficients	Stage Cluster First Appears		Next Stage
	Cluster 1	Cluster 2		Cluster 1	Cluster 2	
1	3	6	7,000	0	0	4
2	2	5	52,500	0	0	5
3	1	4	104,500	0	0	4
4	1	3	227,000	3	1	5
5	1	2	431,500	4	2	0

Com o calendário de agregação, podemos construir o gráfico dos coeficientes de fusão no *Excel*, que relaciona o estágio (*stage*) com os coeficientes de fusão (*coefficients*) e, assim, pode-se ter uma informação inicial do número de *clusters* ideal para a base de dados em análise. É o que apresentamos a seguir:

Gráfico 1

O gráfico 1 evidencia que a base de dados se estrutura em três *clusters*.

Tabela 2

Diagrama Icicle

Vertical Icicle

	Case										
Number of clusters	5		2		6		3		4		1
1	X	X	X	X	X	X	X	X	X	X	X
2	X	X	X		X	X	X	X	X	X	X
3	X	X	X		X	X	X		X	X	X
4	X	X	X		X	X	X		X		X
5	X		X		X	X	X		X		X

O diagrama *icicle* informa quais seriam os casos formadores da segmentação do espaço de análise. Para três *clusters*, teríamos um primeiro *cluster* formado pelas regiões metropolitanas 5, 2, o segundo pelas regiões metropolitanas 6, e 3, e o terceiro pelas regiões metropolitanas 4, 1.

Gráfico 2

```
* * * * * *H I E R A R C H I C A L  C L U S T E R   A N A L Y S I S *
* * * * *


  Dendrogram using Ward Method

                      Rescaled Distance Cluster Combine

   C A S E  0         5        10        15        20        25
 Label  Num +---------+---------+---------+---------+---------+

         3   òÛòòòòòòòòòòòòòòòòòòòòòòòòòòòòø
         6   ò÷                            Ùòòòòòòòòòòòòòòòòòòø
         1   òòòòòòòòòòòÛòòòòòòòòòòòòòòòòòò÷                  ó
         4   òòòòòòòòòòò÷                                     ó
         2   òòòòòòòòòÛòòòòòòòòòòòòòòòòòòòòòòòòòòòòòòòòòòòòòò÷
         5   òòòòòòòòò÷
```

O dendograma, gráfico 2, é utilizado para confirmar o resultado do diagrama icicle. Observando o dendograma, percebemos que o referido gráfico também segmenta a base de dados em três *clusters* e esses *clusters* têm formação idêntica ao informado pelo diagrama icicle.

Agora, realizaremos a análise de *cluster* não hierárquico para perfilar os *clusters* por meio dos centroides e também ratificar os resultados do *cluster* hierárquico.

Análise de *Cluster* Não Hierárquico:

O método não hierárquico, uma vez rodado no SPSS, com a indicação de três *clusters*, gerou as tabelas 1 e 2 com os centroides dos *clusters* e seus respectivos tamanhos.

Tabela 1

Centroides

Final Cluster Centers

	Cluster		
	1	2	3
Saúde	75	82	77
Segurança	76	85	80
Transporte	74	80	71
Educação	58	68	68

Tabela 2

Número de Casos em Cada *Cluster*

Number of Cases in each Cluster

Cluster	1	2
	2	2
	3	2
Valid		6
Missing		0

O *cluster 1* é formado pelas regiões metropolitanas com os mais baixos índices de satisfação com os serviços públicos. É constituído pelas regiões metropolitanas de Belo Horizonte e Recife.

O *cluster 2* é formado pelas regiões metropolitanas com níveis médios de satisfação com os serviços públicos. É constituído pelas regiões metropolitanas de São Paulo e Porto Alegre.

O *cluster 3* é formado pelas regiões metropolitanas com os mais altos índices de satisfação com os serviços públicos. É constituído pelas regiões metropolitanas do Rio de Janeiro e Brasília.

O gráfico 3 a seguir representa de forma visual o resultado encontrado:

Gráfico 3
Gráfico dos *Clusters* Formados

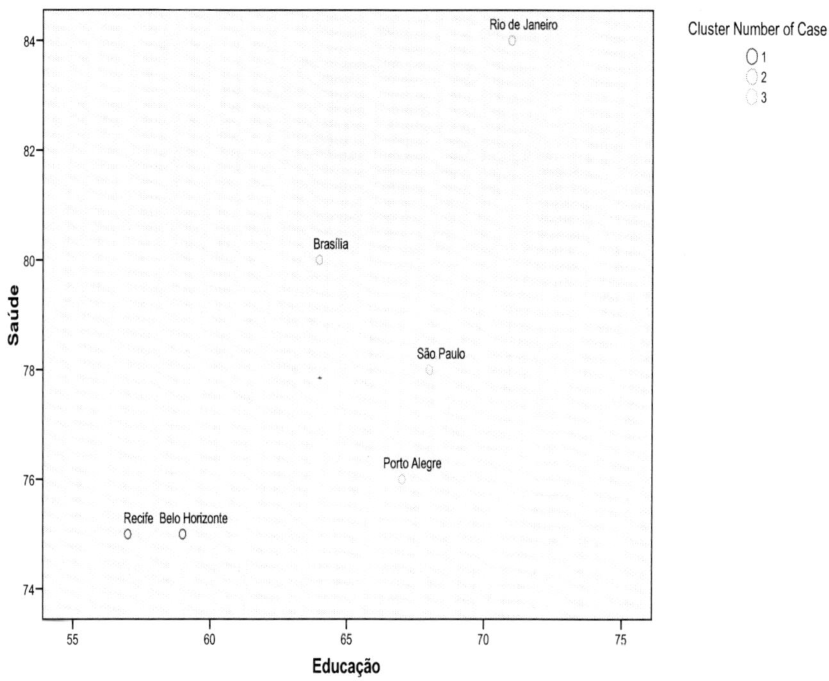

9) Uma pesquisa do Instituto Brasileiro de Defesa do Consumidor, Idec, no Rio de Janeiro e em Recife, no ano de 2014, identifica irregularidades nos serviços de metrô e ônibus que ferem as leis de defesa do consumidor. Os resultados se encontram na base de dados abaixo. Agrupe os serviços em função da similaridade de seus níveis de irregularidade, utilizando a análise de *clusters* hierárquico e não hierárquico.

Base de Irregularidades dos Serviços de Ônibus

Código	Serviços	X_1	X_2	X_3	X_4
1	Metrô Recife	27	14	29	23
2	Metrô Rio	34	9	15	0
3	Ônibus Recife	79	71	57	20
4	Ônibus Rio	38	11	41	22

Descrição das Variáveis

Variáveis	Descrição
X_1	Estrutura da estação ou do ponto
X_2	Estrutura do meio de transporte
X_3	Qualidade da viagem
X_4	Atendimento ao usuário

Solução:

Neste exercício, utilizaremos o ***quadrado da distância euclidiana*** e os seguintes métodos:

- Primeiro, um método hierárquico → método aglomerativo → método da variância → método de Ward → para obter o número de clusters e os formadores de cada um deles;
- Depois, um método não hierárquico para perfilar e ratificar os clusters: particionamento otimizador.

Aplicando a sequência para a realização da análise de *cluster* no SPSS, chegamos aos seguintes resultados:

Análise de *Cluster* Hierárquico:

Tabela 1
Calendário de Agregação

Agglomeration Schedule

Stage	Cluster Combined		Coefficients	Stage Cluster First Appears		Next Stage
	Cluster 1	Cluster 2		Cluster 1	Cluster 2	
1	1	4	137,500	0	0	2
2	1	2	751,333	1	0	3
3	1	3	5643,500	2	0	0

Com o calendário de agregação, podemos construir o gráfico dos coeficientes de fusão no *Excel*, que relaciona os estágios (*stages*) com os coeficientes de fusão (*coefficients*) e, assim, pode-se ter uma informação inicial do número de *clusters* ideal para a base de dados em análise. É o que apresentamos a seguir:

Gráfico 1
O gráfico 1 evidencia que a base de dados se estrutura em dois *clusters*.

Tabela 2
Diagrama Icicle

Vertical Icicle

Number of clusters	Case						
	3		2		4		1
1	X	X	X	X	X	X	X
2	X		X	X	X	X	X
3	X		X		X	X	X

O diagrama *icicle* informa quais seriam os casos formadores da segmentação do espaço de análise. Para dois *clusters*, teríamos um primeiro *cluster* formado pelos serviços de Ônibus Recife e o segundo pelos serviços de Ônibus Rio, Metrô Rio e Metrô Recife.

Gráfico 2

```
* * * * * * H I E R A R C H I C A L   C L U S T E R   A N A L Y S I S *
* * * * *

 Dendrogram using Ward Method

                         Rescaled Distance Cluster Combine

  C A S E      0         5        10        15        20        25
  Label  Num   +---------+---------+---------+---------+---------+

           1   òûòòòø
           4   ò÷   ùòòòòòòòòòòòòòòòòòòòòòòòòòòòòòòòòòòòòòòòòòòòòø
           2   òòòòò÷                                             ó
           3   òòòòòòòòòòòòòòòòòòòòòòòòòòòòòòòòòòòòòòòòòòòòòòòòò÷
```

O dendograma, gráfico 2, confirma a configuração para dois *clusters*.

Agora, realizaremos a análise de *cluster* não hierárquico para perfilar os *clusters* por meio dos centroides e também ratificar os resultados do *cluster* hierárquico.

Análise de *Cluster* Não Hierárquico:

O método não hierárquico para dois *clusters* gera os resultados a seguir:

Tabela 1
Centroides

Final Cluster Centers

	Cluster	
	1	2
Estrutura da estação ou do ponto	79	33
Estrutura do meio de transporte	71	11
Qualidade da viagem	57	28
Atendimento ao usuário	20	15

Tabela 2
Número de Casos em Cada *Cluster*

Number of Cases in each Cluster

Cluster	1	1
	2	3
Valid		4
Missing		0

Podemos, então, perfilar os *clusters* gerados.

O *cluster 1* é formado pelos serviços de Ônibus Recife. O que se observa é que esse serviço se destaca dos outros serviços considerados na pesquisa por elevados números de irregularidades.

O *cluster 2* é formado pelos serviços de Ônibus Rio, Metrô Rio e Metrô Recife, que possuem níveis similares de irregularidades nos serviços de transporte.

O gráfico 3 a seguir representa de forma visual o resultado encontrado:

Gráfico 3
Gráfico dos *Clusters* Formados

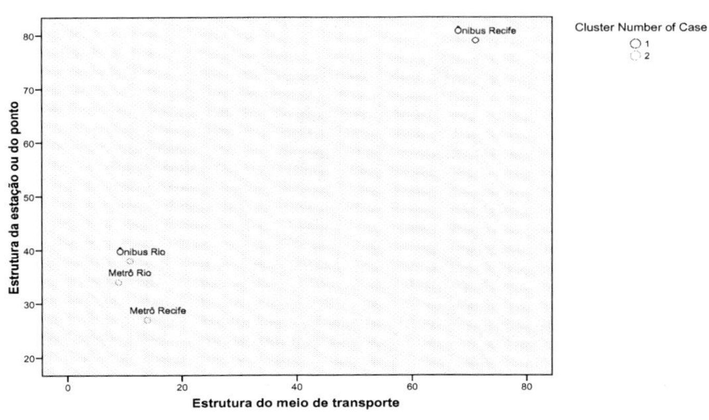

O gráfico 3 revela que pela pesquisa do Idec, o pior serviço de transporte é do Ônibus Recife. Com uma qualidade homogênea de irregularidades, vem em ordem decrescente o Ônibus Rio, Metrô Rio e Metrô Recife.

10) Uma pesquisa da Associação Brasileira de Defesa do Consumidor (PRO-TESTE) levantou dados sobre os tempos de agendamento dos serviços de saúde dos clientes de planos de saúde. Os dados se encontram na tabela a seguir. Realize uma análise de *cluster* e agrupe os serviços em função de sua similaridade em demora de agendar as consultas.

Base dos Tempos de Agendamento dos Planos de Saúde

Serviços	X_1	X_2	X_3
Clínica Geral	18	210	9
Cardiologia	18	180	9
Endocrinologia	24	187	9
Ginecologia	20	187	9
Dermatologia	17	187	9
Ortopedia	18	187	11
Urologia	18	187	9
Rede própria	16	187	9
Rede credenciada	12	187	6

X_1:Tempo médio para o agendamento de consultas

X_2:Tempo máximo para o agendamento de consultas

X_3:Tempo médio para o agendamento de procedimentos ambulatoriais e exames

Solução:

Neste exercício, utilizaremos o ***quadrado da distância euclidiana*** e os seguintes métodos:

- Primeiro, um método hierárquico → método aglomerativo → método da variância → método de Ward → para obter o número de clusters e os formadores de cada um deles;

- Depois, um método não hierárquico para perfilar e ratificar os clusters: particionamento otimizador.

Aplicando a sequência para a realização da análise de *cluster* no SPSS, chegamos aos seguintes resultados:

Análise de *Cluster* Hierárquico:

Tabela 1
Calendário de Agregação

Agglomeration Schedule

Stage	Cluster Combined		Coefficients	Stage Cluster First Appears		Next Stage
	Cluster 1	Cluster 2		Cluster 1	Cluster 2	
1	5	8	.500	0	0	2
2	5	7	2.000	1	0	3
3	5	6	5.750	2	0	4
4	4	5	12.000	0	3	5
5	3	4	44.167	0	4	6
6	2	3	86.857	0	5	7
7	2	9	136.625	6	0	8
8	1	2	643.333	0	7	0

Com o calendário de agregação, podemos construir o gráfico dos coeficientes de fusão no *Excel*, que relaciona o estágio (*stage*) com os coeficientes de fusão (*coefficients*) e, assim, pode-se ter uma informação inicial do número de *clusters* ideal para a base de dados em análise. É o que apresentamos a seguir:

Gráfico 1

O gráfico 1 evidencia que a base de dados se estrutura em dois *clusters*.

Tabela 2
Diagrama Icicle

Vertical Icicle

Number of clusters	Case																
	9		6		7		8		5		4		3		2		1
1	X	X	X	X	X	X	X	X	X	X	X	X	X	X	X	X	X
2	X	X	X	X	X	X	X	X	X	X	X	X	X	X	X		X
3	X		X	X	X	X	X	X	X	X	X	X	X	X	X		X
4	X		X	X	X	X	X	X	X	X	X	X	X		X		X
5	X		X	X	X	X	X	X	X	X	X		X		X		X
6	X		X	X	X	X	X	X	X		X		X		X		X
7	X		X		X	X	X	X	X		X		X		X		X
8	X		X		X		X	X	X		X		X		X		X

O diagrama *icicle* informa quais seriam os casos formadores da segmentação do espaço de análise. Para dois *clusters*, teríamos um *cluster* formado pelos serviços de Rede credenciada, Ortopedia, Urologia, Rede própria, Dermatologia, Ginecologia, Endocrinologia e Cardiologia. Outro *cluster* seria formado somente pelo serviço de Clínica Geral.

Gráfico 2

```
* * * * * *H I E R A R C H I C A L  C L U S T E R  A N A L Y S I S *
* * * * *

 Dendrogram using Ward Method

                    Rescaled Distance Cluster Combine

  C A S E    0         5        10        15        20        25
  Label  Num +---------+---------+---------+---------+---------+

          5  òø
          8  òú
          7  òú
          6  òôòø
          4  ò÷ ùòø
          3  òòò÷ ó
          2  òòòòôòòòòòòòòòòòòòòòòòòòòòòòòòòòòòòòòòòòòòòòòòø
          9  òòòòò÷                                          ó
          1  òòòòòòòòòòòòòòòòòòòòòòòòòòòòòòòòòòòòòòòòòòòòòòò÷
```

O dendograma, gráfico 2, confirma a configuração para dois *clusters*. Um *cluster* é formado pelos serviços Rede credenciada, Ortopedia, Urologia, Rede própria, Dermatologia, Ginecologia, Endocrinologia e Cardiologia, e o outro *cluster* é formado por um único elemento, o serviço de Clínica Geral.

Agora, realizaremos a análise de *cluster* não hierárquico para perfilar os *clusters* por meio dos centroides e também ratificar os resultados do *cluster* hierárquico.

Análise de *Cluster* Não **Hierárquico *K-Means*:**

O método não hierárquico para dois *clusters* gera os resultados a seguir:

Tabela 1
Centroides

Final Cluster Centers

	Cluster	
	1	2
Tempo médio para agendamento de consultas	18	18
Tempo máximo para agendamento de consultas	210	186
Tempo médio para agendamento de procedimentos ambulatoriais e exames	9	9

Basicamente, o que diferencia um *cluster* do outro é a variável tempo máximo para o agendamento de consultas.

Tabela 2
Número de Casos em Cada *Cluster*

Number of Cases in each Cluster

Cluster	1	1
	2	8
Valid		9
Missing		0

A análise de *cluster K-means* confirma a configuração de uma segmentação dos serviços dos planos de saúde em dois *clusters*.

Podemos, então, perfilar os *clusters* gerados.

O *cluster 1* é formado por um único elemento, o serviço de Clínica Geral.

O *cluster 2* é formado pelos serviços de Rede credenciada, Ortopedia, Urologia, Rede própria, Dermatologia, Ginecologia, Endocrinologia e Cardiologia.

O gráfico 3 a seguir representa de forma visual a disposição dos *clusters*.

Gráfico 3
Gráfico dos *Clusters* Formados

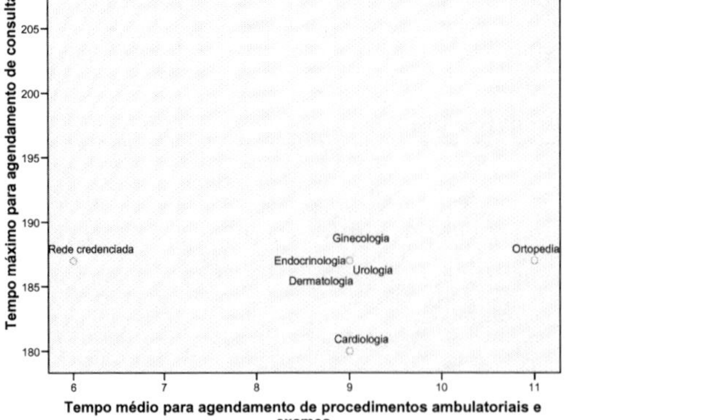

O gráfico 3 revela, pela pesquisa do PROTESTE, que o serviço de Clínica Geral se destaca por possuir o maior tempo máximo, entre os outros serviços, de agendamento de consultas nos planos de saúde no Brasil.

11) A base de dados abaixo se refere à apuração das escolas de samba do grupo especial do ano de 2014, quando foi calculada a média das notas dos quatro jurados em cada quesito. Agrupe as escolas de samba em dois grupos, as de ***bom desempenho*** e as de **mau desempenho** no carnaval de 2014 pelo método *K-means.*

Escolas de Samba	Enredo	Fantasias	Alegorias e Adereços	Mestre-Sala e Porta-Bandeira
Unidos da Tijuca	10	9.93	9.98	10
Salgueiro	10	9.93	9.88	9.95
Portela	9.93	9.95	9.88	9.95
União da Ilha	10	10	9.88	9.93
Imperatriz	10	9.95	9.93	10
Grande Rio	9.88	9.98	10	9.93
Beija-flor	9.78	9.83	9.83	9.9
Mangueira	9.9	9.93	9.65	9.9
Mocidade	9.73	9.85	9.75	9.95
Vila Isabel	9.75	9.8	9.88	9.93
São Clemente	9.78	9.68	9.75	9.9
Império da Tijuca	9.73	9.65	9.63	9.78

Continuação...

Escolas de Samba	Samba-Enredo	Harmonia	Evolução	Conjunto	Comissão de frente	Bateria
Unidos da Tijuca	9.8	9.98	10	10	9.95	10
Salgueiro	9.98	10	9.95	9.93	9.98	9.98
Portela	10	9.93	9.98	10	9.83	9.93
União da Ilha	9.83	9.95	10	9.9	9.85	9.9
Imperatriz	9.88	9.75	9.78	9.85	9.95	9.85
Grande Rio	9.68	9.8	9.95	9.85	9.93	9.85

Beija-flor	9.63	9.95	9.95	9.88	9.78	10
Mangueira	9.95	9.88	9.85	9.8	9.85	9.83
Mocidade	9.95	9.88	9.83	9.8	9.68	9.9
Vila Isabel	9.83	9.83	9.85	9.8	9.7	9.93
São Clemente	9.73	9.83	9.8	9.7	9.75	9.85
Império da Tijuca	9.83	9.65	9.73	9.68	9.6	9.73

Solução:

Análise de ***Cluster*** Não Hierárquico ***K-Means***:

O método não hierárquico para dois *clusters* gera os resultados a seguir:

Tabela 1

Centroides

Final Cluster Centers

	Cluster	
	1	2
Enredo	9.74	9.93
Fantasias	9.74	9.93
Alegoriaseadereços	9.75	9.88
Mestresalaeportabandeira	9.89	9.94
Sambaenredo	9.83	9.84
Harmonia	9.79	9.90
Evolução	9.80	9.93
Conjunto	9.74	9.90
Comissãodefrente	9.68	9.89
Bateria	9.85	9.92

O *cluster* 1 são as escolas com piores desempenho no carnaval de 2014 e as escolas do *cluster* 2 são as que obtiveram as melhores notas.

Tabela 2

Número de Casos em Cada *Cluster*

Number of Cases in each Cluster

Cluster	1	4.0
	2	8.0
Valid		12.0
Missing		.0

O *cluster* 1 é formado por quatro escolas de samba. O *cluster* 2 é formado por oito escolas de samba. O *cluster* 2 deve ser formado pelas oito primeiras colocadas e o *cluster* 1 pelas escolas que ocupam as quatro últimas colocações.

O *cluster 1* é formado pela Mocidade, Vila Isabel, São Clemente e Império Serrano. É o grupo das escolas com **mau desempenho**.

O *cluster 2* é formado pela Unidos da Tijuca, Salgueiro, Portela, União da Ilha, Imperatriz, Grande Rio, Beija-flor e Mangueira. É o grupo das escolas com **bom desempenho**.

O gráfico 3 a seguir mostra a disposição das escolas no plano bidimensional. Observe que quanto mais no topo do gráfico, melhor a colocação da escola no carnaval e quanto mais se aproxima da base inferior, pior a colocação da escola no desfile.

Gráfico 3
Gráfico dos *Clusters* Formados

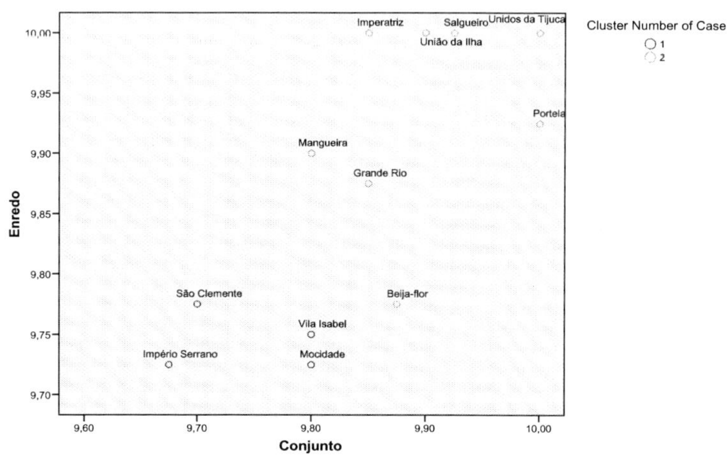

Uma melhor visualização dos constituintes de cada cluster pode ser obtida por meio do gráfico 4:

Gráfico 4
As Escolas de Samba de Cada Cluster

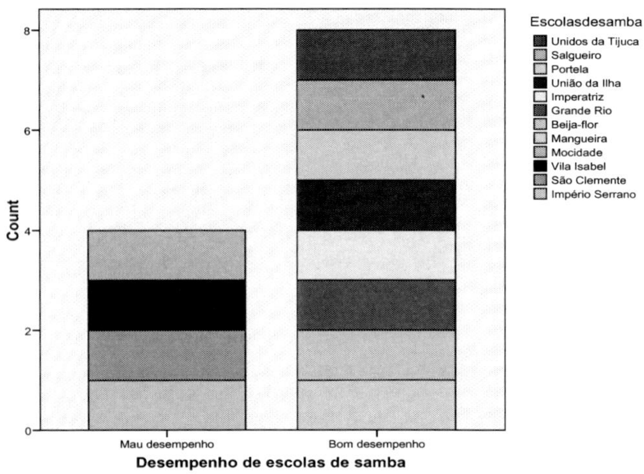

12) Uma pesquisa foi realizada no Estado do Rio de Janeiro para avaliar a mobilidade urbana. Os resultados em percentuais da sondagem estão na base de dados abaixo. Realize uma análise de *clusters* hierárquico e não hierárquico, e agrupe os meios de transporte em função de suas avaliações similares.

Base de Avaliações sobre a Mobilidade Urbana

Meio de Transporte	Ótimo	Bom	Regular	Ruim	Péssimo
1-Ônibus	1	18	33	26	23
2-Trem	2	15	25	16	18
3-Metrô	7	24	22	11	9
4-Barcas	6	23	23	8	7
5-Vans	6	26	30	14	10
6-Motos	8	30	27	15	10
7-Bicicleta	13	42	24	9	3

Solução:

Neste exercício, utilizaremos o ***quadrado da distância euclidiana*** e os seguintes métodos:

- Primeiro, um método hierárquico → método aglomerativo → método da variância → método de Ward → para obter o número de clusters e os formadores de cada um deles;

- Depois, um método não hierárquico para perfilar e ratificar os clusters: particionamento otimizador.

Aplicando a sequência para a realização da análise de *cluster* no SPSS, chegamos aos seguintes resultados:

Análise de *Cluster* Hierárquico:

Tabela 1
Calendário de Agregação

Agglomeration Schedule

Stage	Cluster Combined		Coefficients	Stage Cluster First Appears		Next Stage
	Cluster 1	Cluster 2		Cluster 1	Cluster 2	
1	3	4	8.000	0	0	3
2	5	6	23.000	0	0	3
3	3	5	108.500	1	2	5
4	1	2	208.000	0	0	6
5	3	7	488.300	3	0	6
6	1	3	1154.571	4	5	0

Com o calendário de agregação, podemos construir o gráfico dos coeficientes de fusão no *Excel*, que relaciona o estágio (*stage*) com os coeficientes de fusão (*coefficients*) e, assim, pode-se ter uma informação inicial do número de *clusters* ideal para a base de dados em análise. É o que apresentamos a seguir:

Gráfico 1

O gráfico 1 evidencia que a base de dados se estrutura em dois *clusters*.

Tabela 2

Diagrama Icicle

Vertical Icicle

	Case												
Number of clusters	7		6		5		4		3		2		1
1	X	X	X	X	X	X	X	X	X	X	X	X	X
2	X	X	X	X	X	X	X	X	X		X	X	X
3	X		X	X	X	X	X	X	X		X	X	X
4	X		X	X	X	X	X	X	X		X		X
5	X		X	X	X		X	X	X		X		X
6	X		X		X		X	X	X		X		X

O diagrama *icicle* informa quais seriam os casos formadores da segmentação do espaço de análise. Para dois *clusters*, teríamos um *cluster* formado pelos meios de transporte *Bicicleta, Motos, Vans, Barcas* e *Metrô*, e o outro *cluster* seria formado pelos meios de transporte *Trem* e *Ônibus*.

Gráfico 2

```
* * * * * * H I E R A R C H I C A L   C L U S T E R   A N A L Y S I S *
* * * * *


  Dendrogram using Ward Method

                     Rescaled Distance Cluster Combine

    C A S E      0         5        10        15        20        25
   Label  Num    +---------+---------+---------+---------+---------+

            3    òûòòòø
            4    ò÷   ùòòòòòòòòòòòòòòòòø
            5    òûòòò÷                 ùòòòòòòòòòòòòòòòòòòòòòòòòòòòòø
            6    ò÷                     ó                             ó
            7    òòòòòòòòòòòòòòòòòòòòòò÷                             ó
            1    òòòòòòòûòòòòòòòòòòòòòòòòòòòòòòòòòòòòòòòòòòòòòòòòòòò÷
            2    òòòòòòò÷
```

O dendograma, gráfico 2, confirma a configuração para dois *clusters*. Um *cluster* é formado pelos meios de transporte *Bicicleta, Motos, Vans, Barcas* e *Metrô*, e o outro *cluster* seria formado pelos meios de transporte *Trem* e *Ônibus*.

Agora, realizaremos a análise de *cluster* não hierárquico para perfilar os *clusters* por meio dos centroides e também ratificar os resultados do *cluster* hierárquico.

Análise de *Cluster* Não Hierárquico *K-Means*:

O método não hierárquico para dois *clusters* gera os resultados a seguir:

Tabela 1
Centroides

Final Cluster Centers

	Cluster	
	1	2
Ótimo	2	8
Bom	17	29
Regular	29	25
Ruim	21	11
Péssimo	21	8

O *cluster* 1 é formado pelos meios de transporte com as piores avaliações.

Tabela 2
Número de Casos em Cada *Cluster*

Number of Cases in each Cluster

Cluster	1	2
	2	5
Valid		7
Missing		0

A análise de *cluster K-means* confirma a configuração de uma segmentação dos meios de transporte em função de sua avaliação em dois *clusters*.

Podemos, então, perfilar os *clusters* gerados.

O gráfico 3 a seguir representa de forma visual a disposição dos *clusters*.

Gráfico 3
Gráfico dos *Clusters* Formados

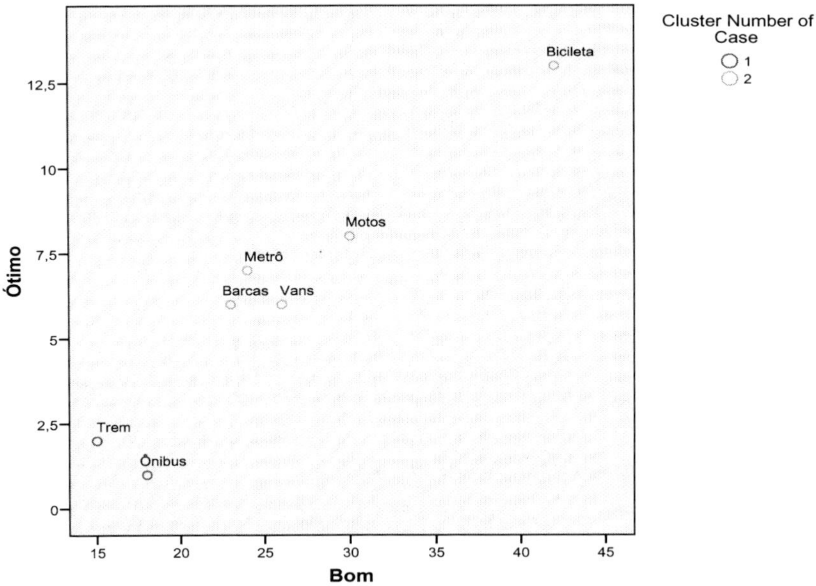

O gráfico 3 revela que, pela pesquisa realizada, a bicicleta é o meio de transporte mais bem avaliado e o ônibus, o pior meio de mobilidade do Estado do Rio de Janeiro.

Gráfico 4

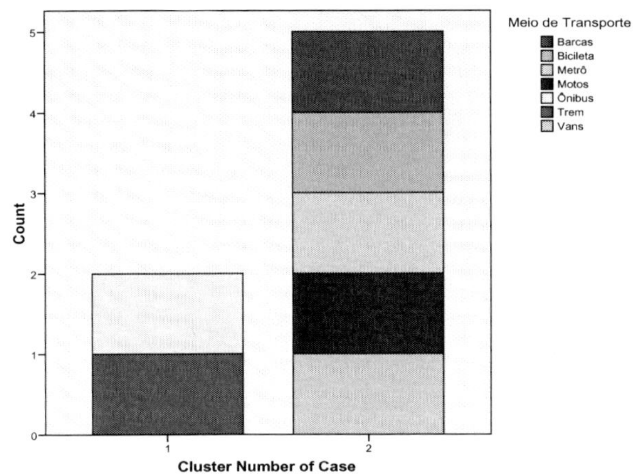

O gráfico 4 confirma os constituintes dos *clusters* formados.

13) A base de dados abaixo registra o desempenho em pesquisas dos candidatos ao Governo do Estado do Rio de Janeiro em junho de 2014. Agrupe-os em três clusters em função dos desempenhos homogêneos.

Base de Desempenho dos Candidatos ao Governo do Estado do Rio de Janeiro em Junho de 2014

Candidatos	Intenção de voto	Índice de rejeição	Escolaridade do eleitor
Antony Garotinho	18	32	1
Marcelo Crivella	16	13	2
Luiz Fernando Pezão	13	18	1
Lindbergh Farias	11	14	2
Cesar Maia	8	24	3
Miro Teixeira	1	13	3
Tarcísio Motta	1	6	3

Solução:

Análise de *Cluster* Não Hierárquico *K-means*:

O método não hierárquico para três *clusters* gera os resultados a seguir:

Tabela 1

Centroides

Final Cluster Centers

	Cluster		
	1	2	3
Intensão de voto	13	13	1
Índice de Rejeição	28	15	10
Escolaridade do eleitor	2	2	3

O *cluster* 1 é formado pelos candidatos com os melhores desempenhos na pesquisa em junho de 2014, o *cluster* 2, os com desempenhos medianos e o *cluster* 3, com os piores desempenhos.

Tabela 2

Número de Casos em Cada *Cluster*

Number of Cases in each Cluster

Cluster	1	2
	2	3
	3	2
Valid		7
Missing		.000

O *cluster* 1 tem três candidatos, o *cluster* 2 tem 3 candidatos e o *cluster* 3 tem 2 candidatos.

O gráfico 3 a seguir representa de forma visual a disposição dos *clusters*.

Gráfico 3
Gráfico dos *Clusters* Formados

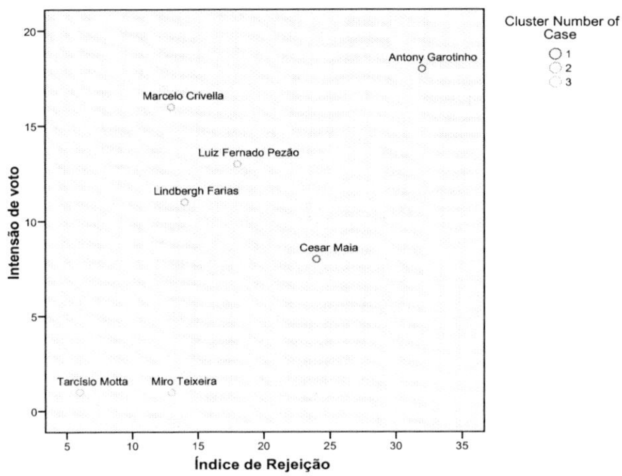

O gráfico 3 revela que, pela pesquisa realizada em junho de 2014, Antony Garotinho é o que tem o melhor desempenho e Tarcísio Motta e Miro Teixeira, os piores desempenhos.

Gráfico 4

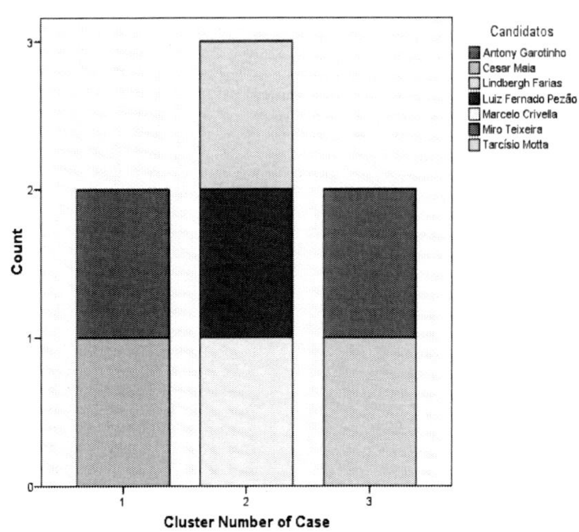

O gráfico 4 confirma os constituintes dos *clusters* formados.

14) Considere os resultados da base de dados seguinte relativos a uma análise sensorial de 10 variedades de maçãs, sujeitas a um idêntico tratamento pós-colheita, em que se classificam quatro atributos: *Consistência, Aroma, Doçura e Persistência do sabor*, de 0 a 100. Crie grupos homogêneos das variedades de maçãs.

Base de Análise Sensorial das Variedades de Maçãs

Variedade	Consistência	Aroma	Doçura	Persistência do sabor
1	25	20	40	30
2	65	75	40	30
3	55	40	50	50
4	65	65	80	45
5	45	50	45	30
6	35	25	50	5
7	50	45	45	40
8	35	10	30	20
9	60	70	70	20
10	55	50	45	40

Solução:

Análise de *Cluster* Hierárquico:

Tabela 1
Calendário de Agregação

Agglomeration Schedule

Stage	Cluster Combined		Coefficients	Stage Cluster First Appears		Next Stage
	Cluster 1	Cluster 2		Cluster 1	Cluster 2	
1	7	10	50.000	0	0	2
2	5	7	175.000	0	1	3
3	3	5	341.667	0	2	7
4	1	8	400.000	0	0	6
5	4	9	775.000	0	0	8
6	1	6	850.000	4	0	9
7	2	3	1243.750	0	3	8
8	2	4	1692.500	7	5	9
9	1	2	3301.190	6	8	0

Com o calendário de agregação, podemos construir o gráfico dos coeficientes de fusão no *Excel*, que relaciona o estágio (*stage*) com os coeficientes de fusão (*coefficients*) e a distância entre os *clusters*, assim, pode-se ter uma informação inicial do número de *clusters* ideal para a base de dados em análise. É o que apresentamos a seguir:

Gráfico 1
O gráfico 1 evidencia que a base de dados se estrutura em três *clusters*.

Tabela 2
Diagrama Icicle

Vertical Icicle

Number of clusters	Case																		
	9		4		10		7		5		3		2		6		8		1
1	X	X	X	X	X	X	X	X	X	X	X	X	X	X	X	X	X	X	X
2	X	X	X	X	X	X	X	X	X	X	X	X	X		X	X	X	X	X
3	X	X	X		X	X	X	X	X	X	X	X	X		X	X	X	X	X
4	X	X	X		X	X	X	X	X	X	X		X		X	X	X	X	X
5	X	X	X		X	X	X	X	X	X	X		X		X		X	X	X
6	X		X		X	X	X	X	X	X	X		X		X		X	X	X
7	X		X		X	X	X	X	X	X	X		X		X		X		X
8	X		X		X	X	X	X	X		X		X		X		X		X
9	X		X		X	X	X		X		X		X		X		X		X

O diagrama *icicle* informa quais seriam os casos formadores da segmentação do espaço de análise. Para três *clusters*, teríamos um *cluster* formado pelas variedades de maçãs 9 e 4, um segundo *cluster* formado pelas variedades 10, 7, 5, 3 e 2, e, finalmente, um terceiro *cluster* formado pelas variedades 6, 8 e 1.

Gráfico 2

```
* * * * * * H I E R A R C H I C A L   C L U S T E R   A N A L Y S I S *
* * * * *


 Dendrogram using Average Linkage (Between Groups)

                     Rescaled Distance Cluster Combine

  C A S E    0         5        10        15        20        25
  Label  Num +---------+---------+---------+---------+---------+

         7   òø
        10   òôòòòø
         5   ò÷   ùòòòòòòòòòòòòòø
         3   òòòòò÷               ùòòòòòø
         2   òòòòòòòòòòòòòòòòòòòòò÷       ùòòòòòòòòòòòòòòòòòòòòòòòòòø
         4   òòòòòòòòòòòòûòòòòòòòòòòòòòò÷                            ó
         9   òòòòòòòòòòòò÷                                           ó
         1   òòòòòûòòòòòòòòø                                         ó
         8   òòòòò÷          ùòòòòòòòòòòòòòòòòòòòòòòòòòòòòòòòòòòòòòòòò÷
         6   òòòòòòòòòòòòòòò÷
```

O dendograma, gráfico 2, confirma a configuração para três *clusters*.

Análise de *Cluster* Não **Hierárquico *K-Means*:**

O método não hierárquico para três *clusters* gera os resultados a seguir:

Tabela 1
Centroides

Final Cluster Centers

	Cluster		
	1	2	3
Consistência	32	54	63
Aroma	18	52	68
Doçura	40	45	75
Persistência do sabor	18	38	33

O *cluster* 1 é formado pelas variedades de maçãs com os menores atributos, o cluster 2, com os índices medianos e o cluster 3, com os maiores índices sensoriais.

Tabela 2
Número de Casos em Cada *Cluster*

Number of Cases in each Cluster

Cluster	1	3
	2	5
	3	2
Valid		10
Missing		0

A análise de *cluster K-means* confirma a configuração da aglomeração das variedades em grupos homogêneos do *cluster* hierárquico.

O gráfico 3 a seguir representa de forma visual a disposição dos *clusters* no plano bidimensional.

Gráfico 3
Gráfico dos *Clusters* Formados

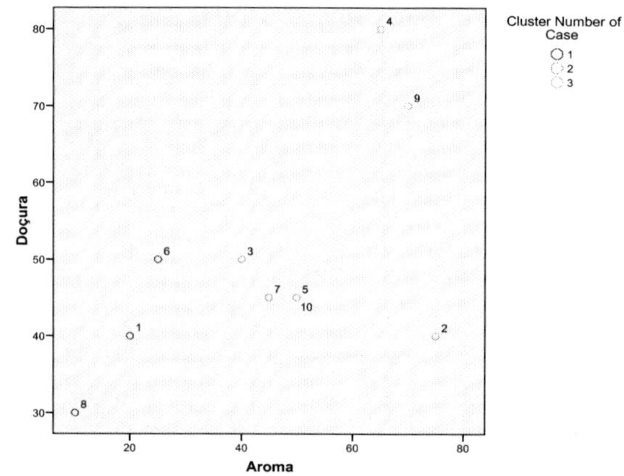

O gráfico 3 revela que, pela pesquisa realizada: o cluster 1 é formado pelas variedades de maças com os menores atributos (1, 6 e 8), o cluster 2, com os índices medianos (2, 3, 5, 7 e 10) e, o *cluster* 3, com os maiores índices sensoriais (4 e 9).

Gráfico 4

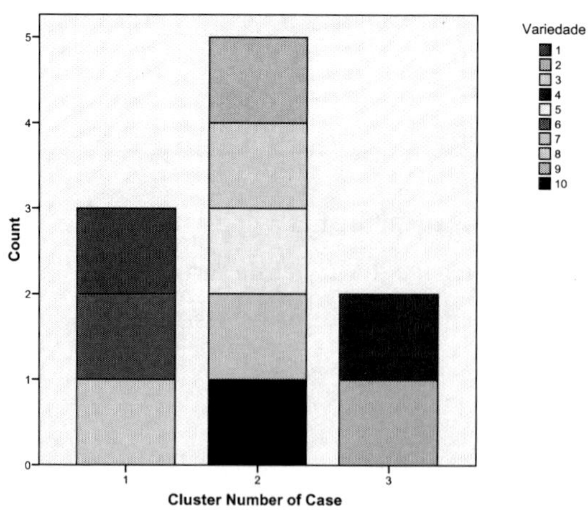

O gráfico 4 confirma os constituintes dos *clusters* formados e seu tamanho.

Capítulo 2

Two Step Cluster

2.1 Análise de *Cluster*

O procedimento de análise *Two Step Cluster* é uma ferramenta exploratória que visa revelar agrupamentos naturais (ou *clusters*) dentro de um conjunto de dados que não seriam aparente.

O algoritmo empregado por este procedimento tem várias características desejáveis que diferenciam das tradicionais técnicas de *cluster*:

- A capacidade de criar clusters com base em variáveis categóricas e contínuas;
- Seleção automática do número de clusters;
- A capacidade de analisar arquivos de dados grandes com eficiência.

Conceito

A análise de *cluster* é uma técnica exploratória de análise multivariada que permite agrupar indivíduos ou variáveis em grupos homogêneos ou compactos, relativamente a uma ou mais características comuns. Dessa forma, cada observação pertencente a um determinado *cluster* é similar a todas as outras pertencentes a esse *cluster* e é diferente das observações pertencnetes a outros *clusters*.

A *Two Step Cluster* é um conjunto de critérios para analisar dados multivariados em adversidade de medição, com o objetivo de criar grupos homogêneos dentro e heterogêneos entre. A técnica trata múltiplas variáveis categoriais e contínuas analisadas conjuntamente e desenvolve análises estruturais. É um método de análise quantitativa para variáveis qualitativas e quantitativas, e tem por objetivo atingir a solução ótima na criação de *clusters* ou subperfis.

Logo, com a *Two Step Cluster*, podem-se agrupar os dados para que os registros dentro de um subperfil sejam semelhantes.

Exemplo:

As empresas de varejo, regularmente, aplicam técnicas de clusterização de dados que descreve seus clientes em relação a hábitos, sexo, idade, renda, nível etc. Essas empresas adaptam sua estratégia de desenvolvimento de marketing e de produto para cada grupo de consumidores *detectado para aumentar as vendas e fidelizar a marca.*

Por conseguinte, a *Two Step Cluster* é um instrumento analítico que privilegia as situações nas quais é necessário lidar conceitual e metodologicamente com objetos de configuração complexa. A técnica consiste em uma abordagem multifacetada e relacional sobre o objeto em estudo, indicando traços de sua configuração complexa.

A *Two Step Cluster* é um algoritmo de análise de *cluster* escalonável projetado em duas etapas. Na primeira etapa do procedimento, a de *pré-cluster*, os registros são segmentados em muitos pequenos grupos. Na segunda e última etapa, a *clusterização*, os pequenos grupos da etapa *pré-cluster* são reagrupados, formando os *subperfis* finais, segundo um número ideal de agrupamentos.

2.2 Passos para a Realização da *Two Step Cluster*

Os dois passos do algoritmo do procedimento de análise *Two Step Cluster* podem ser resumidos como segue:

- ***Passo 1.*** *O procedimento começa com a construção de uma árvore de recursos de cluster (CF). A árvore começa fazendo cada caso,* nó ou folha, *coincidir com uma raiz da árvore. Assim, a árvore de CF no passo 1 terá tantas folhas quanto raízes.*

- ***Passo 2.*** *Os nós-folha da árvore CF semelhantes formarão uma raiz única e cada nova raiz única será um cluster gerado. O agrupamento aglomerativo pode ser usado para produzir estas soluções.*

Portanto, na primeira fase do procedimento, pré-agrupam-se os registros em vários pequenos subagrupamentos. Em seguida, são agrupados os subagrupamentos, criados na etapa de pré-agrupamento, no número desejado de *clusters.*

2.3 Representação Pictórica dos Passos da Realização da *Two Step Cluster*

1º Passo:

Forma da Árvore AC no 1º Passo

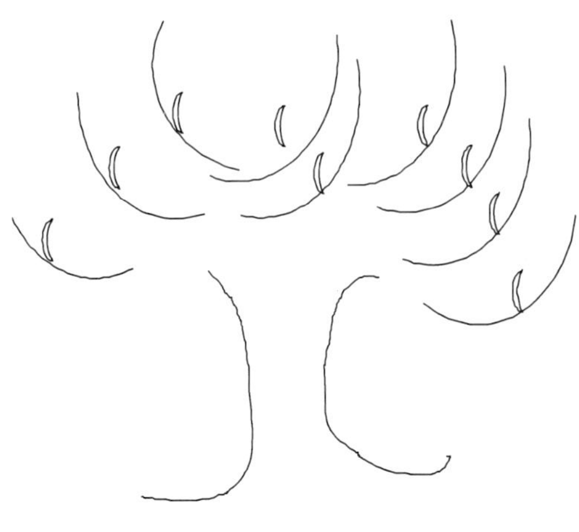

2º Passo:

Forma da Árvore AC no 2º Passo

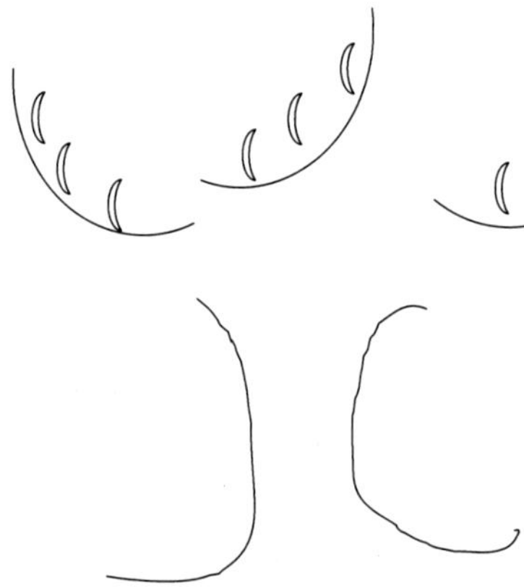

Para determinar qual número de *cluster* é "melhor", cada uma dessas soluções de *cluster* é comparada usando o critério de *Bayesian de Schwarz (BIC)* ou o critério de *Informação Akaike (AIC)* como critério de agrupamento.

2.4 Método *Two Step Cluster*

Os métodos tradicionais de *cluster* são eficazes e precisos nos pequenos conjuntos de dados, mas geralmente não são eficazes nos conjuntos de dados muito grandes. Os métodos tradicionais terão desempenhos favoráveis em pequenas bases de dados, mas também quando envolvem variáveis quantitativas contínuas. Estes são os presupostos básicos dos dois métodos tradicionais de *cluster*: os *métodos hierárquicos e não hierárquicos.*

O método da *Two Steps Clsuter* é um algoritmo de análise de *cluster*, escalonável, projetado para lidar com grandes conjuntos de dados. Ele pode manipular atributos ou variáveis contínuas e categóricas simultâneamente. Ele requer apenas a inserção dos dados no *SPSS*.

O método da análise de dados da *Two Step Cluster* envolve as seguintes fases:

*1ª) **Pré-cluster** de casos (ou registros) em muitas pequenas porções;*

*2ª) **Clusterização** - reogarnização do passo Pré-cluster para o número desejado de clusters. Pode selecionar automaticamente o número de clusters;*

*3ª) **Perfilalização** dos clusters;*

*4ª) **Teste de significância** das variáveis em cada cluster, permitindo a avaliação das características mais importantes para a formação de cada cluster.*

2.5 Vantagens da *Two Step Cluster*

O algoritmo empregado por este procedimento tem diversas características desejáveis que o diferencia das técnicas de aglomeração tradicionais:

- ***Manipulação de variáveis categóricas e contínuas.*** *Supõe que as variáveis sejam independentes e uma distribuição multinomial e normal pode ser assumida para as variáveis categóricas e contínuas da modelagem;*

- ***Seleção automática do*** número de clusters. *Comparando os valores de um critério de escolha através de diferentes soluções de clusters, o procedimento pode determinar automaticamente o número ideal de clusters;*

- ***Escalabilidade.*** *Construindo uma árvore de recursos (CF) dos clusters que resumem os registros, o algoritmo Two Step Cluster permite analisar arquivos com grandes bases de dados.*

Usa-se a análise *Two Step Cluster* para obter a identificação mais precisa de agrupamentos. Esse algoritmo de tecnologia de ponta permite que se descubram agrupamentos em grandes conjuntos de dados e base de dados mistas com variáveis de nível contínuo (como rendas) e de nível categórico (como tipo de trabalho). A análise *Two Step Cluster* também oferece a flexibilidade de especificar o número de agrupamentos ou permitir que o algoritmo descubra automaticamente o número apropriado de agrupamentos.

Medidas de Distância da *Two Step Cluster*

Neste método, existem duas medidas de distância. Estas duas métricas determinam como a similaridade entre dois *clusters* é calculada:

- ***Probabilidade de log.*** *A medida de probabilidade ajusta as distribuições de probabilidades às variáveis. As variáveis* ***contínuas*** são ajustadas à ***Curva Normal****, enquanto as variáveis* ***categóricas*** são considerad*as como* ***Distribuição Multinomial****. Todas as variáveis são consideradas independentes.*

- ***Euclidiana.*** *A medida euclidiana é a distância da "linha reta" entre dois clusters. Ela pode ser usada somente quando todas as variáveis são contínuas.*

A fim de lidar com as variáveis categóricas e contínuas, o procedimento de análise da *Two Step Cluster* usa, portanto, uma medida de distância de probabilidades que assume que as variáveis no modelo de *cluster* são independentes. Além disso, cada variável contínua presume-se ter uma distribuição normal (gaussiana) e cada variável categórica presume-se ter uma distribuição multinomial.

Os testes internos empíricos indicam que o procedimento é bastante robusto para as violações da suposição de independência e das suposições distribucionais, mas o analista deve estar ciente dos benefícios das premissas serem plenamente atendidas.

2.6 Determinação do Número de *Cluster*

O método pode gerar os *clusters* segundo um número especificado ou desconhecer a segmentação ideal, podendo gerar automaticamente o número ideal de *clusters* para a análise.

Os critérios a seguir permitem que se especifique como é determinado o número de *clusters*:

- ***Determinação automática do número de clusters.*** *O procedimento pode determinar automaticamente o "melhor" número de clusters, usando o critério especificado no grupo de critério de agrupamento. Comparando os valores de um critério de escolha, por meio das soluções de aglomeração diferentes, o procedimento pode automaticamente determinar o número ótimo de clustres.*

- *O método Two Step Cluster disponibiliza dois critérios de agrupamentos usados na determinação automática do número de clusters para segmentar grandes bases de dados. O* ***"Critério de Informação Bayesiana"*** *(BIC) se baseia na experiência* a priori *de bases com a característica da estudada e cria um critério de segmentação. O resultado que mais se aproxima desse critério é o indicado. O* ***"Critério de Informação Akaike"*** *(AIC) cria um critério de resultado ótimo de acordo com a realidade empirica revelada pela base de dado em estudo e o output que mais atender a esse critério será o escolhido.*

- ***Especificação de um número fixo de clusters.*** *Permite fixar o número de clusters na solução. Deve-se digitar um número inteiro positivo.*

O critério de agrupamento (*BIC*) é calculado para cada potencial número de *clusters*. Os valores menores do *BIC* indicam modelos melhores e nessa situação, a "melhor" solução de *cluster* tem o menor *BIC*.

Os resultados obtidos de uma simulação de execução são consistentemente precisos e têm um desempenho eficaz. A simulação mostra também que o procedimento automático de encontrar o número de *clusters* funciona muito bem e rápido.

2.7 Teste de Significância das Variáveis em cada *Cluster* Gerado e dos Próprios Clusters

A significância dos clusters pode ser testada pela significância das variáveis dentro de cada cluster. Variáveis significantes em cada cluster são importantes para a formação dos clusters. O que mais diferencia um cluster do outro são as suas variáveis mais significantes. Clusters com variáveis significantes, por conseguinte, serão significantes ou generalizáveis.

O teste de significância dos clusters é realizado pelo Teste de Bonferini do Qui-Quadrado, quando as variáveis são qualitativas e o Teste de Bonferini T-Student, quando as variáveis são quantitativas.

As linhas azuis são como se fossem os limites inferiores e superiores de um intervalo de confiança. Retângulos do gráfico além dessas linhas, indicam significância estatística das variáveis do cluster.

As variáveis são apresentadas no gráfico em ordem decrescente de significância e sua importância na formação do cluster é em função justamente da magnitude de suas significâncias. Variáveis significantes têm comportamentos que diferenciam os clusters gerados na análise.

2.8 Sequência de Passos da *Two Step Cluster*

Para realizar a *Two Step Cluster* no SPSS, é necessário seguir a seguinte sequência de passos:

1. ANALYSE;
2. *CLASSIFY;*
3. *TWOSTEP CLUSTERS;*
4. *Em **"CATEGORIAL VARIABLES"**, inserir as variáveis qualitativas do modelo. Em **"CONTINUOS VARIABLES"**, inserir as variáveis quantitativas do modelo;*
5. *Em **"NUMBER OF CLUSTERS"**, será especificado o número de clusters a criar. Se o analista desconhecer o número de clusters ideal para segmentar a base de dados, marcar a opção **"DETERMINE AUTOMATICALLY"**. O "default" é gerar até 15 agrupamentos;*
6. *Em **"PLOTS"**, assinalar as opções **"WITHIN CLUSTERS PERCENTAGE CHART"**, **"CLUSTERS PIE CHART"**. Em **"VARIABLE IMPORTANCE PLOT"**, assinalar **"RANK VARIABLES"**, em seguida, marcar as alternativas **"RANK VARIABLES → BY "CLUSTER"** ou **"BY VARIABLE"**, **"IMPORTANCE MEASURE → CHI-SQUARE OR t-TEST OF SIGNIFICANCE"** e **"CONFIDENCE LEVEL"**;*
7. *CONTINUE;*
8. *OK.*

Efetuada essa sequência de passos, o analista terá como *output* uma tabela de distribuição de frequência de cada *cluster*, uma tabela com as médias assumidas pelas variáveis quantitativas do modelo em cada *cluster* (quando o estudo tiver variáveis quantitativas) e/ou a distribuição de frequência das categorias de cada variável categórica do estudo em cada *cluster* (quando o estudo tiver variável qualitativa), um gráfico de "*pizza*" das frequências dos *clusters*, gráfico de barras para as percentagens dentro dos *clusters* para as variáveis qualitativas, gráfico dos intervalos de confiança para as variáveis quantitativas, gráfico de significância do *qui-quadrado* para as variáveis qualitativas do modelo e. finalmente, gráfico de significância t-*Student* para as variáveis quantitativas.

Observações:

- *"Rank of variance importance by variable" → "Chi-square or t-test of significance" → "Confidence lever" é uma sequência de teste de significância das variáveis de clusters mais usuais e informativas;*

- *Nos gráficos dos intervalos de confiança para as variáveis quantitativas, para mostrar os valores médios em cada intervalo apresentado no gráfico, basta selecionar o gráfico (duplo clique em seu interior), clicar em «Elements» e, em seguida, clicar em «Show Data Labels»;*

- *Se o analista desejar que o gráfico de significância do qui-quadrado e o gráfico de significância t-Student omitam as variáveis* ***não significantes****, deverá assinalar em "CONFIDENCE LEVEL" a opção "OMIT INSIGNIFICANT VARIABLES";*

- *Se o analista desejar obter os resultados da simulação que determinou, por um critério especificado, o número automático de clusters, deverá assinalar a sequência* ***"OUTPUT → STATISTICS → INFORMATION CRITERION (AIC*** *ou* ***BIC).***

Para identificar os constituintes de cada *cluster* visualmente, pode-se construir um gráfico de barras executando os passos a seguir no SPSS 15.00:

1. GRAPHS;

2. LEGACY DIALOGS;
3. BAR;
4. STACKED: Em CATEGORY AXIS, inserir a variável *two step cluster* criada pela análise e inserida na base de dados. Em DEFINE STACKS BY, inserir a variável que identifica os *"cases"*.

Aplicação 1

Os clientes de uma financeira foram perfilados de acordo com seu risco de inadimplência para a concessão de créditos pessoais, comerciais e imobiliários. As variáveis consideradas no cadastro encontram-se na tabela abaixo:

X_1: *Sexo (1-Homem e 2-Mulher)*
X_2: *Idade em Anos*
X_3: *Meses de Inadimplência*
X_4: *Número de Restrições no CPF*
X_5: *Estado Civil (1-Solteiro e 2-Casado)*
X_6: *Trabalha Atualmente? (1-Sim e 2-Não)*
X_7: *Nota de Risco de Inadimplência (0 a 10)*
X_8: *Classificação de Risco (1-Baixo Risco, 2-Médio Risco e 3-Alto Risco)*

Base de Inadimplência de Créditos

X_1	X_2	X_3	X_4	X_5	X_6	X_7	X_8
Homem	27	36	4	solteiro	não	8	alto risco
Homem	45	60	5	casado	sim	9	alto risco
Homem	55	24	2	casado	não	6	alto risco
Homem	35	48	3	casado	não	7	alto risco
Mulher	27	40	10	solteiro	não	9	alto risco
Mulher	35	45	5	casado	não	8	alto risco
Mulher	45	80	8	casado	não	10	alto risco

Mulher	27	48	9	casado	não	10	alto risco
Homem	25	12	1	solteiro	sim	4	médio risco
Homem	21	6	2	solteiro	sim	5	médio risco
Homem	28	1	3	casado	não	6	médio risco
Homem	18	2	1	solteiro	sim	1	médio risco
Mulher	20	12	2	solteiro	sim	4	médio risco
Mulher	19	6	1	solteiro	sim	5	médio risco
Mulher	21	8	2	casado	não	6	médio risco
Mulher	18	12	3	solteiro	sim	1	médio risco
Homem	40	0	0	casado	sim	0	baixo risco
Homem	35	0	0	solteiro	não	2	baixo risco
Homem	60	0	0	casado	sim	1	baixo risco
Homem	40	0	0	casado	sim	1	baixo risco
Mulher	35	0	0	casado	sim	0	baixo risco
Mulher	35	1	0	solteiro	não	2	baixo risco
Mulher	37	0	0	casado	sim	1	baixo risco
Mulher	42	0	0	casado	sim	1	baixo risco

A base de dados codificada encontra-se na tabela abaixo:

X_1	X_2	X_3	X_4	X_5	X_6	X_7	X_8
1	27	36	4	1	2	8	3
1	45	60	5	2	1	9	3
1	55	24	2	2	2	6	3
1	35	48	3	2	2	7	3
2	27	40	10	1	2	9	3
2	35	45	5	2	2	8	3
2	45	80	8	2	2	10	3
2	27	48	9	2	2	10	3
1	25	12	1	1	2	4	2
1	21	6	2	1	1	5	2
1	28	1	3	2	1	6	2
1	18	2	1	1	2	1	2
2	20	12	2	1	1	4	2

2	19	6	1	1	1	5	2
2	21	8	2	2	2	6	2
2	18	12	3	1	1	1	2
1	40	0	0	2	2	0	1
1	35	0	0	1	1	2	1
1	60	0	0	2	2	1	1
1	40	0	0	2	2	1	1
2	35	0	0	2	2	0	1
2	35	1	0	1	1	2	1
2	37	0	0	2	2	1	1
2	42	0	0	2	2	1	1

Realize a análise de *cluster* dos dados disponíveis pela *Two Step Cluster* e evidencie os perfis de clientes latentes na base de dados.

Solução:

Utilizaremos o procedimento de obtenção automática dos *clusters* e o método ***"Critério de Informação Bayesiano (BIC)"***.

Resultados:

Tabela 1
Distribuição dos *Clusters*

Cluster Distribution

		N	% of Combined	% of Total
Cluster	1	8	33,3%	33,3%
	2	16	66,7%	66,7%
	Combined	24	100,0%	100,0%
Total		24		100,0%

Pelo que se pode observar na Tabela 1, 100% dos clientes da financeira da base de dados foram combinados em algum *cluster*. Portanto, no presente estudo, foi possível classificar em grupos homogêneos a totalidade dos cadastrados na base de dados, que estão separados em dois *clusters* com as frequências apresentadas na tabela 1.

Gráfico 1
Tamanho dos *Clusters*

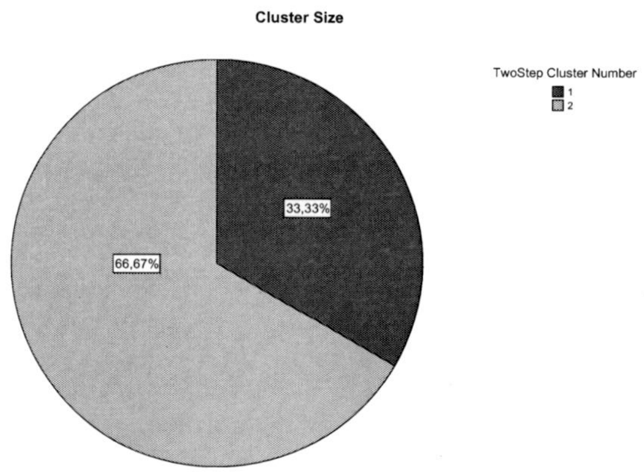

O *cluster* 1 tem 33,33% dos clientes da base de dados e o *cluster* 2 tem 66,67%.

Gráfico 2
Importância Relativa das Categorias nos *Clusters*

Sexo

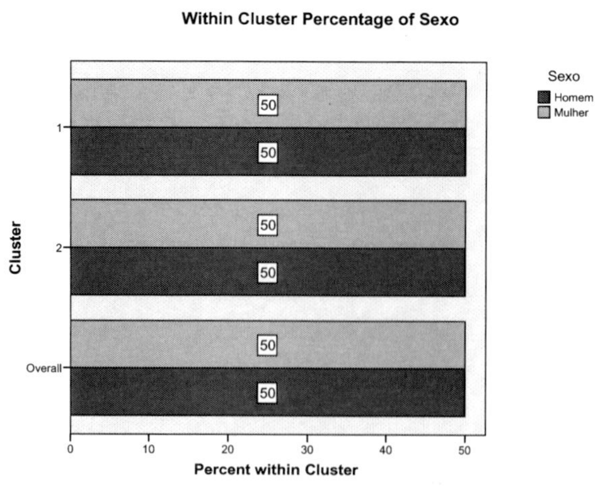

Em cada *cluster* gerado, há igualdade de sexo.

Estado Civil

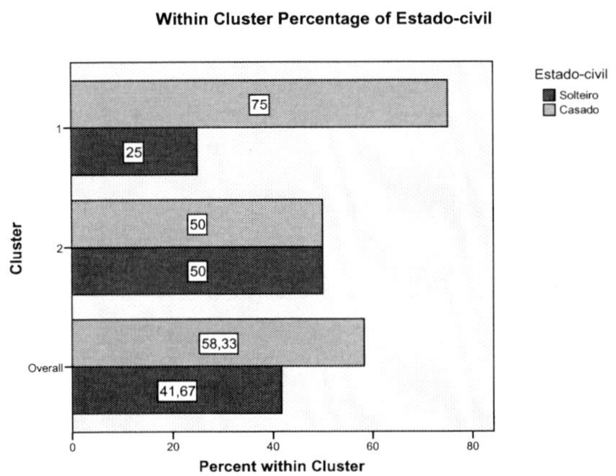

A maior parte dos clientes do *cluster* 1 é casada e no *cluster* 2, há igualdade de solteiros e casados.

Trabalha Atualmente?

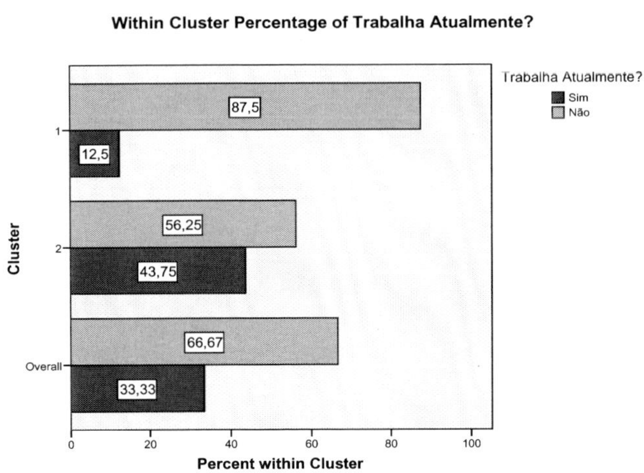

A grande maioria dos clientes do *cluster* 1 não trabalha atualmente e no *cluster* 2, a maior parte não trabalha atualmente.

Classificação de Risco

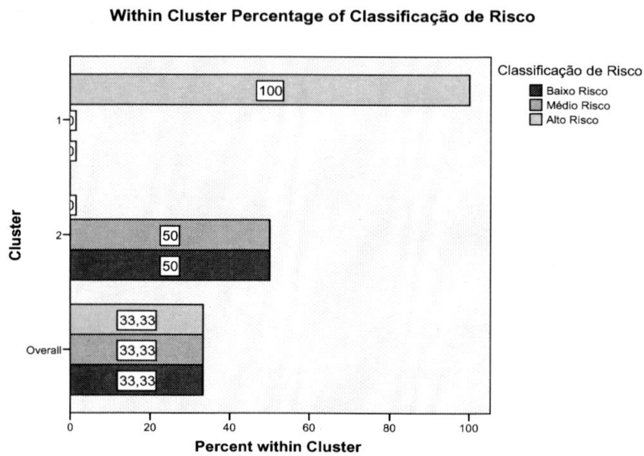

A totalidade dos clientes do *cluster* 1 é de alto risco de inadimplência e os clientes do *cluster* 2 são de baixo a médio risco de inadimplência.

Idade

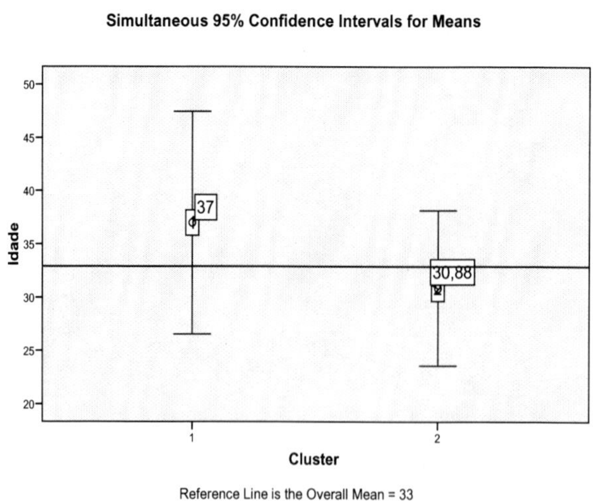

A média de idade dos clientes do *cluster* 1 é de 37 anos e do *cluster* 2, de 31 anos.

Meses de Inadimplência

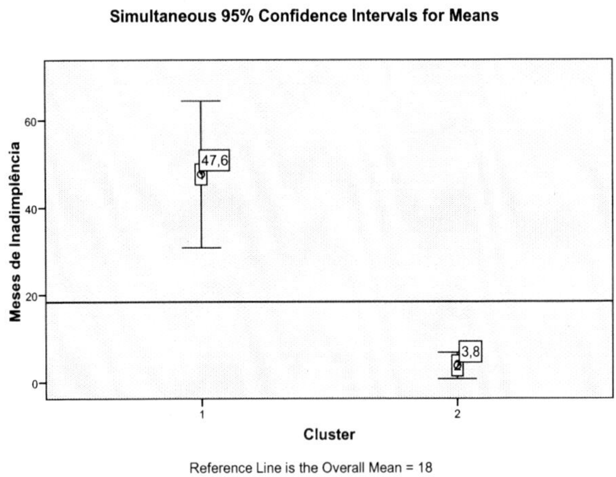

Os clientes do *cluster* 1 têm, em média, 47,6 meses de inadimplência e os clientes do *cluster* 2 têm 3,8 meses, em média, de inadimplência.

Número de Restrições

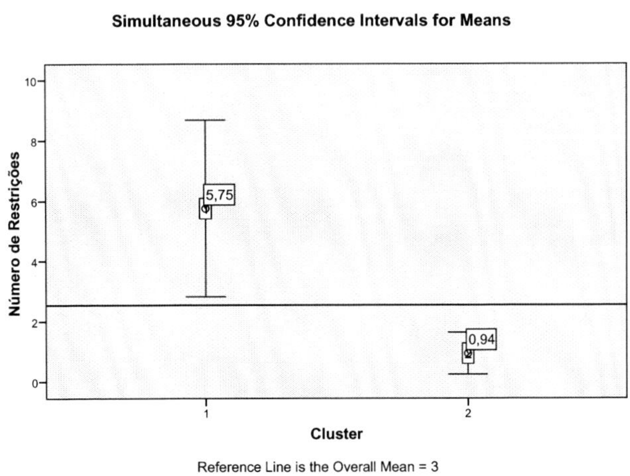

Os clientes do *cluster* 1 têm, em média, 5,75 registros de restrições no seu CPF. Os clientes do *cluster* 2 têm, em média, 1 registro de restrição no seu CPF.

Nota de Risco de Inadimplência

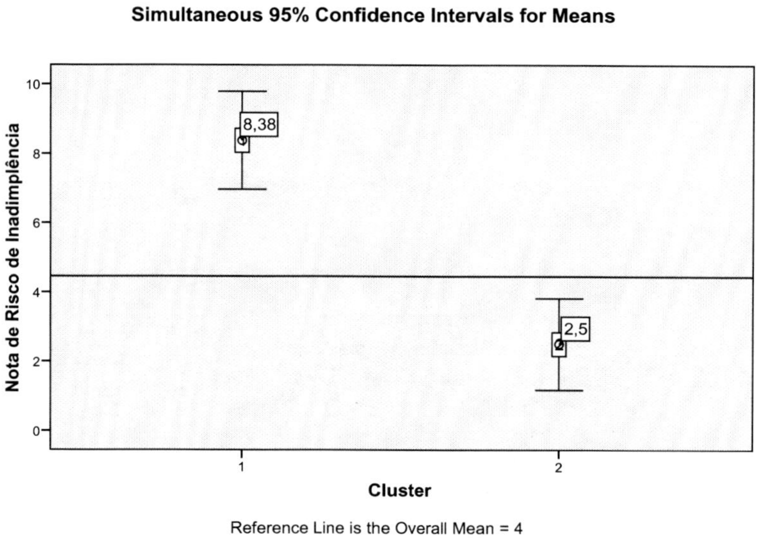

No *cluster* 1, a média do risco de inadimplência entre os clientes é de 8,35. No *cluster* 2, a média do risco de inadimplência é de 2,5.

Perfil dos *Clusters* Gerados:

Com base nas interpretações dos gráficos da importância das categorias nos *clusters* gerados, podemos agora perfilar os grupos de clientes da base de dados.

O *cluster 1* é formado pelos clientes de **alto risco** de inadimplência, com média de 8,35 de risco de inadimplência, média de 5,75 de restrições no CPF e média de 47,6 meses de inadimplência. Eles são homens e mulheres, têm, em média, 37 anos, são casados e não trabalham.

O *cluster 2* é formado pelos clientes de **baixo a médio** risco de inadimplência, com média de 2,5 de risco de inadimplência, média de 1 restrição no CPF e média de 3,8 meses de inadimplência. Eles são igualmente homens e mulheres, têm, em média, 31 anos, são solteiros e casados, e não trabalham.

Teste de Significância dos *Clusters* Gerados

A significância dos *clusters* pode ser testada pela significância das variáveis dentro de cada *cluster*. As variáveis significantes em cada *cluster* são importantes para a formação dos *clusters*. *O que mais diferencia um cluster do outro são as suas variáveis mais significantes.* ***Os clusters com variáveis significantes, por conseguinte, serão significantes ou generalizáveis.***

O teste de significância dos *clusters* é realizado pelo ***Teste de Bonferini do Qui-Quadrado***, quando as variáveis são qualitativas e o ***Teste de Bonferini T-Student***, quando as variáveis são quantitativas.

As linhas azuis são como se fossem os limites inferiores e superiores de um intervalo de confiança. Retângulos do gráfico além dessas linhas, indicam significância estatística das variáveis do cluster.

As variáveis são apresentadas no gráfico em ordem decrescente de significância e sua importância na formação do cluster é em função justamente da magnitude de suas significâncias. Variáveis significantes têm comportamentos que diferenciam os clusters gerados na análise.

Gráfico 3
Testes de Significância

Teste de Significância do *Cluster* 1

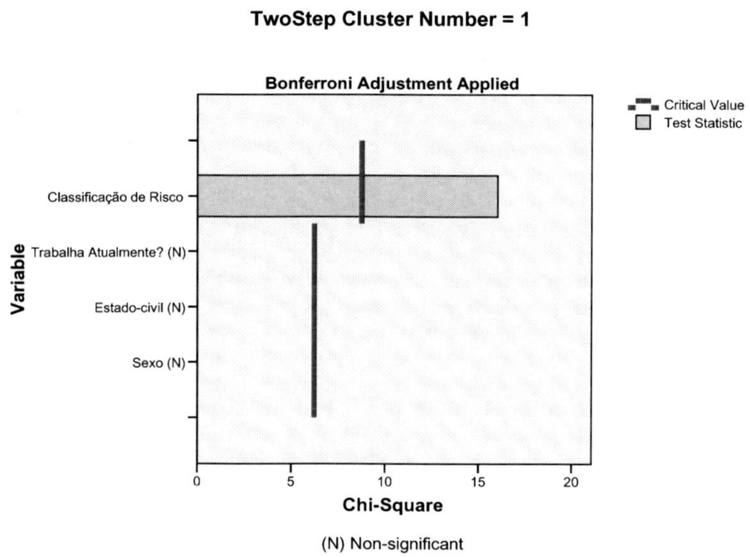

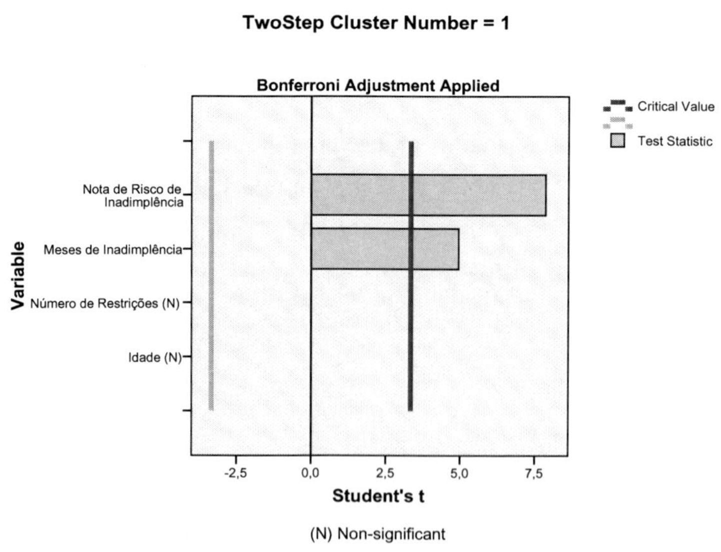

Teste de Significância do *Cluster* 2

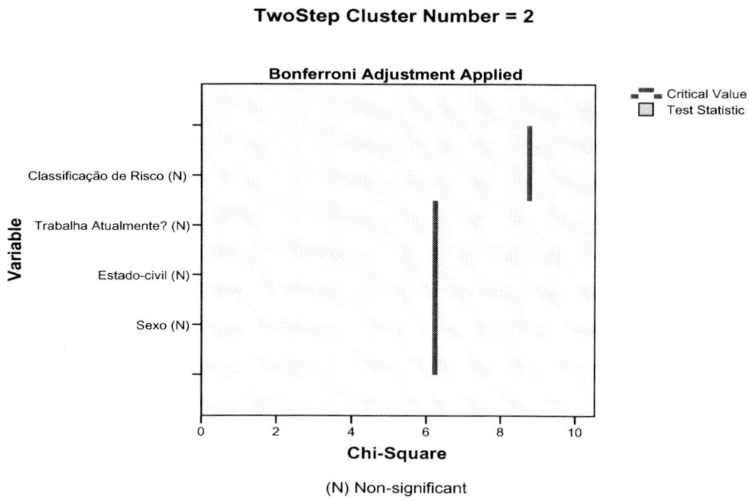

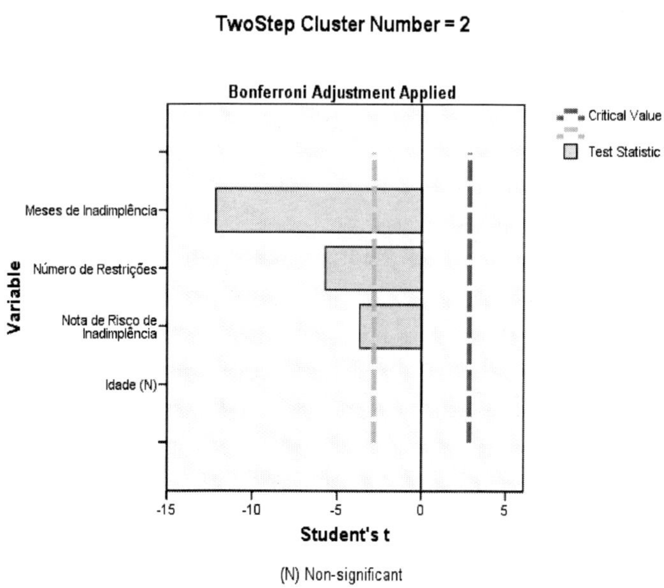

Para o *cluster* 1, temos as seguintes variáveis significantes, isto é , as que o tornam diferente dos demais, nesta ordem:

1ª) Classificação de risco
2ª) Nota de risco de inadimplência
3ª) Meses de inadimplência
Portanto, o ***cluster* 1 é significante.**

Para o *cluster* 2, temos as seguintes variáveis significantes, isto é , importantes para sua diferenciação dos outros *clusters*, nesta ordem:

1ª) Meses de inadimplência
2ª) Número de restrições
3ª) Nota de risco de inadimplência
Portanto, o ***cluster* 2 é significante.**

Aplicação 2:

Faça a análise *Two Step Cluster* da base de dados dos empregados de uma empresa e segmente o perfil dos colaboradores desta organização.

Base de Empregados

Gênero	Educação	Ordenado	Salário Inicial	Tempo de Serviço	Experiência Anterior
2	15	21,150	9,000	97	171
1	19	92,000	39,990	96	175
1	12	30,750	13,500	95	307
1	8	30,750	15,000	92	432
1	12	30,750	15,000	90	209
1	18	43,950	23,250	88	182
1	8	30,750	15,000	87	451

2	12	26,550	13,050	87	11
1	15	39,300	15,750	84	72
1	15	54,900	25,500	83	49
1	16	51,250	27,480	83	69
1	12	25,350	15,000	82	32
2	8	27,450	12,000	81	9
2	12	40,800	18,000	81	4
1	15	34,500	18,000	77	63
1	15	43,410	15,750	76	12
2	12	22,500	14,250	76	90
1	12	26,700	15,750	76	18
2	12	24,450	14,250	74	117
1	16	35,700	18,000	72	138
1	17	78,500	28,740	70	67
1	12	30,000	15,750	69	348
1	14	30,150	16,500	69	110
2	12	24,300	15,000	69	121
1	15	31,950	15,750	68	70
1	15	33,900	15,750	67	96
2	15	23,850	13,500	66	122
1	16	100,000	44,100	66	128
1	15	49,000	20,550	66	86
2	15	25,200	13,950	64	57

Gênero: 1-Homem; 2-Mulher

Educação: Nível de educação em anos

Ordenado: Em 100

Salário Inicial: Em 100

Tempo de Serviço: Em meses, desde o início do contrato

Experiência Anterior: Em meses

Solução:

Utilizaremos o procedimento de obtenção automática dos *clusters* e o método ***"Critério de Informação Bayesiano (BIC)"***.

Resultados:

Tabela 1
Distribuição dos *Clusters*

Cluster Distribution

		N	% of Combined	% of Total
Cluster	1	21	70,0%	70,0%
	2	9	30,0%	30,0%
	Combined	30	100,0%	100,0%
Total		30		100,0%

Pelo que se pode observar na Tabela 1, 100% dos empregados da empresa da base de dados foram combinados em algum *cluster*. Portanto, no presente estudo, foi possível classificar em grupos homogêneos a totalidade dos cadastrados na base de dados, que estão separados em dois *clusters* com as frequências apresentadas na tabela 1. O gráfico 1 apresenta o tamanho de cada *cluster*.

Gráfico 1
Tamanho dos *Clusters*

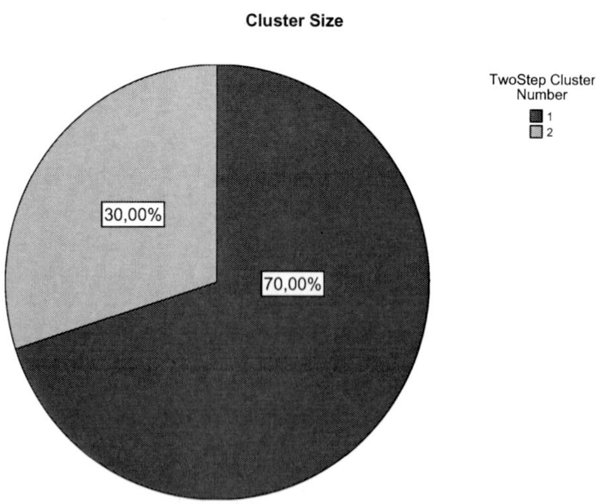

O *cluster* 1 tem 70% dos empregados e o *cluster* 2 tem 30%.

Gráfico 2
Importância Relativa das Categorias nos *Clusters*

Gênero

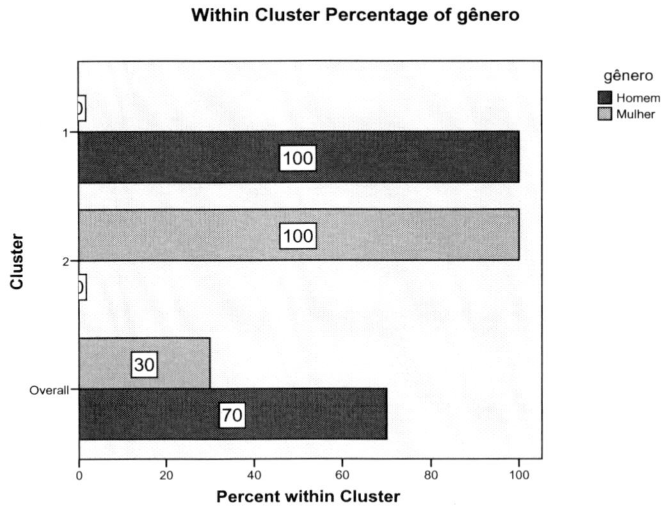

O *cluster* 1 é formado só por homens e o *cluster* 2 é formado só por mulheres.

Educação (em anos)

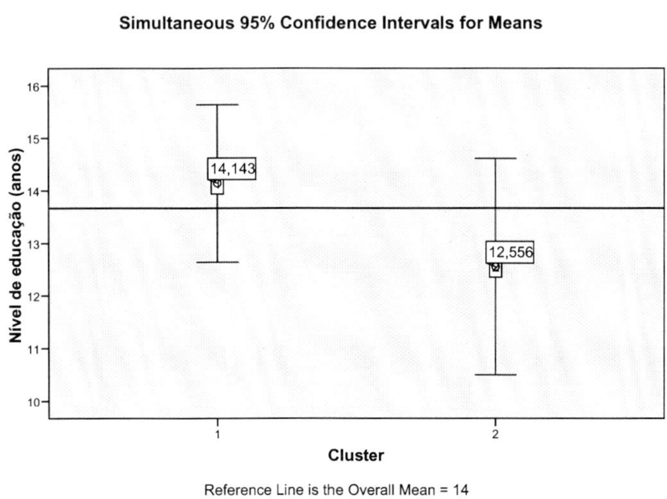

Os homens têm, em média, 14 anos de estudo e as mulheres, 13 anos.

Ordenado Atual (em 100)

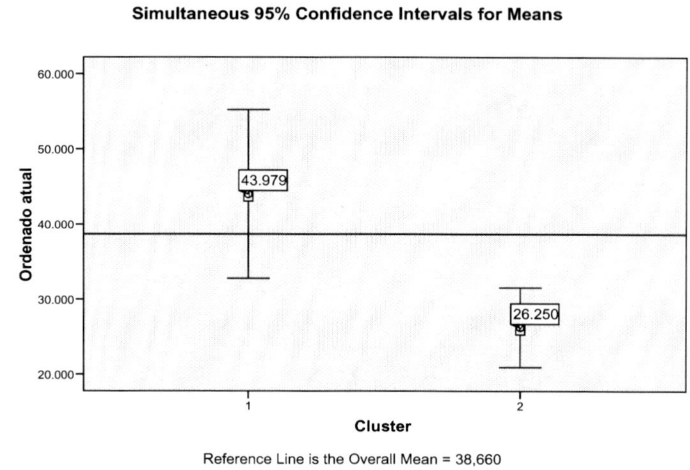

Os homens recebem, em média, 4.397,90 reais por mês e as mulheres recebem, em média, 2.625,00 reais por mês.

Salário Inicial (em mil)

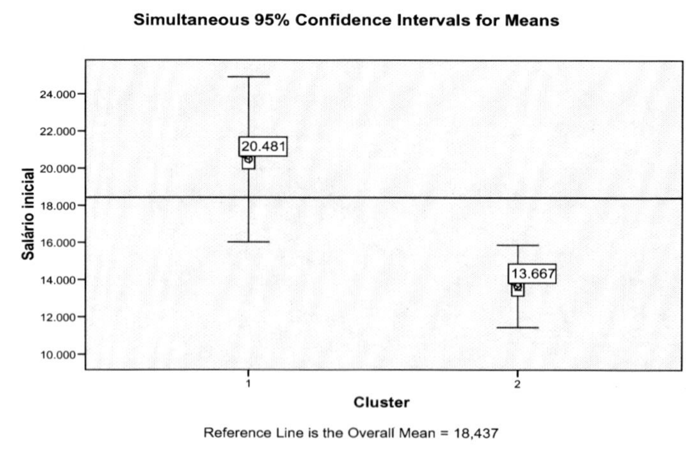

O salário inicial dos homens é, em média, de 2.048,10 reais e o salário inicial das mulheres é de 1.366,70 reais.

Tempo de Serviço (meses):

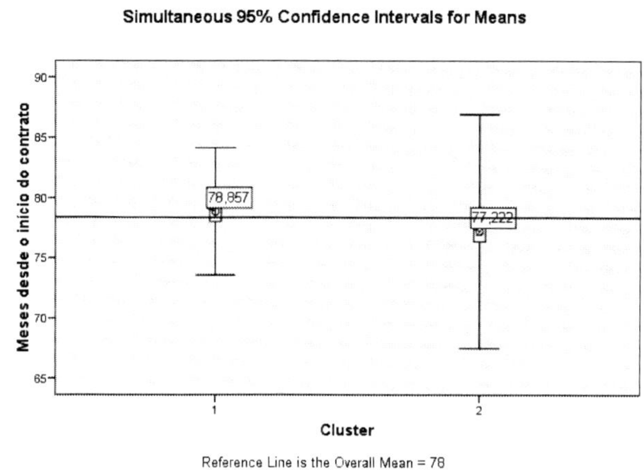

Os homens têm, em média, 79 meses de serviço e as mulheres, 77 meses.

Experiência Anterior (meses)

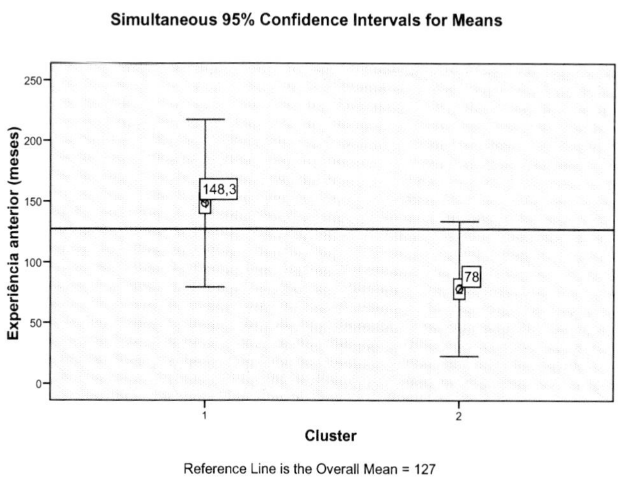

Os homens têm, em média, 148 meses de experiência anterior e as mulheres têm bem menos, 78 meses.

Perfil dos *Clusters* Gerados:

Com base nas interpretações dos gráficos da importância das categorias nos *clusters* gerados, podemos agora perfilar os grupos de clientes da base de dados.

O *cluster 1* é formado somente por funcionários do sexo masculino da empresa; têm, em média, 14 anos de estudos; recebem, em média, 4.397,90 reais por mês; o salário inicial é, em média, de 2.048,10 reais; têm, em média, 79 meses de serviço; têm em média 148 meses de experiência anterior.

O *cluster 2* é formado somente por funcionários do sexo feminino da empresa; têm, em média, 13 anos de estudo; recebem, em média, 2.625,00 reais por mês; o salário inicial é, em média, de 1.366,70 reais; têm, em média, 77 meses de serviço; têm, em média, 78 meses de experiência anterior.

Portanto, o estudo demonstra que os homens têm indicadores de formação, profissionalização e salarial melhores que as mulheres nesta empresa.

Teste de Significância dos *Clusters* Gerados
Gráfico 3

Testes de Significância

Teste de Significância do *Cluster* 1

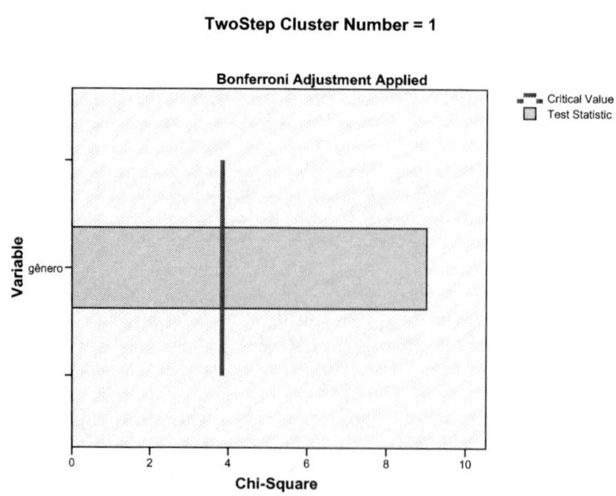

Teste de Significância do *Cluster* 2

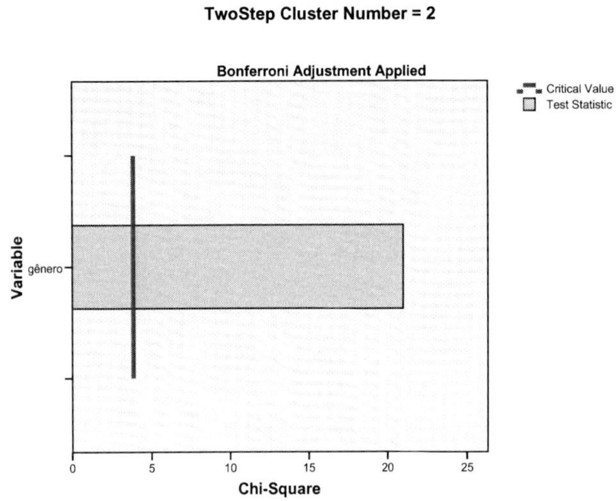

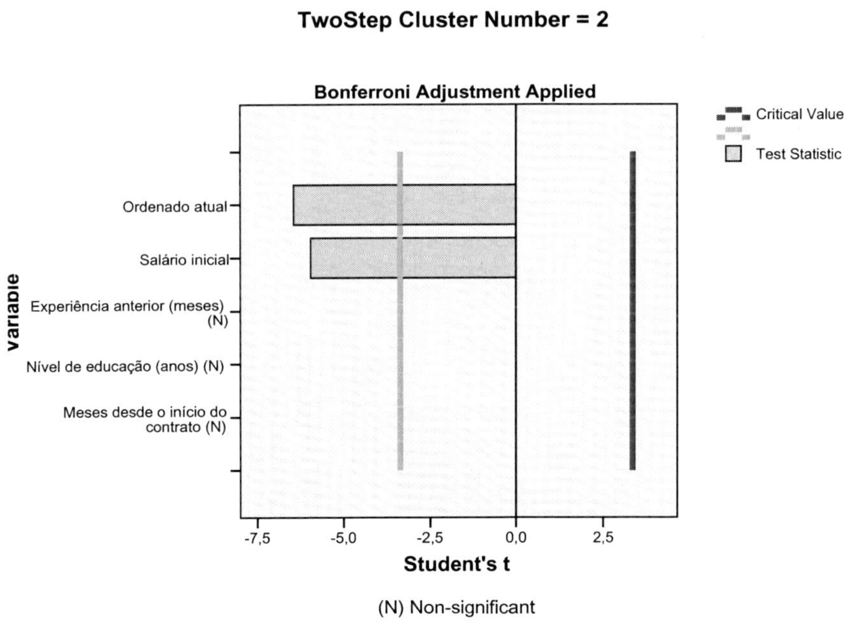

Para o *cluster* 1, temos a seguinte variável significante, isto é, que o diferencia significativamente dos demais: *Gênero.* Portanto, o ***cluster* 1 é significante.**

Para o *cluster* 2, temos as seguintes variáveis significantes, isto é, que o diferencia significativamente dos demais, nesta ordem:

1ª) Gênero
2ª) Ordenado Atual
3ª) Salário Inicial

Portanto, o ***cluster* 2 é significante.**

Aplicação 3:

O Brasil vive mesmo uma era de pleno emprego?

As taxas de desemprego estão realmente muito baixas. Estamos com menos de 6%, segundo a PNAD do IBGE: elas se aproximam do que a literatura chama de pleno emprego. Mas a questão do pleno emprego é discutível porque uma coisa são as médias, outra coisa é perceber como a variação da taxa de desemprego se comporta em torno desse perfil médio geral. Se nos atentarmos para os perfis segmentados, o comportamento da taxa de desemprego pode ser diferenciado. É evidente que temos queda de desemprego e isto é fundamental na redução da pobreza, mas certos segmentos da sociedade merecem uma atenção especial.

Para comprovar a nossa hipótese de que o pleno emprego é um fenômeno geral e não é real em certos segmentos da sociedade, realizaremos uma análise de *cluster* por meio da técnica *Two Step Cluster* e segmentaremos uma amostra da sociedade em função de seu perfil demográfico e de ocupação.

Uma amostra foi selecionada envolvendo 59 pessoas e os dados encontram-se na tabela abaixo. Foi realizada uma *Two Step Cluster* e os resultados e interpretações seguem adiante.

Base de O Brasil vive mesmo uma era de pleno emprego?

Sexo	Faixa Etária	Cor/Raça	Região	Desempregado?
1	2	1	1	2
2	2	1	1	2
1	2	1	1	2
1	1	2	2	1
1	2	1	1	2
2	1	2	2	1
2	1	2	2	1
2	2	1	1	2
1	1	2	2	1
1	2	1	1	2
2	1	2	2	1
1	1	2	2	1
1	2	1	1	2
1	2	1	1	2
2	1	2	2	1
2	2	1	1	2
2	2	1	1	2
2	2	1	1	2
1	2	1	1	2
2	2	1	1	2
1	1	2	2	1
2	2	1	1	2
1	2	1	1	2
2	1	2	2	1
2	2	1	1	2
1	2	1	1	2
2	2	1	1	2
1	2	1	1	2
2	1	2	2	1
1	1	2	2	1
1	2	1	1	2

1	1	2	2	1
1	1	2	2	1
1	2	1	1	2
2	2	1	1	2
2	2	1	1	2
1	2	1	1	2
2	2	1	1	2
1	2	1	1	2
1	2	1	1	2
1	1	2	2	1
2	2	1	1	2
2	2	1	1	2
2	1	2	2	1
2	2	1	1	2
1	2	1	1	2
2	2	1	1	2
1	2	1	1	2
2	2	1	1	2
1	1	2	2	1
1	2	1	1	2
2	2	1	1	2
2	1	2	2	1
1	2	1	1	2
2	1	2	2	1
2	2	1	1	2
1	1	2	2	1
1	2	1	1	2
2	2	1	1	2

Sexo: 1-Homem; 2-Mulher

Idade: 1-Jovem; 2-Não Jovem

Cor/Raça: 1-Branco; 2-Não Branco

Região: 1-Sudeste; 2-Não Sudeste

Desempregado: 1-Desempregado; 2-Empregado

Solução:

Utilizaremos o procedimento de obtenção automática dos *clusters* e o método ***"Critério de Informação Bayesiano (BIC)"***.

Resultados:

Tabela 1

Distribuição dos *Clusters*

Cluster Distribution

		N	% of Combined	% of Total
Cluster	1	19	32.2%	32.2%
	2	40	67.8%	67.8%
	Combined	59	100.0%	100.0%
Total		59		100.0%

Pelo que se pode observar na Tabela 1, 100% das pessoas da base de dados foram combinados em algum *cluster*. Portanto, no presente estudo, foi possível classificar em grupos homogêneos a totalidade dos respondentes da amostra, que estão separados em dois *clusters* com as frequências apresentadas na tabela 1. O gráfico 1 apresenta o tamanho de cada *cluster*.

Gráfico 1

Tamanho dos *Clusters*

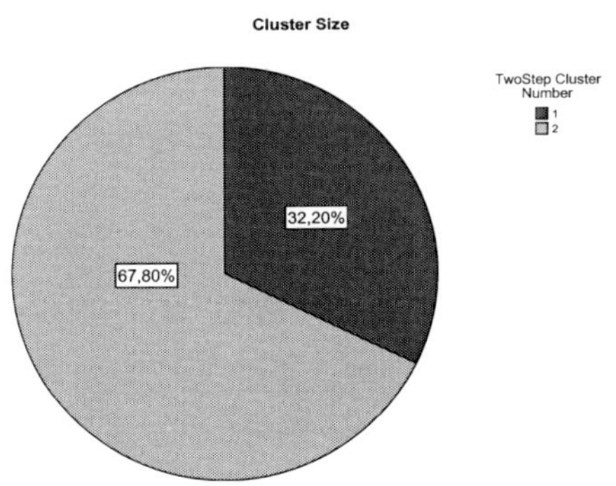

O *cluster* 1 tem 32,2% dos respondentes da pesquisa e o *cluster* 2 tem 67,8%. Buscaremos a seguir o perfil de cada *cluster*.

Gráfico 2
Importância Relativa das Categorias nos *Clusters*

Sexo

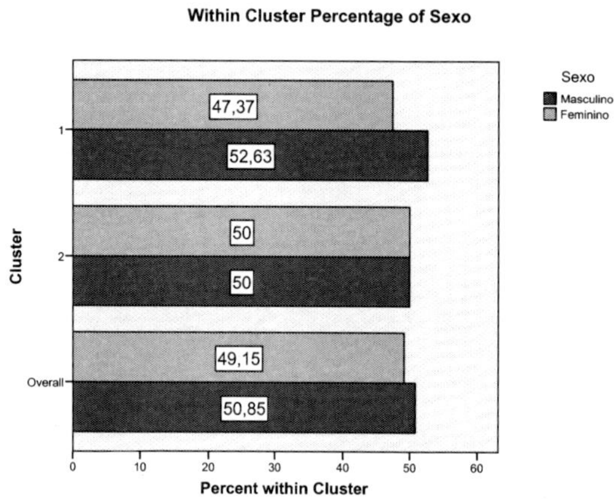

O *cluster* 1 é formado por 47,37% de homens e 52,63% de mulheres. O *cluster* 2 tem a mesma proporção de homens e mulheres (50%). No geral, verificamos também na amostra quase a mesma proporção de homens e mulheres.

Faixa Etária

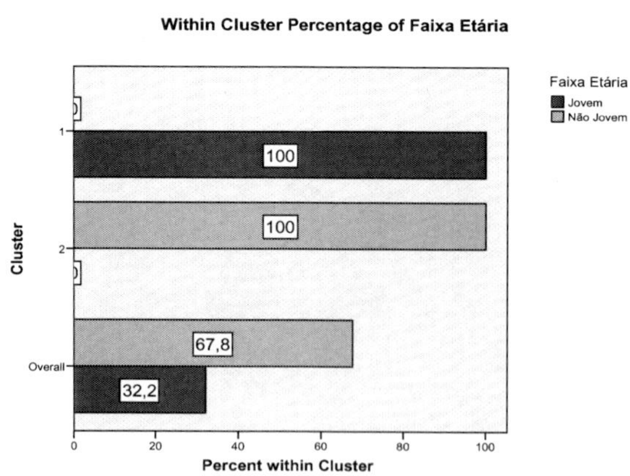

O *cluster* 1 é formado por 100% de jovens e o *cluster* 2, de 100% de não jovens. No perfil geral, 67,8% são não jovens e 32,2% são jovens.

Cor/Raça

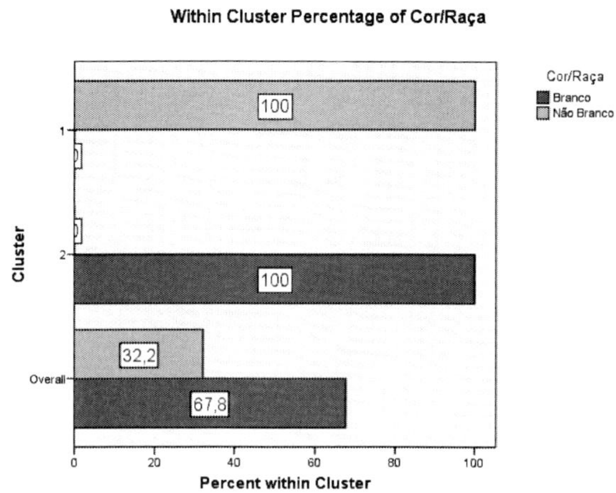

O *cluster* 1 é formado por 100% de não brancos e o *cluster* 2 é formado por 100% de brancos. No perfil geral, 67,8% são brancos e 32,2% não brancos.

Região do País

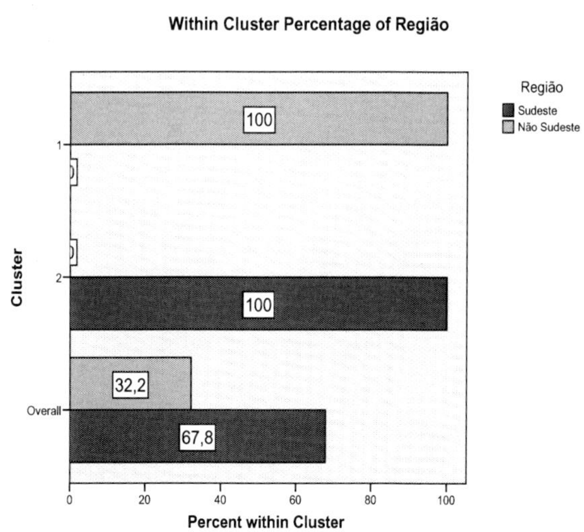

O *cluster* 1 é formado de 100% de pessoas que residem em outras regiões do País que não seja o Sudeste. O *cluster* 2 é formado de 100% de pessoas que residem na Região Sudeste do País. No perfil geral, 67,8% das pessoas da amostra estão no Sudeste e 32,2% são de outras regiões do País.

Desempregado?

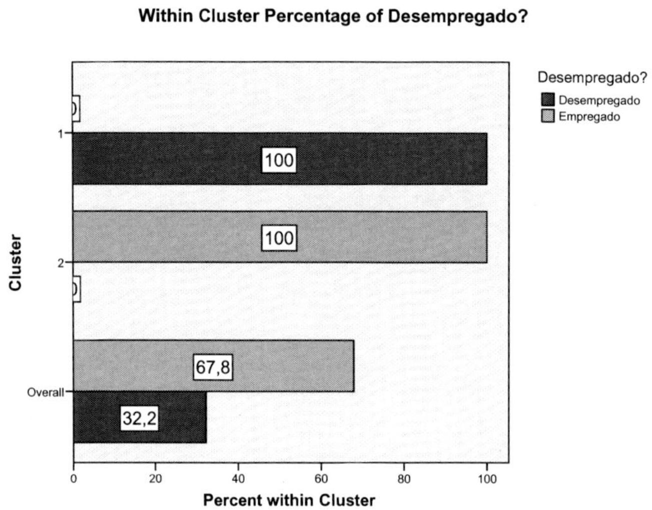

O *cluster* 1 tem 100% de desempregados e o *cluster* 2, 100% de empregados. No perfil geral, 67,8% da base de dados estão empregados e 32,2% desempregados.

Perfil dos *Clusters* Gerados:

Com base nas interpretações dos gráficos da importância das categorias nos *clusters* gerados, podemos agora perfilar os grupos de respondentes da pesquisa da amostra.

O *cluster 1* é formado de pessoas do sexo masculino e feminino, jovens, não brancas, que residem em outras regiões do País, que não seja o Sudeste, e estão desempregadas.

O *cluster 2* é formado de homens e mulheres, não jovens, brancos, do Sudeste e que estão empregados.

O *perfil geral* é formado por homens e mulheres, não jovens, brancos, que residem no Sudeste e que estão empregados.

Portanto, o estudo demonstra que apesar da grande maioria dos respondentes estar empregada, se olharmos as pessoas jovens, não brancas e de outras regiões do Brasil, que não seja o Sudeste, há taxas de desemprego mais altas.

Teste de Significância dos *Clusters* Gerados

Gráfico 3
Testes de Significância

Teste de Significância do *Cluster* 1

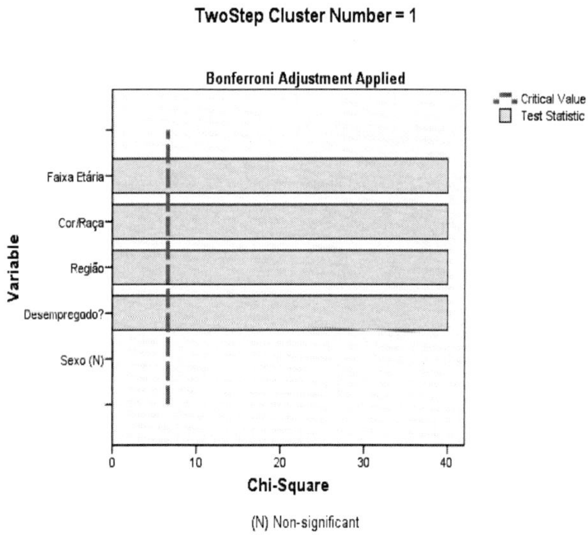

Verificando o gráfico acima, percebemos que somente a variável sexo não é significante. *O que mais diferencia o cluster 1 do cluster 2 são as variáveis da faixa etária, cor/raça ,região e desempregado?* Portanto, o *cluster* 1 é significante estatisticamente.

Teste de Significância do *Cluster* 2

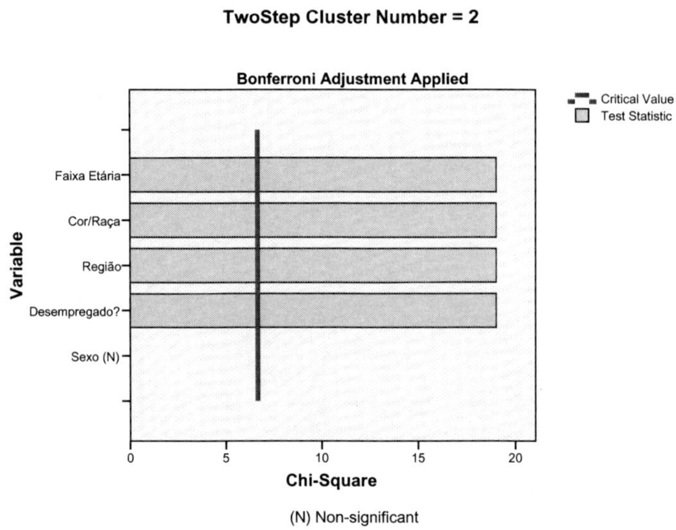

Verificando o gráfico acima, percebemos também que somente a variável sexo é não significante. *O que mais diferencia o cluster 2 do cluster 1 são as variáveis da faixa etária, cor/raça, região e desempregado?* Portanto, o *cluster* 2 é significante estatisticamente.

2.9 Exercícios Propostos

1) O objetivo deste estudo é realizar uma análise estrutural dos adolescentes infratores do Rio de Janeiro, atendidos em unidades socioeducativas. Será realizada a investigação de possíveis grupos de adolescentes infratores que se diferenciam em função de cor, escolaridade, moradia, gravidade do último ato infracional, última medida socioeducativa aplicada e reincidência de atos infracionais, mas que coexistem em um mesmo espaço social de análise. A amostra utilizada abrangeu 20 adolescentes em conflito com a lei, integrantes do sistema socioeducativo de atendimento no Rio de Janeiro.

Na tabela abaixo, as variáveis são detalhadas e as categorias são codificadas.

Tabela - Variáveis do *"Survey"* e Escala das Categorias

Variáveis	Categorias e Códigos
Cor	1=Branca, 2=Parda e 3=Negra
Escolaridade	1=Ensino Fundamental, 2=Ensino Médio e 3=Ensino Superior
Moradia	1=Zona Sul, 2=Zona Norte, 3=Zona Oeste e 3=Baixada Fluminense
Gravidade do Último Ato Infracional (Gravidade)	1=Leve, 2=Média e 3=Grave
Última Medida Socioeducativa (MSE)	1=Advertência, 2=Liberdade Assistida, 3=Semiliberdade e 4=Internação
Reincidente na Prática de Ato Infracional? (Reincidência)	1=Sim e 2=Não

Nota: Variáveis e categorias mais importantes na discriminação dos adolescentes

A base de dados se encontra na tabela abaixo:

Base de Adolescente Infrator

Cor	Escolaridade	Moradia	Gravidade	MSE	Reincidência
3	1	3	2	3	2
1	3	1	1	1	2
3	1	3	2	3	2
3	1	3	2	3	2
1	3	1	1	1	2
2	2	3	2	3	1
3	1	3	3	2	2
3	1	3	3	2	2
2	2	2	2	3	2
2	2	2	2	3	2
2	2	2	2	3	2
3	1	3	2	3	2
2	2	1	1	1	2
2	2	2	2	3	2
2	1	3	2	3	2
2	1	3	2	3	2

2	2	2	2	3	2
1	3	1	1	1	2
3	1	3	3	4	1
3	1	3	2	3	2

Com base na ***Two Step Cluster***, realize a análise de agrupamento do espaço de análise.

Solução:

Foi utilizado o procedimento de obtenção automática dos *clusters* pelo método ***"Critério de Informação Bayesiano"*** (BIC) e este indicou a formação de três *clusters*. Este resultado já pode identificar a existência de três tipos de perfil de adolescentes no espaço de delinquência juvenil. É oportuno verificar **quem** são eles.

Resultados:

Tabela 1
Distribuição dos *Clusters*

Cluster Distribution

		N	% of Combined	% of Total
Cluster	1	4	20,0%	20,0%
	2	5	25,0%	25,0%
	3	11	55,0%	55,0%
	Combined	20	100,0%	100,0%
Total		20		100,0%

Pelo que se pode observar da tabela 1, 100% dos adolescentes infratores presentes na amostra selecionada foram combinados em algum *cluster*. Portanto, no presente estudo, foi possível classificar em grupos homogêneos a totalidade dos investigados, que estão separados em três *clusters* com as frequências apresentadas na tabela acima.

Gráfico 1
Tamanho dos *Clusters*

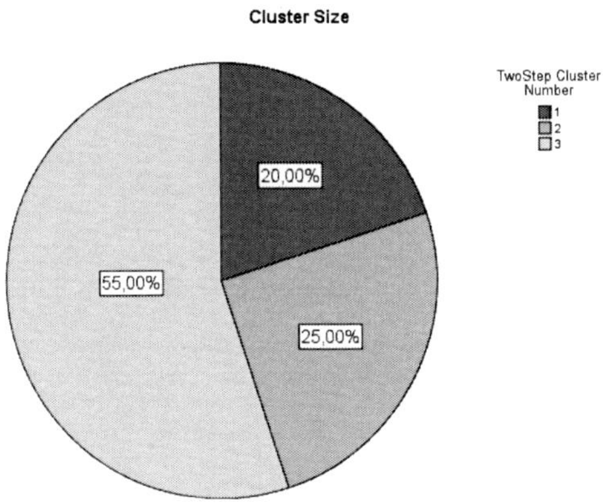

O gráfico 1 revela instantaneamente que o *cluster* 3 é o que tem maior participação relativa no espaço social de delinquência juvenil. O interessante é avaliar qual o perfil desse *cluster* e confrontá-lo com os demais. É o que será realizado na próxima seção.

Gráfico 2
Importância Relativa das Categorias nos *Clusters*

Cor Declarada

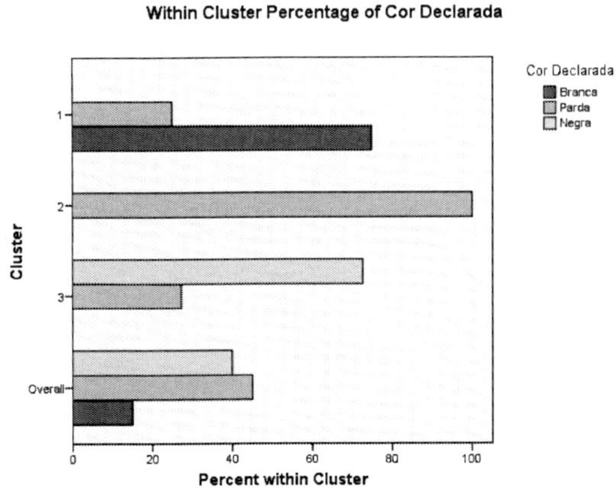

Escolaridade Declarada

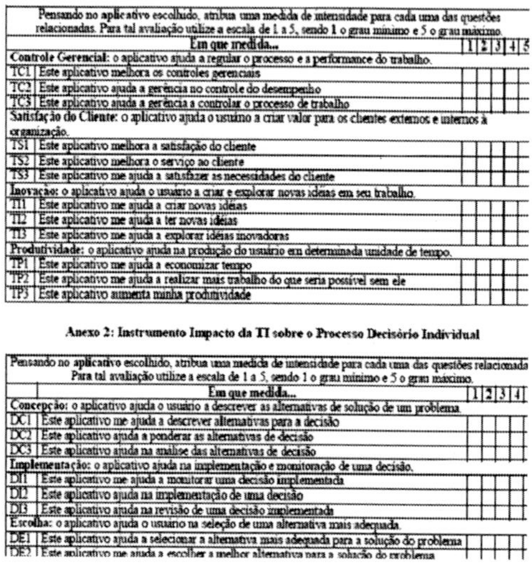

Pensando no aplicativo escolhido, atribua uma medida de intensidade para cada uma das questões relacionadas. Para tal avaliação utilize a escala de 1 a 5, sendo 1 o grau mínimo e 5 o grau máximo.						
	Em que medida...	1	2	3	4	5
Controle Gerencial: o aplicativo ajuda a regular o processo e a performance do trabalho.						
TC1	Este aplicativo melhora os controles gerenciais					
TC2	Este aplicativo ajuda a gerência no controle do desempenho					
TC3	Este aplicativo ajuda a gerência a controlar o processo de trabalho					
Satisfação do Cliente: o aplicativo ajuda o usuário a criar valor para os clientes externos e internos à organização.						
TS1	Este aplicativo melhora a satisfação do cliente					
TS2	Este aplicativo melhora o serviço ao cliente					
TS3	Este aplicativo me ajuda a satisfazer as necessidades do cliente					
Inovação: o aplicativo ajuda o usuário a criar e explorar novas idéias em seu trabalho.						
TI1	Este aplicativo me ajuda a criar novas idéias					
TI2	Este aplicativo me ajuda a ter novas idéias					
TI3	Este aplicativo me ajuda a explorar idéias inovadoras					
Produtividade: o aplicativo ajuda na produção do usuário em determinada unidade de tempo.						
TP1	Este aplicativo me ajuda a economizar tempo					
TP2	Este aplicativo me ajuda a realizar mais trabalho do que seria possível sem ele					
TP3	Este aplicativo aumenta minha produtividade					

Anexo 2: Instrumento Impacto da TI sobre o Processo Decisório Individual

Pensando no aplicativo escolhido, atribua uma medida de intensidade para cada uma das questões relacionada Para tal avaliação utilize a escala de 1 a 5, sendo 1 o grau mínimo e 5 o grau máximo.					
	Em que medida...	1	2	3	4
Concepção: o aplicativo ajuda o usuário a descrever as alternativas de solução de um problema.					
DC1	Este aplicativo me ajuda a descrever alternativas para a decisão				
DC2	Este aplicativo ajuda a ponderar as alternativas de decisão				
DC3	Este aplicativo ajuda na análise das alternativas de decisão				
Implementação: o aplicativo ajuda na implementação e monitoração de uma decisão.					
DI1	Este aplicativo me ajuda a monitorar uma decisão implementada				
DI2	Este aplicativo ajuda na implementação de uma decisão				
DI3	Este aplicativo ajuda na revisão de uma decisão implementada				
Escolha: o aplicativo ajuda o usuário na seleção de uma alternativa mais adequada.					
DE1	Este aplicativo ajuda a selecionar a alternativa mais adequada para a solução do problema				
DE2	Este aplicativo me ajuda a escolher a melhor alternativa para a solução do problema				

Moradia Declarada

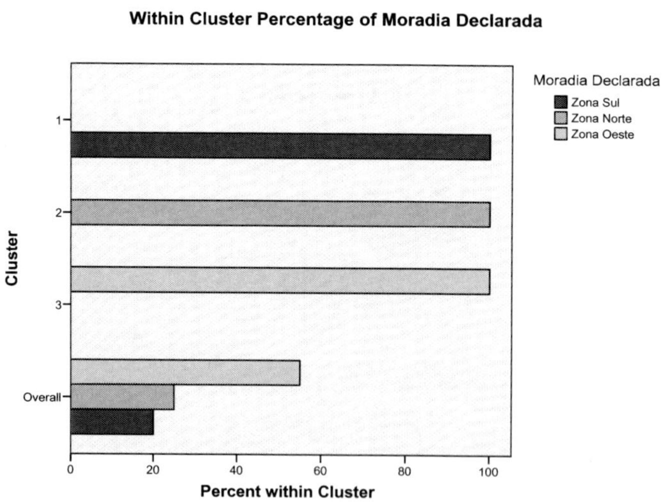

Gravidade do Último Delito Cometido

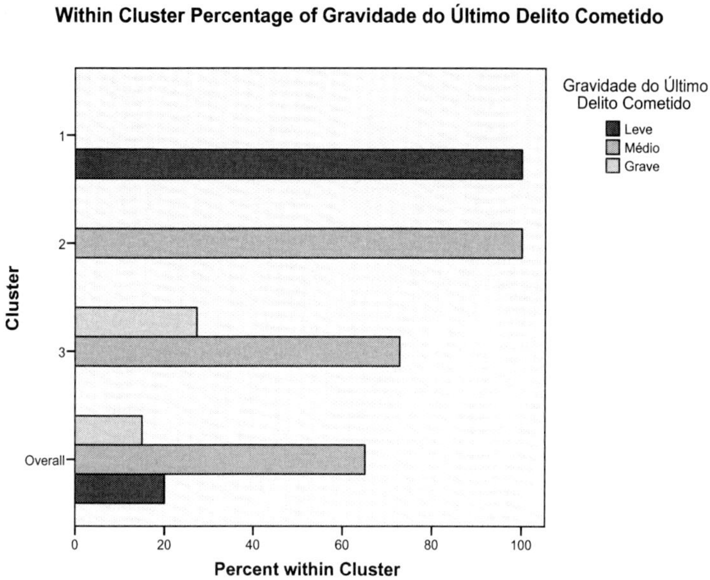

Medida Socioeducativa Atual

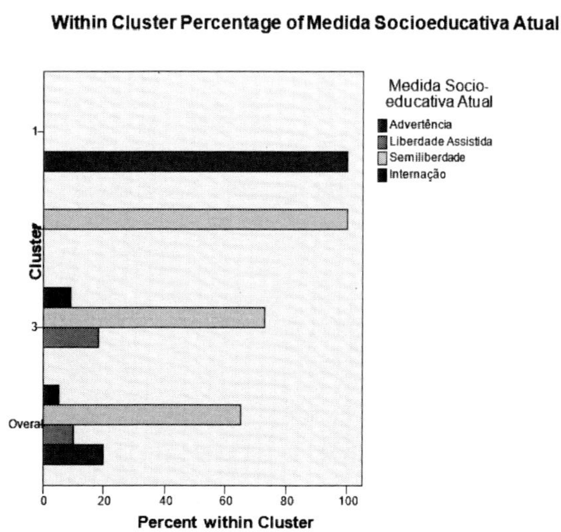

Reincidente?

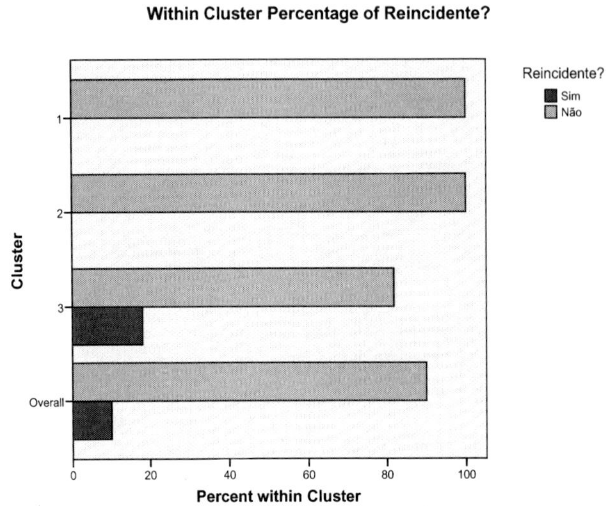

Perfil dos *Clusters* Gerados

Com base nas interpretações dos gráficos da importância das categorias nos *clusters* gerados, podemos agora perfilar os grupos de adolescentes infratores formados.

O *cluster 1* é formado pelos adolescentes infratores de cor branca, com ensino superior, que mora na zona sul, cuja gravidade do último ato infracional foi leve, a última medida socioeducativa aplicada foi a advertência e é primário no cometimento de ato infracional (não reincidente).

O *cluster 2* é formado pelos adolescentes infratores de cor parda, com ensino médio, que mora na zona norte, cuja gravidade do último ato infracional foi mediana, cuja última medida socioeducativa aplicada foi a semiliberdade e é primário no cometimento de ato infracional (não reincidente).

O *cluster 3* é formado pelos adolescentes infratores de cor negra, com ensino fundamental, que mora na zona oeste, cuja gravidade do último ato infracional foi mediana, a última medida socioeducativa aplicada foi a semiliberdade e é primário no cometimento de ato infracional (não reincidente).

Estes são os perfis dos adolescentes infratores "submersos" na base de dados em análise.

Teste de Significância dos *Clusters* Gerados

Gráfico 3
Testes de Significância

Teste de Significância do *Cluster* 1

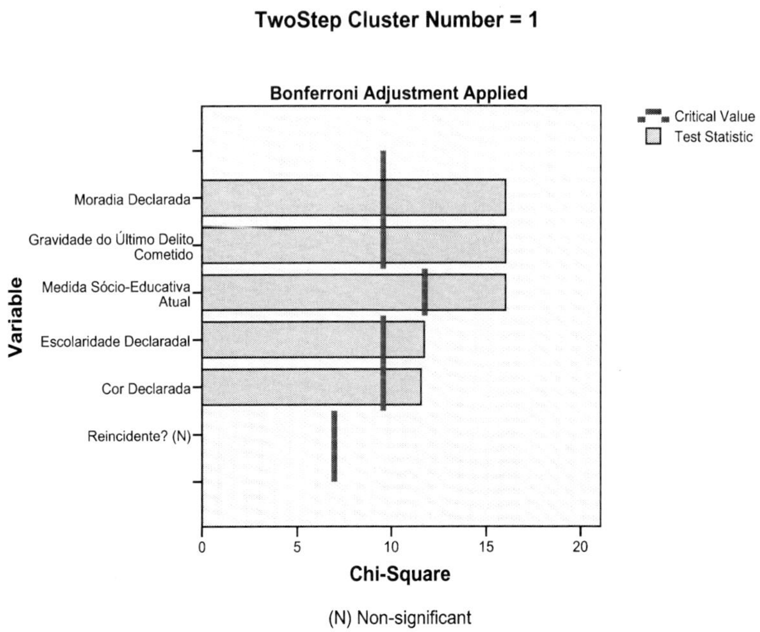

Teste de Significância do *Cluster* 2

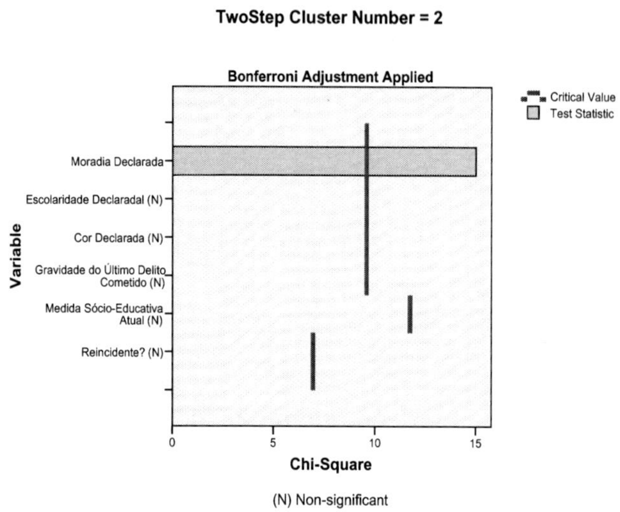

Teste de Significância do *Cluster* 3

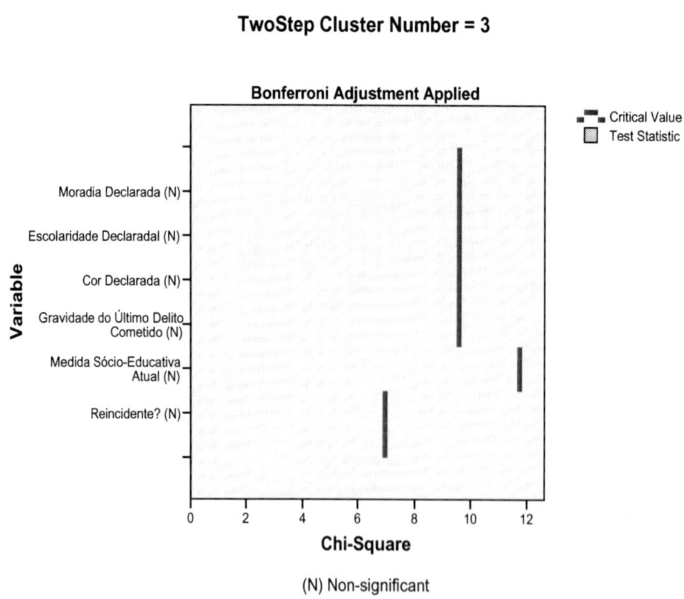

Para o *cluster* 1, temos as seguintes variáveis significantes, isto é, importantes para sua formação, nesta ordem:

1ª) Moradia declarada
2ª) Gravidade do último ato infracional
3ª) Medida socioeducativa atual
4ª) Escolaridade declarada
5ª) Cor declarada

Estas são as variáveis que mais diferenciam o *cluster* 1 dos outros *clusters* no espaço de análise.

Portanto, o ***cluster* 1** é **significante**.

No *cluster* 2, temos somente a variável *Moradia declarada* como significante. Esse *cluster* só tem uma variável que o diferencia dos outros *clusters*. Portanto, o ***cluster* 2** é **significante**.

O *cluster* 3 não tem variável significante para sua formação. Nenhuma variável da base de dados faz com que o *cluster* 3 seja significantemente diferente dos outros. Portanto, ele é não significante.

Sugere-se aumentar o tamanho da amostra para que todos os *clusters* gerados sejam significantes estatisticamente.

2) Um psicólogo coletou uma amostra de 40 usuários da rede social *"Facebook"* e realizou uma análise de dados para formar aglomerados com perfis de viciados e não viciados em *"Facebooks"*. Os resultados das variáveis estão descritos nas tabelas abaixo. Faça uma análise *Two Step Cluster* da base de dados e segmente os usuários em viciados e não viciados em *Facebook*.

Descrição das Variáveis

Variáveis	Descrição
X_1	Número de horas em frente ao computador por perfil de Facebook
X_2	Número de acessos ao Facebook por dia
X_3	Número de perfis de Facebook diferentes
X_4	Número de atualizações no Facebook por dia e por perfil
X_5	Número de amigos no Facebook

Base de Viciados e Não Viciados em Facebook

X_1	X_2	X_3	X_4	X_5
0	0	0	0	0
6	6	12	7	5
0	0	3	1	2
7	7	4	9	12
0	2	0	0	1
8	4	9	8	10
9	7	6	8	12
2	1	0	0	2
0	1	0	0	1
6	10	4	5	12
7	10	8	10	7
8	12	11	6	8
0	0	2	2	2
4	4	11	11	12
3	0	0	0	1
0	0	3	3	3
2	2	0	2	3
4	4	4	5	8
8	7	4	12	10
5	11	8	11	11
3	2	1	2	2

3	0	1	1	3
2	1	3	1	3
3	0	1	2	1
2	0	2	1	0
12	4	9	7	9
1	2	2	1	0
3	0	0	1	0
1	1	0	3	0
11	5	6	4	4
10	9	8	9	5
12	12	10	7	4
2	2	0	2	3
2	1	3	3	1
9	11	11	7	9
3	2	2	1	0
9	11	6	12	10
0	1	1	1	3
2	2	0	1	2
9	9	11	8	11

Solução:

Foi utilizado o procedimento de obtenção automática dos *clusters* pelo método ***"Critério de Informação Bayesiano"*** (BIC) e este indicou a formação de dois *clusters*. Este resultado já pode identificar a existência de dois tipos de perfil de usuários de *Facebook* na base de dados . É oportuno verificar **quem** são eles.

Resultados:

Tabela 1
Distribuição dos *Clusters*

Cluster Distribution

		N	% of Combined	% of Total
Cluster	1	19	47,5%	47,5%
	2	21	52,5%	52,5%
	Combined	40	100,0%	100,0%
Total		40		100,0%

Pelo que se pode observar na tabela 1, 100% dos usuários de *Facebook* presentes na amostra selecionada foram combinados em algum *cluster*. Portanto, no presente estudo, foi possível classificar em dois grupos homogêneos a totalidade dos investigados, com as frequências apresentadas na referida tabela.

Gráfico 1
Tamanho dos *Clusters*

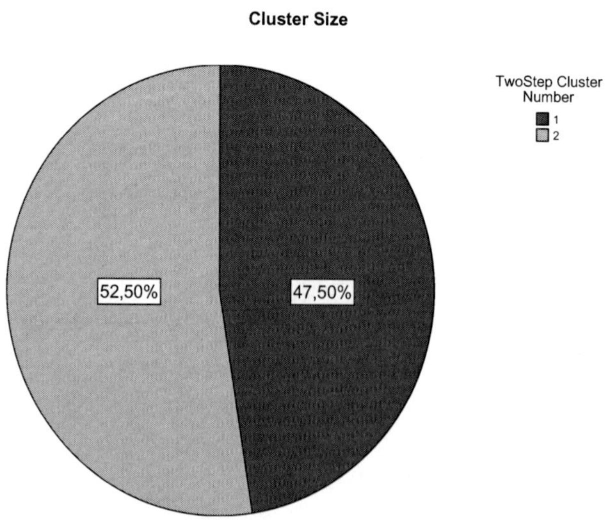

O gráfico 1 revela instantaneamente que o *cluster* 2 é o que tem maior participação de usuários de *Facebook* do espaço de análise. O interessante é avaliar o perfil dos *clusters*. É o que será realizado na próxima seção.

Gráfico 2
Importância Relativa das Categorias nos *Clusters*

Número de horas em frente ao computador por perfil de Facebook

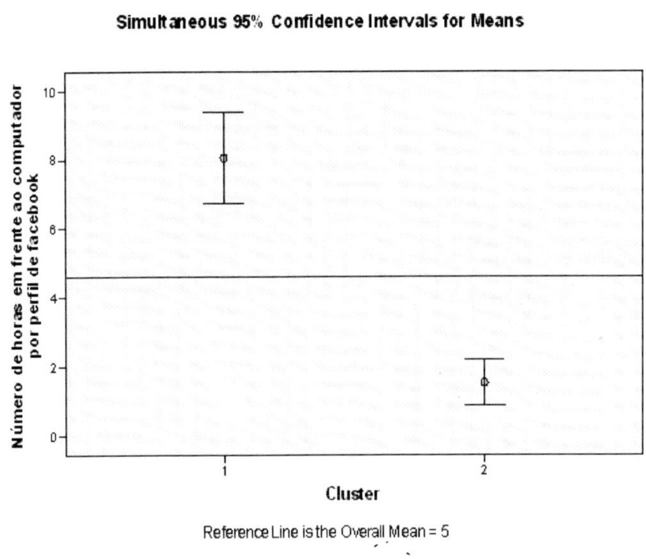

No *cluster* 1, os usuários passam mais horas em frente ao *Facebook* que no *cluster* 2.

Número de acessos ao Facebook por dia

No *cluster* 1, o número de acessos ao *Facebook* por dia é bem maior que no *cluster* 2.

Simultaneous 95% Confidence Intervals for Means

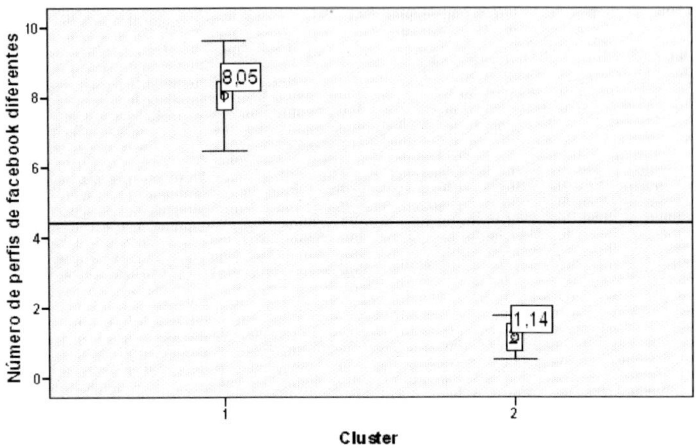

Reference Line is the Overall Mean = 4

Número de perfis de Facebooks diferentes

No *cluster* 1, os usuários que têm mais de um perfil no *Facebook* é bem maior que no *cluster* 2.

Simultaneous 95% Confidence Intervals for Means

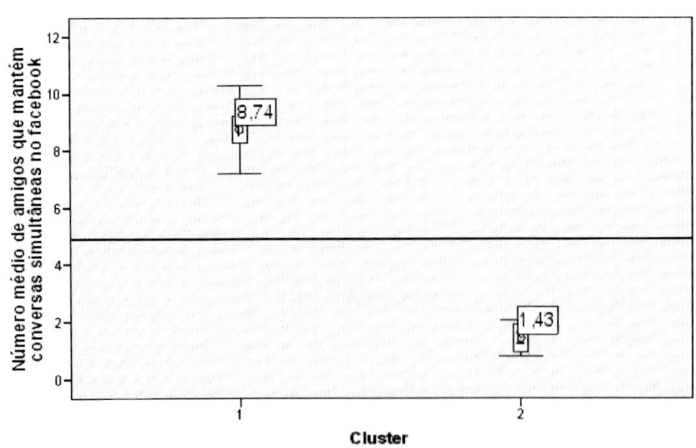

Reference Line is the Overall Mean = 5

Número de atualizações no Facebook por dia e por perfil

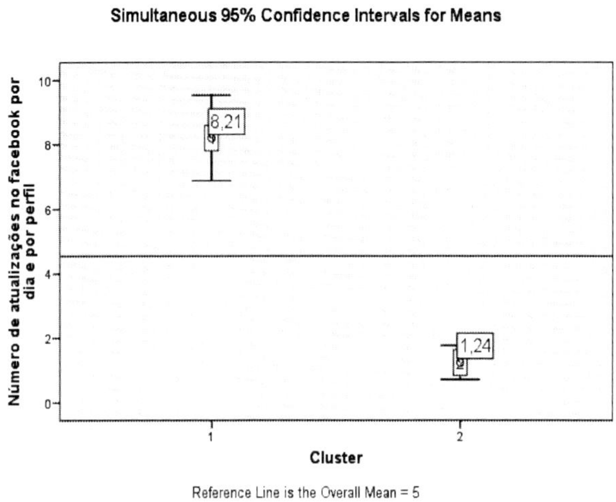

Os usuários do *cluster* 1 fazem mais atualizações no *Facebook* por dia em seus perfis que os usuários do *cluster* 2.

Número médio de amigos que mantêm conversas simultâneas no Facebook

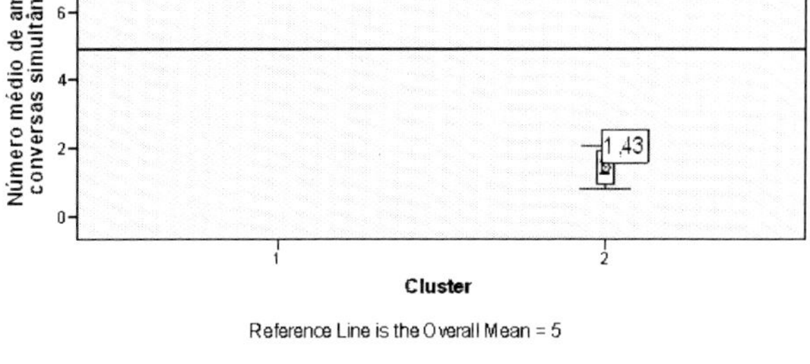

Os usuários do *cluster* 1 mantêm conversas simultâneas com um número maior de amigos do *Facebook* que os usuários do *cluster* 2.

Perfil dos *Clusters* Gerados

Com base nas interpretações dos gráficos da importância das categorias nos *clusters* gerados, podemos agora perfilar os grupos de adolescentes formados: o *cluster 1* é formado pelos usuários com um maior índice de uso e dependência do *Facebook* em comparação com os usuários do *cluster 2*. Poderemos, então, classificar os usuários do *cluster* 1 de viciados em *Facebook* e os do *cluster* 2 como não viciados em *Facebook*.

Estes são os perfis dois *clusters* gerados pela *Two Step Cluster*.

Teste de Significância dos *Clusters* Gerados

Gráfico 3
Testes de Significância

Teste de Significância do *Cluster* 1

TwoStep Cluster Number = 1

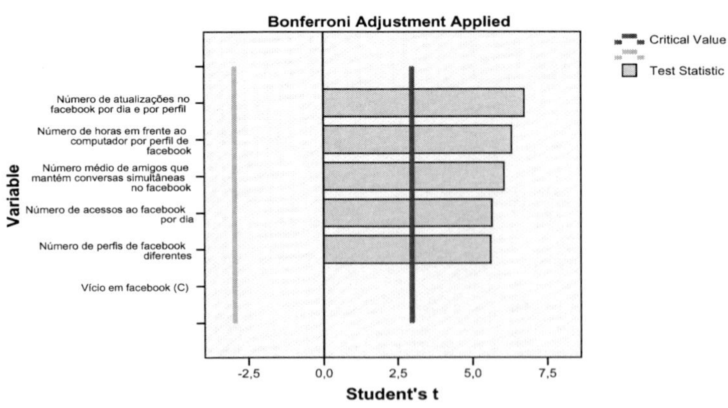

(C) Constant

Teste de Significância do *Cluster* 2

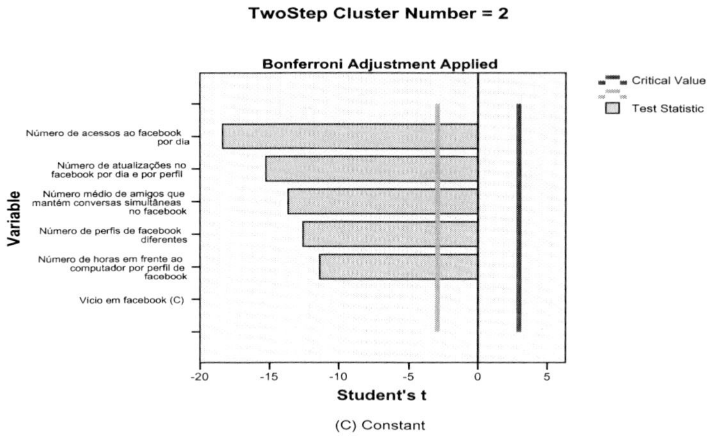

Neste estudo, todas as variáveis foram importantes para a discriminação de cada *cluster*. O comportamento dessas variáveis em cada *cluster* é diferenciado em cada grupo formado. Portanto, os dois *clusters* gerados são significantes estatisticamente e as conclusões a seu respeito podem ser generalizadas para a população.

3) Quem decide comprar pela *Internet* deve estar preparado para perder tempo e até dinheiro, caso se arrependa e decida devolver o produto, e deve estar ciente de que aguardará bem mais do que o previsto pela entrega da mercadoria. É o que mostra uma pesquisa do Instituto Ibero-Brasileiro de Relacionamento com o Cliente (IBRC) com 16 empresas de comércio eletrônico. O teste avaliou as empresas de acordo com quatro itens:

X_1: Cumprimento de contrato quanto à entrega;
X_2: Opção de arrependimento da compra no canal de contratação;
X_3: O arrependimento não pode gerar ônus para o consumidor;
X_4: Envio de confirmação do arrependimento com informação sobre estorno.
O resultado do teste está na tabela abaixo:

Base de Avaliação de Empresas que Vendem na Internet pelos Clientes

Empresas	X_1	X_2	X_3	X_4
Pontofrio.com	*1*	*1*	*0*	*1*
Comprafacil.com	*0*	*1*	*0*	*1*
Dafiti	*1*	*1*	*0*	*1*
Casasbahia.com	*1*	*1*	*1*	*1*
Shoptime	*1*	*1*	*1*	*1*
Fnac.com	*1*	*1*	*1*	*1*
Rakuten	*1*	*0*	*0*	*1*
Americanas.com	*1*	*1*	*1*	*1*
Netshoes.com	*1*	*1*	*1*	*1*
Walmart.com	*1*	*1*	*1*	*1*
Ricardo Eletro	*0*	*0*	*0*	*1*
Submarino.com	*1*	*1*	*1*	*1*
Fastshop.com	*1*	*1*	*1*	*1*
MagazineLuiza.com	*1*	*1*	*1*	*1*
Saraiva.com	*0*	*1*	*0*	*1*
Extra.com	*1*	*1*	*1*	*1*

Realize uma segmentação da base de dados e evidencie os perfis distintos das empresas quanto ao atendimento aos itens de direito de arrependimento do consumidor.

Solução:

A variável X_4 não discrimina as empresas quanto ao atendimento aos direitos de arrependimento do consumidor, portanto, será excluída da análise porque pode distorcer a significância estatística dos *clusters*.

Foi utilizado o procedimento de obtenção automática dos *clusters* pelo método ***"Critério de Informação Bayesiano"*** (BIC) e este indicou a formação de dois *clusters*. Este resultado já pode identificar a existência de dois tipos de perfil de empresas quanto ao atendimento aos direitos do consumidor de arrependimento. É oportuno verificar **quem** são eles.

Tabela 1
Distribuição dos *Clusters*

Cluster Distribution

		N	% of Combined	% of Total
Cluster	1	10	62.5%	62.5%
	2	6	37.5%	37.5%
	Combined	16	100.0%	100.0%
Total		16		100.0%

Pelo que se pode observar na tabela 1, 100% das empresas avaliadas no teste foram combinados em algum *cluster*.

Portanto, no presente estudo, foi possível segmentar as empresas em dois grupos diferenciados de atendimento aos direito de arrependimento do consumidor.

Gráfico 1
Tamanho dos *Clusters*

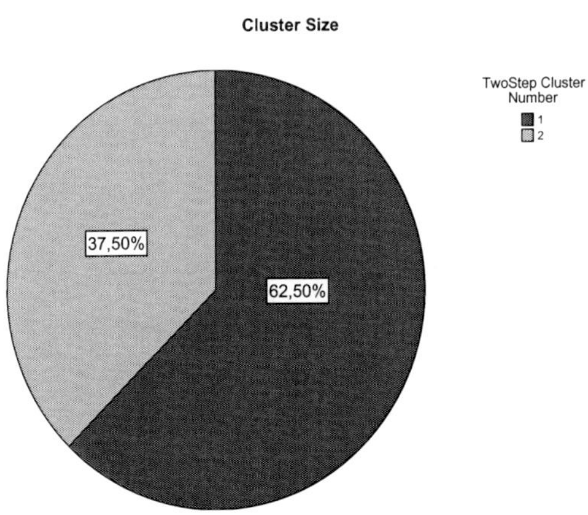

O gráfico 1 revela instantaneamente que o *cluster* 2 é o *cluster* mais populoso. É necessário "perfilar" cada *cluster*. É o que será realizado na próxima seção.

Gráfico 2

Importância Relativa das Categorias nos *Clusters*

Cumprimento de contrato quanto à entrega

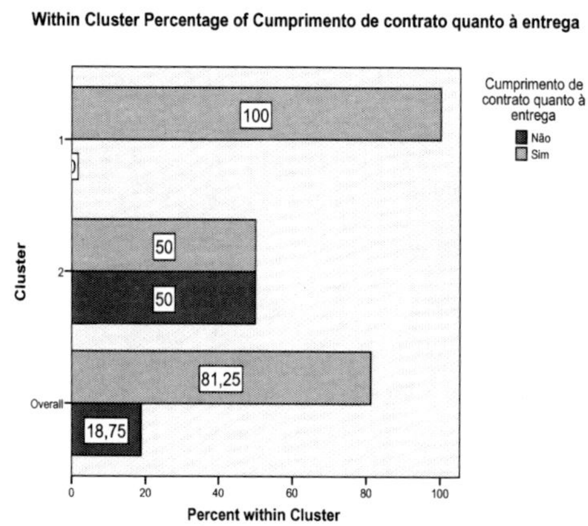

O *cluster* 1 é formado por empresas que cumprem integralmente o item em questão. Já no *cluster* 2, a metade cumpre e a outra metade não cumpre.

Opção de arrependimento da compra no canal de contratação

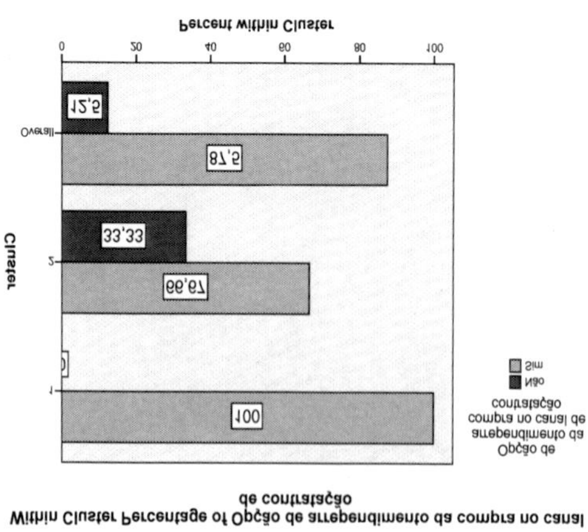

O *cluster* 1 é formado por empresas que cumprem integralmente o item em questão. Já no *cluster* 2, nem todas as empresas cumprem o item de direito de arrependimento. Somente 66,67% delas cumprem.

Arrependimento não pode gerar ônus para o consumidor

O *cluster* 1 é formado por empresas que cumprem integralmente o quesito em questão. Já o *cluster* 2 é formado pelas empresas que não cumprem integralmente o item em questão.

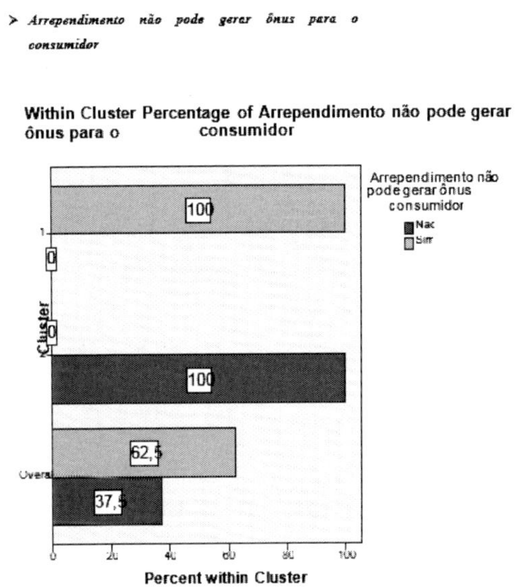

Perfil dos *Clusters* Gerados:

Com base nas interpretações dos gráficos da importância das categorias nos *clusters* gerados, podemos agora perfilar os grupos de empresas testadas.

O *cluster 1* é formado pelas empresas que cumprem integralmente os quesitos de direitos de arrependimento do consumidor. Corresponde a 62,50% das corporações testadas.

O *cluster 2* é formado pelas empresas que cumprem parcialmente os quesitos de direitos de arrependimento do consumidor. Corresponde a 37,50% das corporações testadas.

Teste de Significância dos *Clusters* Gerados
Gráfico 3
Testes de Significância

Teste de Significância do Cluster 1

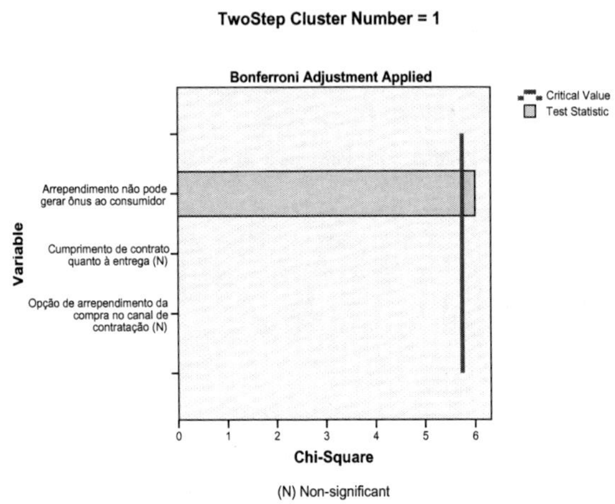

Teste de Significância do *Cluster* 2

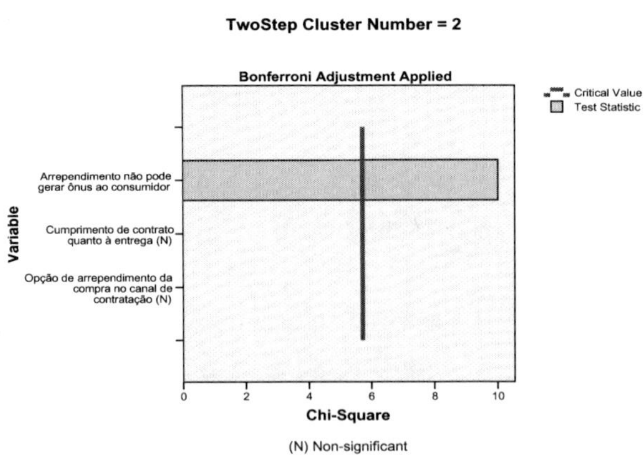

Tanto o *cluster* 1 quanto o *cluster* 2 são bem diferenciados por uma única variável: *Arrependimento não pode gerar ônus ao consumidor*. Portanto, os ***clusters* 1** e **2** são significantes estatisticamente.

Sugere-se aumentar o tamanho da amostra para que mais itens discriminem significativamente os *clusters*.

4) A base de dados abaixo se refere aos indicadores de educação. Inclui a percentagem de adolescentes e jovens por nível educacional e frequência escolar, e por bairros ou grupos de bairros do Estado do Rio de Janeiro no ano 2000. Pede-se:

a. Realize uma análise fatorial e descubra os fatores latentes que explicariam a qualidade educacional de adolescentes e jovens no Estado do Rio de Janeiro.

b. Segmente os bairros do Estado do Rio de Janeiro em função do nível de sua qualidade educacional utilizando a Two Step Cluster.

Definição das Variáveis:

Variável	Descrição	Definição
X_1	Percentual de adolescentes de 15 a 17 anos que frequentam escola	Percentual de adolescentes nessa faixa etária que estão frequentando a escola, independentemente do grau e série.
X_2	Percentual de adolescentes de 15 a 17 anos com menos de 8 anos de estudo	Percentual de adolescentes nessa faixa etária que ainda não completaram o nono ano do fundamental. Implica que abandonaram a escola ou que apresentam, no mínimo, um ano de atraso escolar.
X_3	Percentual de adolescente de 15 a 17 anos no ensino médio	Percentual de adolescentes nessa faixa etária que estão frequentando o ensino médio seriado ou cursos não seriados equivalentes, como o supletivo.
X_4	Percentual de adolescentes de 15 a 17 anos com acesso ao ensino médio	Percentual de adolescentes nessa faixa etária que estão frequentando o ensino médio ou já o concluíram. Neste último caso, têm 11 anos de estudo completos e podem estar frequentando ou não outro nível escolar.

X_5	Percentual de pessoas no ensino médio sobre a população de 15 a 17 anos	Razão entre o número total de pessoas de todas as faixas etárias que frequentam o ensino médio e a população de 15 a 17 anos. Indicador componente da taxa bruta de matrícula do IDH-educação.
X_6	Percentual de jovens de 18 a 24 anos com menos de 8 anos de estudo	Percentual de jovens nessa faixa etária que ainda não completaram o nono ano do fundamental. Implica que abandonaram a escola ou que apresentam um grau bastante elevado de atraso escolar.
X_7	Percentual de jovens de 18 a 24 anos com mais de 11 anos de estudo	Percentual de jovens nessa faixa etária que completaram pelo menos um ano de curso universitário.
X_8	Percentual de jovens de 18 a 24 anos no curso superior	Percentual de jovens nessa faixa etária que estão frequentando o curso universitário.
X_9	Percentual de jovens de 18 a 24 com acesso ao curso superior	Percentual de jovens nessa faixa etária que estão frequentando o curso universitário ou já o concluíram.
X_{10}	Percentual de pessoas no curso superior sobre a população de 18 a 22 anos	Razão entre o número total de pessoas de todas as faixas etárias que frequentam o curso superior e a população de 18 a 22 anos. Indicador componente da taxa bruta de matrícula do IDH-educação.
X_{11}	Percentual de jovens de 18 a 22 anos no curso superior	Percentual de jovens nessa faixa etária que estão frequentando o curso universitário.
X_{12}	Percentual de jovens de 18 a 22 anos com acesso ao curso superior	Percentual de jovens nessa faixa etária que estão frequentando o curso universitário ou já o concluíram.

Fonte: Fundação João Pinheiro-MG (Convênio IPP, IUPERJ, IPEA - 2003).

Base de Indicadores de Educação de Adolescentes e Jovens

Bairros	X_1	X_2	X_3	X_4	X_5	X_6	X_7	X_8	X_9	X_{10}	X_{11}	X_{12}
Abolição	95.61	41.52	55.94	57.47	114.09	14.08	13.24	18.39	18.39	49.07	18.75	18.75
Acari, Parque Colúmbia	76.68	69.09	24.56	25.33	73.06	45.67	2.60	2.40	2.90	5.43	2.36	3.07
Água Santa, Encantado	89.41	31.80	62.02	65.06	113.64	26.89	17.84	19.21	19.52	57.47	18.95	19.41
Anchieta	88.95	54.42	40.90	42.29	108.66	32.29	4.91	6.74	6.89	17.39	7.10	7.10
Andaraí	92.79	24.22	69.78	71.62	119.38	18.18	32.53	34.60	36.33	80.51	35.26	35.90
Anil	95.39	30.22	67.31	68.77	140.07	14.29	31.61	33.72	35.08	66.81	36.02	36.50

Bangu	84.24	50.49	44.05	46.14	100.75	36.07	5.61	6.69	6.81	18.22	6.56	6.60
Barros Filho	78.92	58.67	38.04	38.04	99.05	45.65	2.28	3.26	3.26	7.96	1.99	1.99
Benfica	77.30	53.15	40.89	40.89	102.24	30.44	7.66	8.61	9.33	21.46	7.54	7.99
Bento Ribeiro	90.58	37.35	54.93	58.19	108.18	20.39	11.68	12.72	12.94	33.48	13.00	13.00
Bonsucesso	82.16	38.48	51.63	55.64	93.90	22.37	16.83	12.35	12.35	35.93	11.73	11.73
Botafogo, Urca	92.55	28.68	63.96	68.14	119.38	16.18	37.65	37.88	39.91	99.06	39.35	39.58
Brás de Pina	87.78	42.94	50.83	54.17	111.17	25.17	9.98	11.88	12.09	31.74	12.37	12.37
Cachambi	93.43	26.10	68.62	71.35	122.66	11.39	24.28	32.06	32.64	76.85	33.53	33.53
Caju	77.49	64.43	28.91	30.28	74.73	39.54	3.86	2.81	3.70	8.42	1.75	2.90
Camorim, Vargem Pequena, Vargem Grande	65.70	60.19	28.50	29.78	59.28	57.91	2.49	3.17	3.17	7.66	3.65	3.65
Campinho, Vila Valqueire	91.05	36.86	56.84	59.54	111.63	11.76	24.46	24.24	26.02	58.53	23.23	23.92
Campo Grande	87.58	42.74	50.97	54.01	112.74	27.05	8.36	10.23	10.53	25.95	10.55	10.63
Cascadura	83.84	45.61	46.12	49.75	104.55	23.25	9.81	12.98	12.98	31.86	11.60	11.60
Catete	86.86	41.83	55.30	55.30	119.69	26.01	21.87	20.05	22.18	58.97	23.10	23.10
Catumbi	85.72	62.35	36.21	36.21	110.49	41.44	8.93	9.04	9.79	23.39	8.72	8.72
Cavalcanti, Engenheiro Leal, Vaz Lobo	81.21	43.43	49.09	53.47	121.86	27.80	6.51	8.35	8.44	20.06	8.18	8.29
Centro	84.34	38.90	57.18	57.94	128.41	29.17	12.93	14.99	15.53	56.73	14.71	14.71
Cidade de Deus	83.46	60.40	35.55	35.55	83.73	43.21	3.88	4.01	4.01	7.28	3.52	3.52
Cidade Nova, Praça da Bandeira	84.05	44.26	51.52	51.52	92.77	28.84	20.75	24.23	26.15	68.88	25.29	25.90
Cocotá, Bancários	93.99	34.69	59.47	63.81	140.52	24.88	16.22	17.63	18.15	32.60	17.07	17.07
Coelho Neto	78.69	49.32	40.80	44.42	133.91	28.68	4.68	5.54	5.73	15.81	6.12	6.37
Colégio	71.38	56.92	34.72	37.18	82.47	38.33	6.02	4.47	5.15	11.78	3.61	3.61
Complexo do Alemão	72.17	71.35	24.26	24.58	69.44	52.48	1.40	1.01	1.42	3.05	0.91	1.09
Copacabana	91.29	30.76	64.83	67.28	118.51	17.10	39.24	38.29	41.46	92.39	42.02	42.63
Cordovil	83.97	52.02	39.40	41.79	104.46	31.96	6.80	6.97	7.24	19.98	6.69	6.84
Cosmos	85.88	54.45	40.13	42.65	101.63	38.51	1.91	1.69	1.69	4.83	1.58	1.58
Costa Barros	76.02	64.48	26.15	29.28	66.28	44.85	4.45	2.91	2.91	7.78	3.78	3.78
Curicica	86.49	45.97	46.49	50.07	110.96	26.38	8.48	9.30	9.58	27.12	9.57	9.57
Deodoro, Vila Militar, Campo dos Afonsos, Jardim Sulacap	89.71	42.36	52.92	55.08	114.51	18.74	12.34	13.03	14.20	42.49	12.85	12.85
Engenho da Rainha	88.90	45.34	50.06	51.74	98.81	24.86	9.92	11.84	12.41	36.37	12.83	12.83
Engenho de Dentro	91.80	37.92	58.45	60.70	110.41	27.21	15.82	20.02	20.16	50.58	19.69	19.69

Engenho Novo	84.55	50.36	41.51	45.08	102.81	31.27	11.82	17.08	18.01	47.25	17.41	17.41
Estácio	87.36	46.95	47.83	48.69	114.09	45.15	8.30	11.76	11.76	26.51	12.55	12.55
Flamengo	95.61	23.60	70.18	74.61	116.66	11.51	44.78	45.83	49.46	121.80	47.56	47.88
Freguesia	82.10	44.09	50.62	51.55	102.56	29.73	17.10	16.83	19.00	43.94	19.13	19.13
Freguesia (Jacarepaguá)	89.60	38.94	55.27	58.38	101.18	17.29	24.52	27.99	29.39	70.33	30.42	30.61
Galeão, Cidade Universitária	75.24	52.55	40.06	45.01	99.42	33.10	6.79	9.95	9.95	20.61	10.16	10.16
Gardênia Azul	78.32	61.04	33.59	35.58	67.49	54.73	3.58	3.26	3.26	8.51	3.61	3.61
Gávea	92.57	21.19	74.59	77.96	106.94	12.83	51.22	49.46	54.45	129.52	48.64	50.50

Bairros	X_1	X_2	X_3	X_4	X_5	X_6	X_7	X_8	X_9	X_{10}	X_{11}	X_{12}
Glória	97.62	20.68	76.94	76.94	144.43	15.48	36.23	37.81	38.69	91.27	37.33	37.33
Grajaú	91.55	26.65	67.99	71.71	121.24	15.96	32.89	39.72	41.51	90.85	41.73	41.73
Guadalupe	87.28	42.05	50.19	52.31	109.31	19.95	7.93	9.86	9.86	26.26	9.92	9.92
Guaratiba, Barra de Guaratiba, Pedra de Guaratiba	77.88	65.48	29.58	30.53	74.46	48.11	2.45	2.68	2.91	7.09	2.96	3.17
Higienópolis	86.79	44.04	46.81	53.33	104.52	13.65	19.29	21.14	22.52	65.81	22.96	24.38
Honório Gurgel	88.53	44.39	50.77	52.49	110.55	22.29	6.05	10.02	10.02	26.48	10.72	10.72
Humaitá	97.04	21.71	74.94	76.37	113.34	5.91	57.10	55.71	60.10	138.14	61.23	61.23
Inhaúma	85.43	45.67	45.69	47.33	109.14	29.33	9.27	11.42	11.42	25.26	10.81	10.81
Inhoaíba	81.36	57.41	37.74	39.08	96.13	42.58	1.82	2.49	2.62	7.66	3.10	3.10
Ipanema	91.95	28.90	65.46	70.71	106.63	14.82	49.47	41.31	45.39	98.57	46.93	47.58
Itanhangá	66.70	73.51	19.44	21.39	61.94	47.22	14.73	11.78	13.03	27.32	12.85	13.29
Jacaré, Rocha, Sampaio	81.75	47.21	49.68	50.63	106.19	27.59	17.31	18.08	19.09	42.97	18.49	19.00
Jacarepaguá	79.42	63.72	31.64	33.62	75.80	57.66	4.02	4.14	4.65	13.22	4.74	4.91
Jacarezinho	79.73	64.69	31.22	31.75	82.43	42.78	2.97	2.95	2.95	5.12	2.55	2.55
Jardim América	88.15	40.55	52.70	56.10	90.18	21.91	8.75	10.09	10.89	33.28	10.75	11.31
Jardim Botânico	90.73	21.14	74.98	76.76	125.24	10.19	46.50	45.67	47.24	96.53	45.17	45.17
Jardim Carioca	83.29	50.41	44.57	46.16	94.41	24.69	14.91	14.99	15.32	32.65	16.36	16.36
Jardim Guanabara	96.40	24.60	67.89	74.76	104.72	5.92	44.69	50.55	52.25	111.00	52.61	53.01
Joá, Barra da Tijuca	92.35	16.52	73.88	79.49	113.90	10.28	53.33	50.32	54.41	109.31	54.89	55.38
Lagoa	95.42	24.40	70.22	71.02	104.63	6.08	57.56	47.38	53.25	116.37	57.21	58.27
Laranjeiras	93.13	17.85	75.56	76.69	121.75	11.17	48.19	48.07	51.27	114.18	51.11	51.60
Leblon	94.26	27.58	63.79	69.11	102.85	11.96	56.85	48.84	54.21	94.80	50.87	53.19
Leme	93.31	42.19	48.75	55.06	95.82	14.62	35.39	29.03	31.83	94.72	36.41	36.41
Lins de Vasconcelos	83.37	48.99	45.96	48.80	98.05	29.96	17.47	17.69	19.48	46.29	21.05	22.24
Madureira	86.18	49.98	45.13	47.54	100.58	29.12	12.97	15.04	15.67	35.48	14.00	14.00

Magalhães Bastos	89.96	49.42	45.79	47.47	101.27	32.45	3.92	5.42	5.42	20.88	6.03	6.03
Mangueira, São Francisco Xavier	77.57	63.80	31.92	33.65	77.84	41.19	12.61	13.16	13.88	31.71	11.23	11.23
Manguinhos	71.48	70.40	22.88	23.80	58.11	55.88	2.22	1.81	1.81	4.46	2.13	2.13
Maracanã	95.23	20.45	73.18	79.55	112.63	5.93	47.98	48.69	51.52	117.70	51.13	51.50
Maré	64.30	70.28	22.51	23.88	57.55	55.25	1.74	1.34	1.71	4.99	1.14	1.33
Marechal Hermes	88.33	46.94	43.38	47.23	111.59	25.32	10.11	9.72	10.03	26.85	9.44	9.44
Maria da Graça, Del Castilho	85.35	28.92	57.22	62.76	115.87	16.30	18.91	23.00	23.67	56.89	20.85	20.85
Méier	95.92	20.24	73.94	79.21	122.18	6.82	37.84	47.56	49.25	98.07	47.24	47.24
Moneró, Portuguesa	91.68	35.95	57.94	61.18	109.96	19.34	23.93	26.38	28.07	69.46	27.14	27.42
Olaria	88.75	40.41	53.76	56.55	112.78	21.66	14.87	18.02	18.36	45.33	17.28	17.39
Oswaldo Cruz	92.48	35.93	56.91	62.27	126.35	21.94	12.33	13.28	13.51	34.64	13.11	13.11
Paciência	79.63	57.83	36.07	38.41	96.77	38.82	2.10	2.55	2.70	6.83	2.38	2.49
Padre Miguel	85.86	48.97	46.68	48.36	104.83	27.05	9.31	10.98	11.26	25.79	10.58	10.73
Parada de Lucas	78.83	63.16	29.61	32.30	76.52	45.27	2.30	4.01	4.01	13.83	5.49	5.49
Parque Anchieta	86.54	42.18	49.45	53.69	121.49	25.23	7.82	8.33	8.62	23.66	7.79	7.79
Pavuna	82.13	49.48	41.37	43.79	99.60	28.81	6.68	7.39	7.54	21.82	7.65	7.65
Pechincha	96.00	24.60	70.67	72.65	129.73	11.68	21.25	25.66	26.40	62.76	26.84	27.12
Penha	82.39	50.21	43.70	46.82	87.01	28.89	9.20	10.60	10.60	26.28	10.83	10.83
Penha Circular	85.61	44.07	47.69	52.24	95.61	25.58	14.22	14.21	14.49	33.02	13.48	13.71
Piedade	89.31	37.91	54.84	57.71	118.04	19.92	15.26	18.90	19.50	46.34	20.98	20.98
Pilares	87.32	42.15	51.99	54.56	103.31	30.50	9.38	10.98	11.42	30.16	11.90	11.90
Praça Seca	89.50	49.75	46.98	47.72	102.10	24.23	16.97	19.96	20.61	48.68	20.69	20.69
Quintino Bocaiuva	89.38	40.91	53.76	55.53	114.05	20.55	12.38	14.33	14.69	40.03	13.99	13.99

Bairros	X_1	X_2	X_3	X_4	X_5	X_6	X_7	X_8	X_9	X_{10}	X_{11}	X_{12}
Ramos	88.46	39.85	55.29	58.64	115.71	22.09	13.45	11.36	12.23	35.92	10.43	10.67
Realengo	88.47	51.85	44.81	45.97	106.76	27.07	7.87	9.04	9.18	24.15	9.40	9.40
Recreio dos Bandeirantes, Grumari	82.74	41.30	49.10	55.57	85.83	36.23	24.23	23.30	24.77	62.26	27.43	28.10
Riachuelo	97.93	30.13	68.31	69.87	137.64	13.32	25.57	28.91	32.10	66.77	30.36	31.11
Ribeira, Cacuia	94.21	42.16	49.82	56.23	104.28	22.64	13.13	18.18	19.42	52.51	17.75	17.75
Ricardo de Albuquerque	88.35	50.74	42.64	45.24	123.43	24.99	4.43	4.59	4.59	16.57	4.35	4.35
Rio Comprido	84.15	50.75	43.97	45.10	91.67	30.42	19.58	21.00	21.83	57.13	22.09	22.45
Rocha Miranda	87.34	43.26	52.41	53.42	120.41	24.84	7.28	8.97	8.97	22.53	9.50	9.50

Rocinha	70.78	72.71	21.10	22.57	72.18	60.29	4.14	1.77	2.54	5.57	1.44	1.92
Santa Cruz	82.08	58.01	38.41	39.50	97.23	38.99	3.26	3.38	3.58	8.89	3.70	3.80
Santa Teresa, Cosme Velho	88.90	48.83	48.35	50.33	103.83	31.40	15.65	15.00	15.82	43.82	15.33	15.75
Santíssimo	84.80	52.49	40.99	45.41	105.99	34.19	4.53	5.12	5.12	17.54	5.01	5.01
São Cristóvão (inclui Vasco da Gama)	85.12	47.13	46.93	48.46	114.36	37.57	9.54	11.19	11.88	32.61	11.73	11.99
Saúde, Gamboa, Santo Cristo	73.93	61.78	35.42	35.42	91.13	44.95	5.70	4.90	5.22	15.12	4.62	4.62
Senador Camará	81.88	59.61	34.87	37.72	85.22	37.89	6.36	6.61	7.02	16.99	6.46	6.63
Senador Vasconcelos	91.72	45.21	51.62	52.16	114.43	30.29	4.14	6.49	6.49	18.76	7.08	7.08
Sepetiba	82.13	54.62	38.78	39.39	96.07	35.67	3.20	4.29	4.29	10.64	4.54	4.54
Tanque	84.86	44.92	43.90	47.71	103.25	30.39	10.05	13.26	13.26	33.18	13.31	13.31
Taquara	90.84	36.90	58.45	60.30	111.35	21.83	16.77	19.47	20.34	44.45	19.99	20.08
Tauá	83.54	52.43	44.30	45.50	101.82	34.82	10.64	10.86	11.13	25.62	11.03	11.03
Tijuca, Alto da Boa Vista	90.45	32.62	62.27	65.75	109.35	14.06	37.11	42.09	44.73	94.57	43.78	44.50
Todos os Santos	97.98	21.62	72.02	78.63	127.63	6.42	37.94	38.46	40.14	98.28	38.16	38.55
Tomás Coelho	83.77	48.85	38.88	42.78	85.42	32.83	9.14	9.65	9.65	23.95	8.88	8.88
Turiaçu	87.89	33.90	60.39	63.74	107.13	27.07	7.22	8.43	8.43	23.28	8.40	8.40
Vicente de Carvalho	71.30	54.32	32.03	40.78	93.89	33.13	8.32	8.62	8.62	17.37	8.23	8.23
Vidigal, São Conrado	81.62	51.74	41.14	46.28	83.24	36.56	18.51	17.40	19.04	36.73	18.18	18.92
Vigário Geral	75.72	57.48	34.77	37.47	77.56	43.60	4.12	4.28	4.28	10.58	4.37	4.37
Vila Cosmos	93.04	45.77	44.36	50.87	100.17	16.55	13.13	16.40	16.80	37.96	14.28	14.28
Vila da Penha	93.98	21.33	73.42	76.91	128.79	8.54	29.07	31.06	31.75	70.96	31.14	31.14
Vila Isabel	88.92	35.77	58.83	61.32	107.87	21.95	27.64	29.08	30.65	72.50	29.63	30.28
Vista Alegre, Irajá	92.65	32.52	60.10	64.08	123.83	16.55	14.84	17.29	17.86	42.57	17.21	17.21
Zumbi, Pitangueiras, Praia da Bandeira	86.54	48.91	48.53	49.32	91.58	23.20	13.51	15.71	16.49	39.13	16.95	16.95

Fonte: IBGE, Censo Demográfico 2000Cálculos e tabulação: Fundação João Pinheiro-MG (Convênio IPP, IUPERJ, IPEA - 2003)

Nota: Os dados de Paquetá não apresentaram suficiente representatividade estatística para o cálculo desses indicadores

Solução:

a) Análise Fatorial

Tabela 1
Matriz de Correlações

Correlation Matrix

		X1	X2	X3	X4	X5	X6	X7	X8	X9	X10	X11	X12
Correlation	X1	1.000	-.846	.873	.870	.782	-.859	.641	.695	.684	.707	.684	.680
	X2	-.846	1.000	-.986	-.993	-.769	.910	-.810	-.855	-.844	-.854	-.839	-.835
	X3	.873	-.986	1.000	.993	.789	-.896	.807	.854	.844	.855	.839	.836
	X4	.870	-.993	.993	1.000	.777	-.912	.815	.861	.851	.861	.846	.842
	X5	.782	-.769	.789	.777	1.000	-.747	.425	.492	.476	.495	.469	.463
	X6	-.859	.910	-.896	-.912	-.747	1.000	-.750	-.794	-.785	-.802	-.781	-.778
	X7	.641	-.810	.807	.815	.425	-.750	1.000	.982	.987	.969	.986	.987
	X8	.695	-.855	.854	.861	.492	-.794	.982	1.000	.999	.984	.995	.995
	X9	.684	-.844	.844	.851	.476	-.785	.987	.999	1.000	.984	.997	.997
	X10	.707	-.854	.855	.861	.495	-.802	.969	.984	.984	1.000	.983	.983
	X11	.684	-.839	.839	.846	.469	-.781	.986	.995	.997	.983	1.000	1.000
	X12	.680	-.835	.836	.842	.463	-.778	.987	.995	.997	.983	1.000	1.000
Sig. (1-tailed)	X1		.000	.000	.000	.000	.000	.000	.000	.000	.000	.000	.000
	X2	.000		.000	.000	.000	.000	.000	.000	.000	.000	.000	.000
	X3	.000	.000		.000	.000	.000	.000	.000	.000	.000	.000	.000
	X4	.000	.000	.000		.000	.000	.000	.000	.000	.000	.000	.000
	X5	.000	.000	.000	.000		.000	.000	.000	.000	.000	.000	.000
	X6	.000	.000	.000	.000	.000		.000	.000	.000	.000	.000	.000
	X7	.000	.000	.000	.000	.000	.000		.000	.000	.000	.000	.000
	X8	.000	.000	.000	.000	.000	.000	.000		.000	.000	.000	.000
	X9	.000	.000	.000	.000	.000	.000	.000	.000		.000	.000	.000
	X10	.000	.000	.000	.000	.000	.000	.000	.000	.000		.000	.000
	X11	.000	.000	.000	.000	.000	.000	.000	.000	.000	.000		.000
	X12	.000	.000	.000	.000	.000	.000	.000	.000	.000	.000	.000	

Observado a tabela 1, verificamos correlações significativas, o que implica que as variáveis envolvidas deverão estar sob influência de fatores latentes. Muitas das correlações estão fora do limite satisfatório para que a multicolinearidade seja um problema.

Tabela 2
Teste de Esfericidade de Bartlett

KMO and Bartlett's Test

Kaiser-Meyer-Olkin Measure of Sampling Adequacy.		.900
Bartlett's Test of Sphericity	Approx. Chi-Square	5039.461
	df	66
	Sig.	.000

A tabela 2 informa que o valor-p do teste de esfericidade de Bartlett é 0,000, o que implica em rejeitar a hipótese nula de que a matriz de correlação é a matriz identidade. Existe uma correlação significante entre as variáveis, o que indica que informações regulares podem ser evidenciadas por meio de análises multivariadas.

O valor do teste de KMO foi 0,900. Este resultado indica que o uso do método das componentes principais, como indicadoras de variáveis latentes ou fatores causais da base de dados, é admirável.

Tabela 3
Comunalidades

Communalities

	Initial	Extraction
X1	1.000	.863
X2	1.000	.956
X3	1.000	.967
X4	1.000	.972
X5	1.000	.900
X6	1.000	.885
X7	1.000	.981
X8	1.000	.993
X9	1.000	.995
X10	1.000	.978
X11	1.000	.994
X12	1.000	.994

Extraction Method: Principal Component Analysis.

A tabela 3 informa valores elevados para as *comunalidades*. Isto indica que os fatores explicam proporções elevadas das variáveis originais do espaço de análise. Cada variável observada compartilha altas correlações com as outras. Existem variáveis latentes que são fatores comuns para a qualidade educacional de adolescentes e jovens dos bairros do Estado do Rio de Janeiro.

Tabela 4
Total de Variância Explicada

Total Variance Explained

Component	Initial Eigenvalues			Extraction Sums of Squared Loadings			Rotation Sums of Squared Loadings		
	Total	% of Variance	Cumulative %	Total	% of Variance	Cumulative %	Total	% of Variance	Cumulative %
1	10.165	84.705	84.705	10.165	84.705	84.705	6.663	55.525	55.525
2	1.314	10.951	95.656	1.314	10.951	95.656	4.816	40.132	95.656
3	.192	1.598	97.254						
4	.143	1.191	98.446						
5	.121	1.006	99.452						
6	.026	.221	99.673						
7	.017	.142	99.815						
8	.011	.088	99.903						
9	.007	.058	99.961						
10	.004	.033	99.994						
11	.001	.005	99.999						
12	.000	.001	100.000						

Extraction Method: Principal Component Analysis.

Os dois primeiros fatores retêm juntos **95,66%** da variância total, o que sugere que o problema deve ser reduzido a dois constructos latentes.

O *screen plot*, gráfico dos *autovalores*, apresentado no gráfico 1, revela valores significativos até o fator 2. Em seguida, ocorre uma queda brusca, o que ratifica o uso de somente dois dos primeiros fatores para as variáveis latentes.

Gráfico 2
Screen Plot

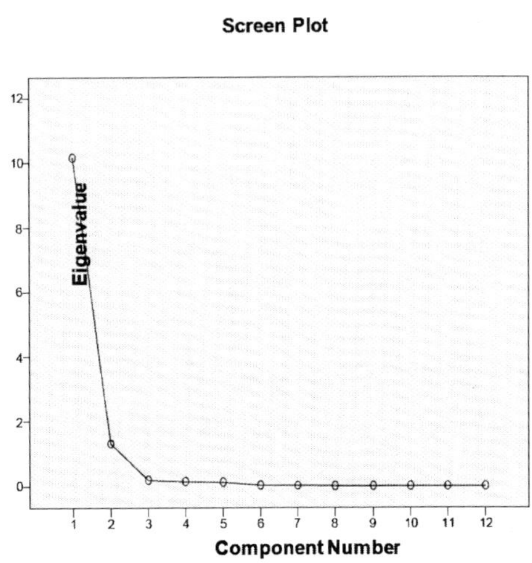

Tabela 5
Matriz de Fatores

Matriz de Fatores

Component Matrix[a]

	Component	
	1	2
Percentual de adolescentes de 15 a 17 anos que frequentam escola	.838	-.400
Percentual de adolescentes de 15 a 17 anos com menos de 8 anos de estudo	-.954	.213
Percentual de adolescente de 15 a 17 anos no ensino médio	.956	-.229
Percentual de adolescentes de 15 a 17 anos com acesso ao ensino médio	.961	-.218
Percentual de pessoas no ensino médio sobre a população de 15 a 17 anos	.682	-.660
Percentual de jovens de 18 a 24 anos com menos de 8 anos de estudo	-.905	.257
Percentual de jovens de 18 a 24 anos com mais de 11 anos de estudo	.930	.341
Percentual de jovens de 18 a 24 anos no curso superior	.960	.267
Percentual de jovens de 18 a 24 com acesso ao curso superior	.955	.287
Percentual de pessoas no curso superior sobre a população de 18 a 22 anos	.957	.248
Percentual de jovens de 18 a 22 anos no curso superior	.953	.293
Percentual de jovens de 18 a 22 anos com acesso ao curso superior	.951	.300

Extraction Method: Principal Component Analysis.

a. 2 components extracted.

Pela tabela 5, verificamos que as variáveis exibem cargas fatoriais altas nos dois constructos simultaneamente. Portanto, neste estágio, ainda não podemos identificar as variáveis importantes para cada fator e também nomeá-las, o que será possível com a matriz rotada de fatores.

Tabela 6
Matriz Rotada de Fatores

Rotated Component Matrix[a]

	Component	
	1	2
Percentual de adolescentes de 15 a 17 anos que frequentam escola	.400	**.838**
Percentual de adolescentes de 15 a 17 anos com menos de 8 anos de estudo	-.608	**-.766**
Percentual de adolescente de 15 a 17 anos no ensino médio	.599	**.780**
Percentual de adolescentes de 15 a 17 anos com acesso ao ensino médio	.610	**.774**
Percentual de pessoas no ensino médio sobre a população de 15 a 17 anos	.115	**.942**
Percentual de jovens de 18 a 24 anos com menos de 8 anos de estudo	-.542	**-.769**
Percentual de jovens de 18 a 24 anos com mais de 11 anos de estudo	**.937**	.320
Percentual de jovens de 18 a 24 anos no curso superior	**.914**	.397
Percentual de jovens de 18 a 24 com acesso ao curso superior	**.923**	.378
Percentual de pessoas no curso superior sobre a população de 18 a 22 anos	**.900**	.410
Percentual de jovens de 18 a 22 anos no curso superior	**.925**	.371
Percentual de jovens de 18 a 22 anos com acesso ao curso superior	**.928**	.365

Extraction Method: Principal Component Analysis.
Rotation Method: Varimax with Kaiser Normalization.
17 anos que frequentam escola
a. Rotation converged in 3 iterations.

Com a tabela 6, já podemos identificar as variáveis mais importantes para cada fator. O resumo desta interpretação encontra-se no quadro a seguir:

Variável	Descrição	Fator Associado
X_1	Percentual de adolescentes de 15 a 17 anos que frequentam escola	Fator 2
X_2	Percentual de adolescentes de 15 a 17 anos com menos de 8 anos de estudo	Fator 2
X_3	Percentual de adolescente de 15 a 17 anos no ensino médio	Fator 2
X_4	Percentual de adolescentes de 15 a 17 anos com acesso ao ensino médio	Fator 2
X_5	Percentual de pessoas no ensino médio sobre a população de 15 a 17 anos	Fator 2
X_6	Percentual de jovens de 18 a 24 anos com menos de 8 anos de estudo	Fator 2
X_7	Percentual de jovens de 18 a 24 anos com mais de 11 anos de estudo	Fator 1
X_8	Percentual de jovens de 18 a 24 anos no curso superior	Fator 1
X_9	Percentual de jovens de 18 a 24 com acesso ao curso superior	Fator 1
X_{10}	Percentual de pessoas no curso superior sobre a população de 18 a 22 anos	Fator 1
X_{11}	Percentual de jovens de 18 a 22 anos no curso superior	Fator 1
X_{12}	Percentual de jovens de 18 a 22 anos com acesso ao curso superior	Fator 1

Interpretação dos Fatores

O *fator 1* envolve adolescentes e jovens com acesso ao ensino superior e explica 55,53% da qualidade educacional da base de dados dos bairros do Estado do Rio de Janeiro. Podemos, então, nomeá-lo como ***"Fator Acesso ao Ensino Superior"***.

O *fator 2* envolve adolescentes e jovens com acesso ao ensino médio e explica 40,13% da qualidade educacional da base de dados dos bairros do Estado do Rio de Janeiro. Podemos, então, nomeá-lo como ***"Fator Acesso ao Ensino Médio"***.

Estes são os constructos latentes, isto é, os fatores causais do espaço de indicadores da educação considerados dos bairros do Rio de Janeiro.

b) *Two Step Cluster*

Agora, iremos agrupar os bairros em função de sua qualidade educacional.

Foi utilizado o procedimento de obtenção automática dos *clusters* pelo método ***"Critério de Informação Bayesiano"*** (BIC) e este indicou a formação de dois *clusters*. Este resultado já pode identificar a existência de dois tipos de perfis de bairros frente a indicadores educacionais. É oportuno verificar **quem** são eles.

Tabela 1
Distribuição dos *Clusters*

Cluster Distribution

		N	% of Combined	% of Total
Cluster	1	40	32.0%	32.0%
	2	60	48.0%	48.0%
	3	25	20.0%	20.0%
	Combined	125	100.0%	100.0%
Total		125		100.0%

Pelo que se pode observar na tabela 1, 100% dos bairros foram combinados em algum *cluster*.

Portanto, no presente estudo, foi possível segmentar os respondentes da pesquisa em três grupos diferenciados de indicadores da qualidade educacional.

Gráfico 1
Tamanho dos *Clusters*

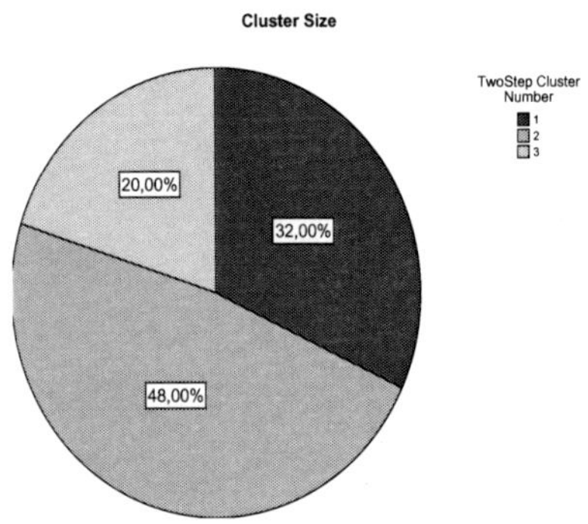

O gráfico 1 revela que o *cluster* 1 é formado por 32% dos bairros do Rio de Janeiro. O *cluster* 2 por 48% dos bairros do Estado e, finalmente, o *cluster* 3 por apenas 20% dos bairros cariocas.

Gráfico 2
Importância Relativa das Categorias nos *Clusters*
Percentual de adolescentes de 15 a 17 anos que frequentam escola

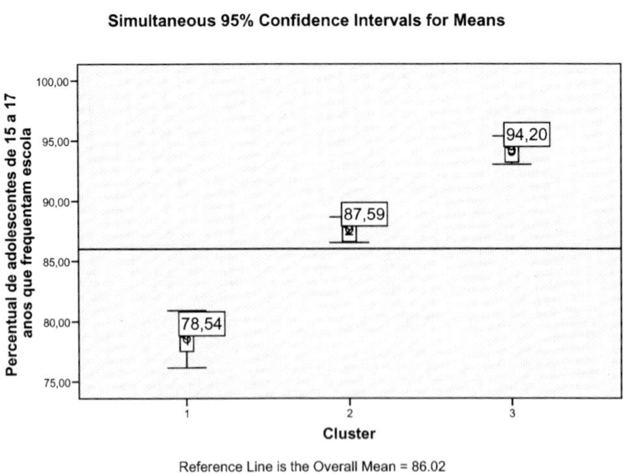

O maior percentual é no *cluster* 3 e o menor percentual é no *cluster* 1.

Percentual de adolescentes de 15 a 17 anos com menos de 8 anos de estudo

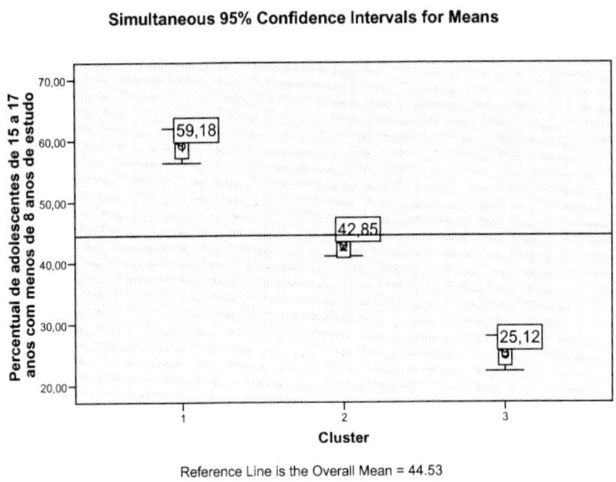

O maior percentual é no *cluster* 1 e o menor percentual é no *cluster* 3.

Percentual de adolescentes de 15 a 17 anos no ensino médio

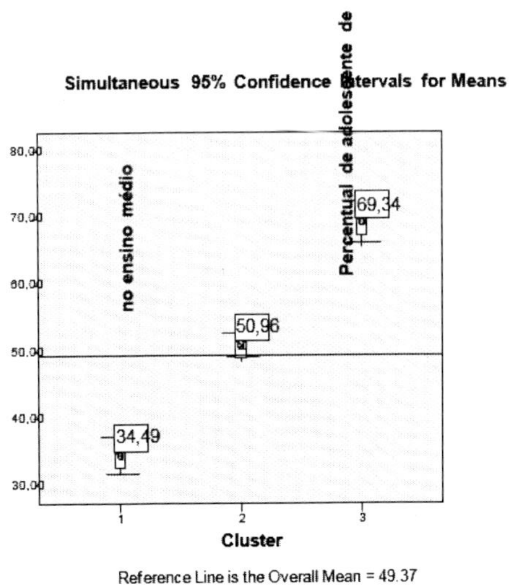

O maior percentual é no *cluster* 3 e o menor percentual é no *cluster* 1.

Percentual de adolescentes de 15 a 17 anos com acesso ao ensino médio

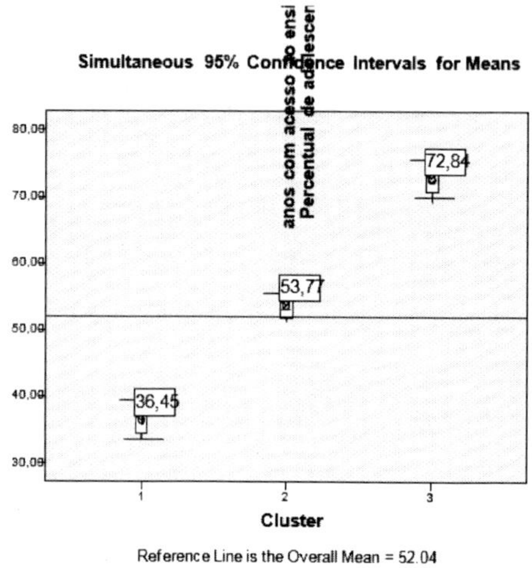

O maior percentual é no *cluster* 3 e o menor percentual é no *cluster* 1.

Percentual de pessoas no ensino médio sobre a população de 15 a 17 anos

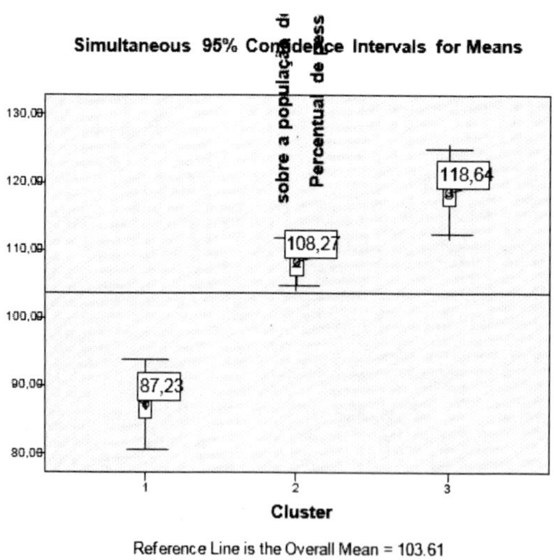

O maior percentual é no *cluster* 3 e o menor percentual é no *cluster* 1.

Percentual de jovens de 18 a 24 anos com menos de 8 anos de estudo

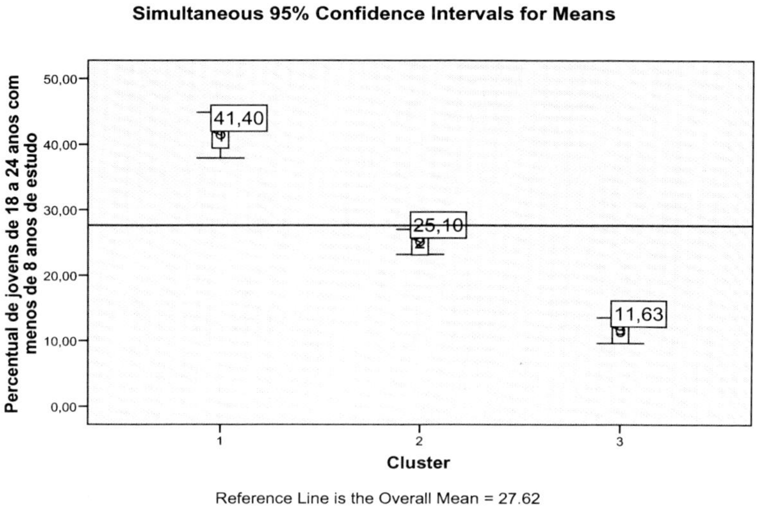

O maior percentual é no *cluster* 1 e o menor percentual é no *cluster* 3.

Percentual de jovens de 18 a 24 anos com mais de 11 anos de estudo

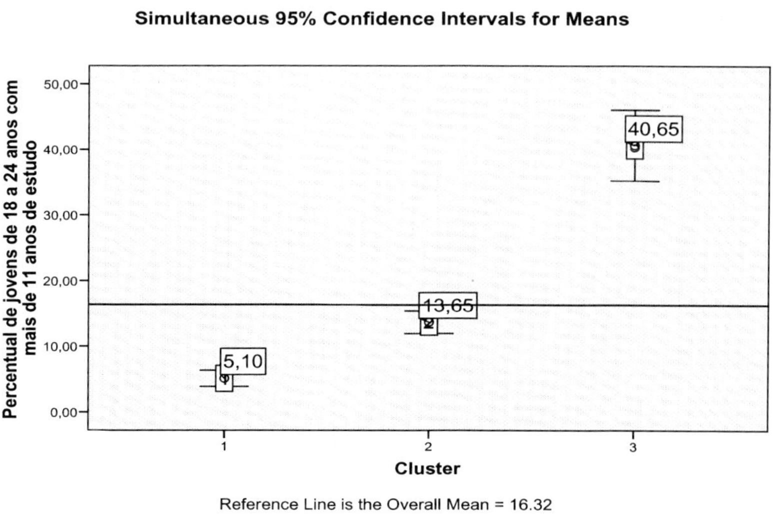

O maior percentual é no *cluster* 3 e o menor percentual é no *cluster* 1.

Percentual de jovens de 18 a 24 anos no curso superior

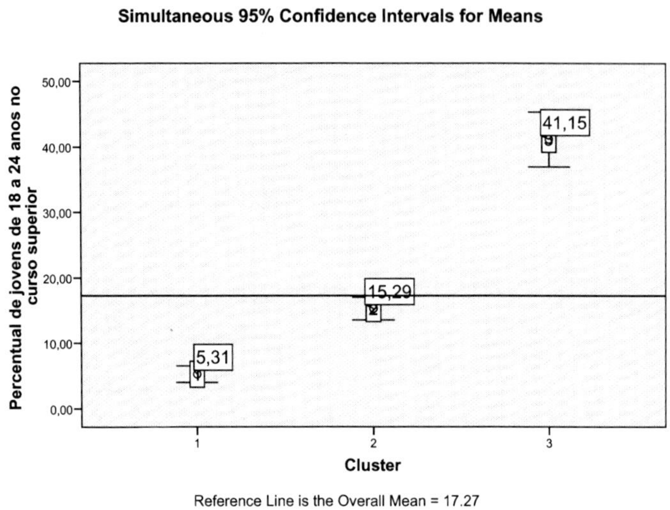

O maior percentual é no *cluster* 3 e o menor percentual é no *cluster* 1.

Percentual de jovens de 18 a 24 anos com acesso ao curso superior

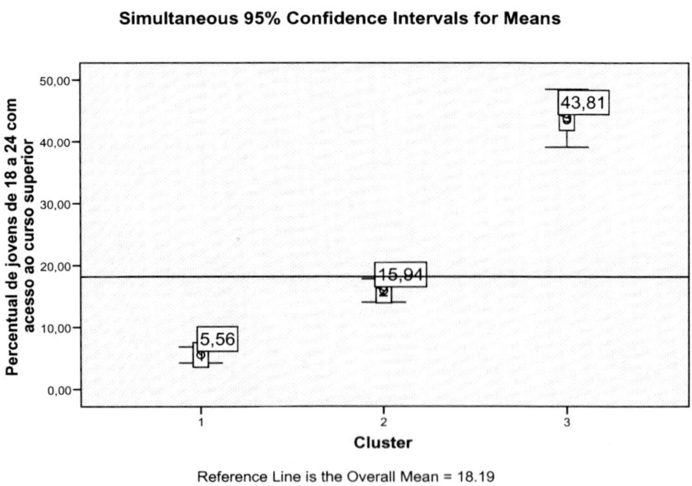

O maior percentual é no *cluster* 3 e o menor percentual é no *cluster* 1.

Percentual de pessoas no curso superior sobre a população de 18 a 22 anos

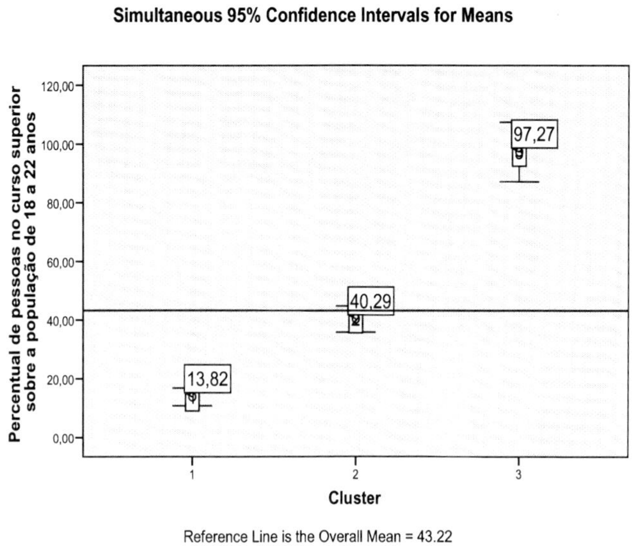

O maior percentual é no *cluster* 3 e o menor percentual é no *cluster* 1.

Percentual de jovens de 18 a 22 anos no curso superior

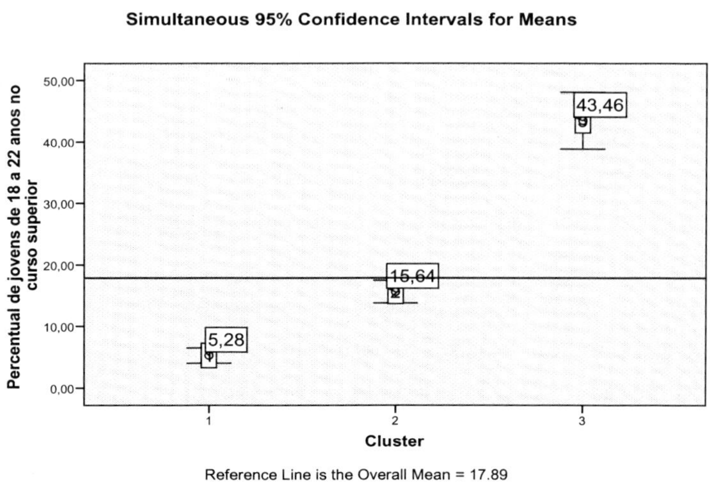

O maior percentual é no *cluster* 3 e o menor percentual é no *cluster* 1.

Percentual de jovens de 18 a 22 anos com acesso ao curso superior

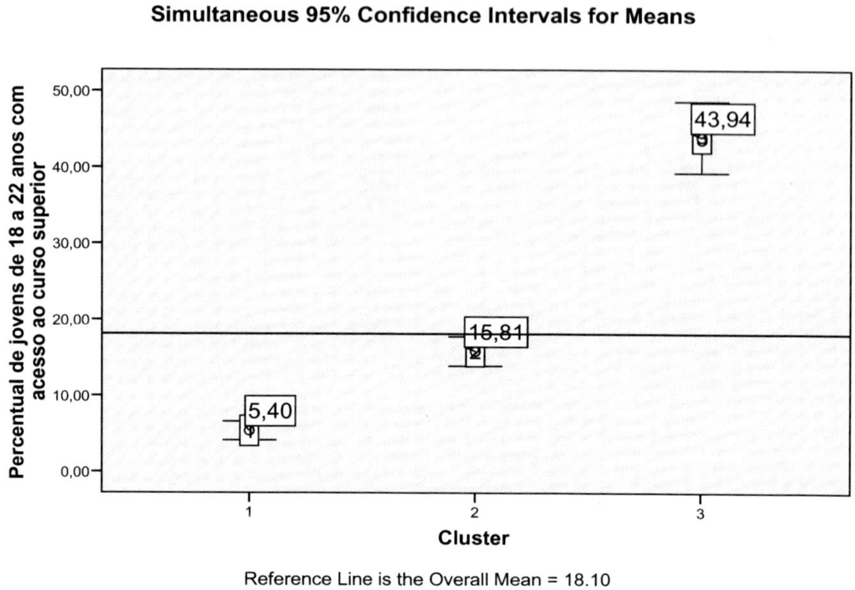

O maior percentual é no *cluster* 3 e o menor percentual é no *cluster* 1.

Perfil dos *Clusters* Gerados

Com base nas interpretações dos gráficos da importância das categorias nos *clusters* gerados, podemos agora traçar o perfil dos grupos de bairros gerados em função dos indicadores educacionais considerados na análise.

O *cluster* 1 é formado pelos bairros do Estado do Rio de Janeiro que têm os piores níveis de índices sociais. Os bairros do *cluster* 2 têm níveis intermediários de indicadores educacionais e o *cluster* 3, os melhores, isto é, os mais altos graus de qualidade educacional.

Identificação dos *Clusters* Gerados

Construiremos um gráfico bidimensional que identifica cada *cluster* gerado, isto é, revela qual bairro do Estado do Rio de Janeiro pertence a cada *cluster*.

Como a base de dados tem 12 variáveis, utilizaremos os escores fatoriais dos dois fatores gerados na análise fatorial e salvos na base de dados como os eixos do plano bidimensional. O gráfico obtido no SPSS é apresentado a seguir.

Gráfico 4
Gráfico dos Bairros Identificados

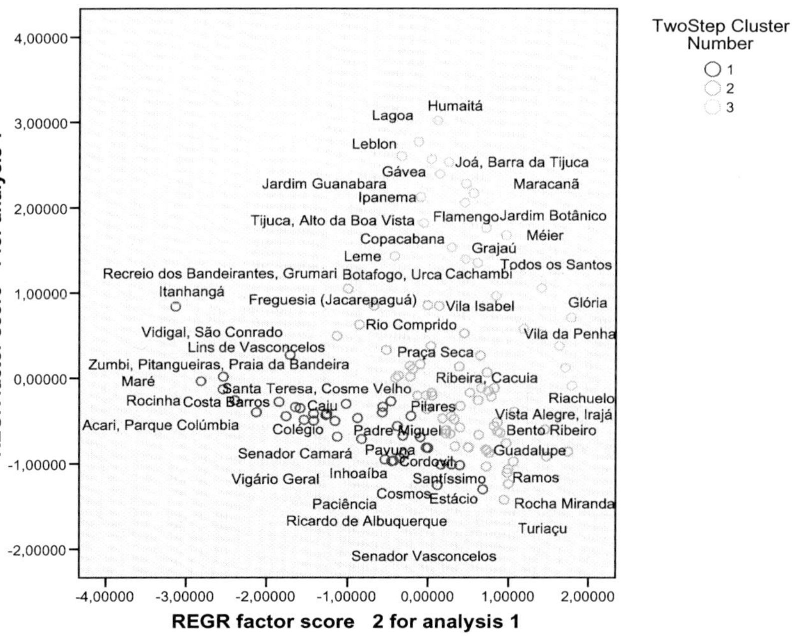

Com o gráfico 4, podemos, por fim, conhecer quais bairros do Estado do Rio de Janeiros se classificam entre os piores, medianos e melhores níveis de educação.

Os bairros em escala azul são os que possuem os piores indicadores de educação. Os bairros em escala verde têm níveis medianos de educação. Já os bairros em escala marrom são os bairros com os mais altos graus de educação. Remetendo ao gráfico 1, o grupo com indicadores de baixo a medianos níveis de educação retém 80% dos bairros cariocas, o que quer dizer que a grande maioria dos bairros do Estado do Rio de Janeiro possui de baixa a média qualidade educacional.

Teste de Significância dos *Clusters* Gerados

Gráfico 3
Testes de Significância

Teste de Significância do *Cluster* 1

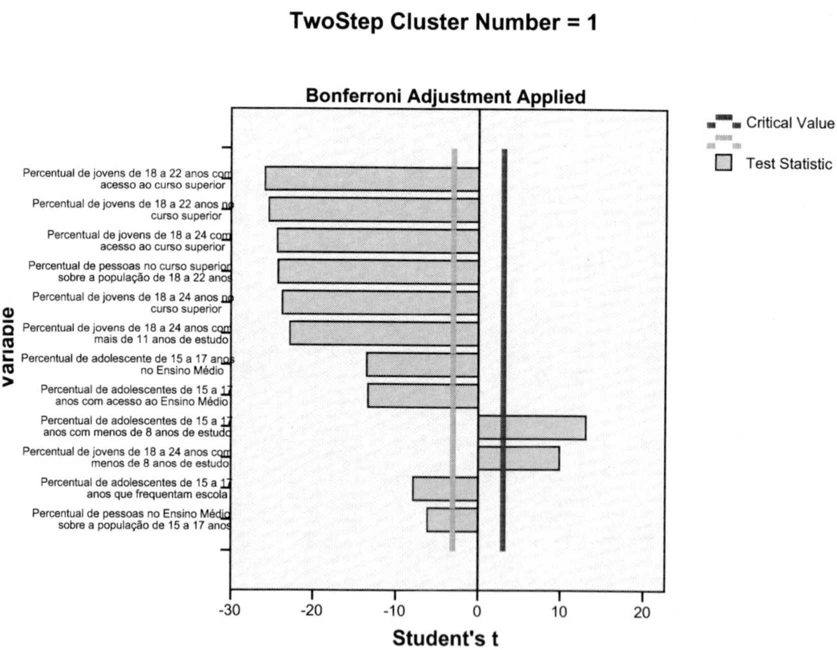

Todos os indicadores de educação do espaço de análise foram importantes para diferenciar o *cluster* 1 dos demais. Portanto, o *cluster* 1 é significante.

Teste de Significância do *Cluster* 2

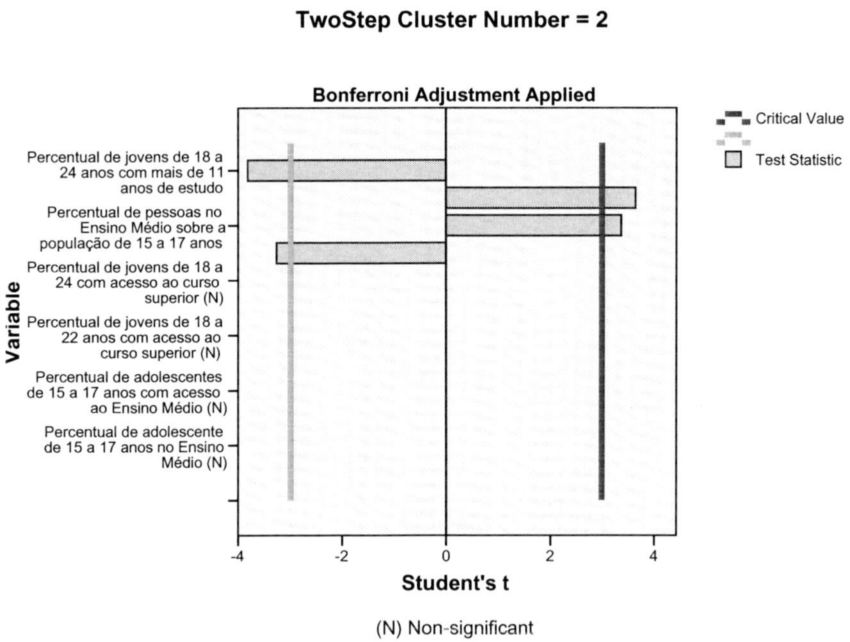

Somente as variáveis *"Percentual de jovens de 18 a 24 anos com mais de 11 anos de estudo"* e *"Percentual de pessoas no ensino médio sobre a população de 15 a 17 anos"* foram importantes para diferenciar o *cluster* 2 dos demais. Com isso, o *cluster* 2 tem significância estatística.

Teste de Significância do *Cluster* 3

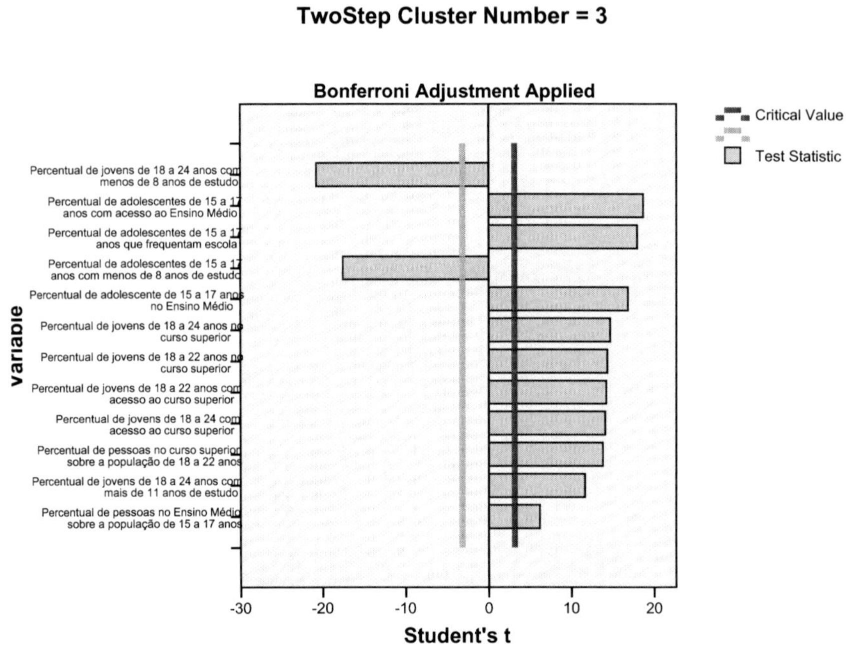

Todos os indicadores de educação do espaço de análise foram importantes para diferenciar o *cluster* 3 dos demais. Portanto, o *cluster* 3 é significante estatisticamente.

5) Uma empresa de *Propaganda & Marketing* utilizará em comerciais de produtos decorativos e ornamentais imagens de flores diversas. Antes de tomar a decisão sobre as flores que farão parte das peças publicitárias, realizará uma pesquisa de mercado para descobrir o que as flores significam no imaginário do público-alvo. O objetivo dos publicitários é evitar associar os comerciais dos produtos decorativos e ornamentais de flores com significados ou imagens negativas para o público. As flores avaliadas foram: *Acácia (1), Açafrão (2), Adônis (3), Anêmona (4), Begônia (5), Bromélia (6), Camélia (7),Cravo (8), Crisântemo (9), Dália (10),*

Erva-doce (11), Flor de maracujá (12), Flor de lótus (13), Gardênia (14), Girassol (15), Hortênsia (16), Íris *(17), Jasmim (18), Lavanda (19), Lírio (20), Margarida (21), Orquídea (22), Rosa (23), Sempre-viva (24), Tulipa (25), Violeta (26), Zínia (27), Dente-de-leão (28), Coroa imperial (29) e* Áster *(30).* Na pesquisa, os entrevistados teriam que dizer **sim** ou **não** se cada flor selecionada para a avaliação lhe transmite *Amor* (X_1), *Criatividade* (X_2), *Paixão* (X_3), *Felicidade* (X_4), *Amizade* (X_5), *Lealdade* (X_6), *Sabedoria* (X_7), *Sofisticação* (X_8), *Durabilidade* (X_9), *Delicadeza* (X_{10}), *Vilania* (X_{11}), *Azar* (X_{12}), *Falsidade* (X_{13}), *Mentira* (X_{14}), *Prepotência* (X_{15}), *Decepção* (X_{16}), *Fracasso* (X_{17}), *Leviandade* (X_{18}), *Tristeza* (X_{19}) *e Inveja* (X_{20}). No final do estudo, foi construída uma base de dados onde cada flor analisada receberia em cada significado: **1**=Sim, se 50% ou mais tivessem lhe atribuído esta resposta ou **2**=Não, se menos de 50% lhe tivessem atribuído esta categoria. As flores analisadas e os resultados da operação resultou na base de dados abaixo. Realize uma análise de *cluster Two Step Cluster* e indique qual grupo de flores deve ser utilizado nas propagandas e marketings dos produtos decorativos e ornamentais.

Base de Dados de Flores

X_1	X_2	X_3	X_4	X_5	X_6	X_7	X_8	X_9	X_{10}
1	1	1	1	1	1	1	1	1	1
2	2	2	2	2	2	2	2	2	2
2	2	2	2	2	2	2	2	2	2
2	2	2	2	2	2	2	2	2	2
2	2	2	2	2	2	2	2	2	2
2	2	2	2	2	2	2	2	2	2
2	2	2	2	2	2	2	2	2	2
2	2	2	2	2	2	2	2	2	2
2	2	2	2	2	2	2	2	2	2
2	2	2	2	2	2	2	2	2	2
2	2	2	2	2	2	2	2	2	2
2	2	2	2	2	2	2	2	2	2
1	1	1	1	1	1	1	1	1	1

2	2	2	2	2	2	2	2	2	2
1	1	1	1	1	1	1	1	1	1
1	1	1	1	1	1	1	1	1	1
1	1	1	1	1	1	1	1	1	1
1	1	1	1	1	1	1	1	1	1
1	1	1	1	1	1	1	1	1	1
1	1	1	1	1	1	1	1	1	1
1	1	1	1	1	1	1	1	1	1
1	1	1	1	1	1	1	1	1	1
1	1	1	1	1	1	1	1	1	1
1	1	1	1	1	1	1	1	1	1
2	2	2	2	2	2	2	2	2	2
2	2	2	2	2	2	2	2	2	2
2	2	2	2	2	2	2	2	2	2
2	2	2	2	2	2	2	2	2	2
2	2	2	2	2	2	2	2	2	2
1	1	1	1	1	1	1	1	1	1

Continuação...

X_{11}	X_{12}	X_{13}	X_{14}	X_{15}	X_{16}	X_{17}	X_{18}	X_{19}	X_{20}	***Flores***
1	1	1	1	1	1	1	1	1	1	1
2	2	2	2	2	2	2	2	2	2	2
2	2	2	2	2	2	2	2	2	2	3
2	2	2	2	2	2	2	2	2	2	4
2	2	2	2	2	2	2	2	2	2	5
2	2	2	2	2	2	2	2	2	2	6
2	2	2	2	2	2	2	2	2	2	7
2	2	2	2	2	2	2	2	2	2	8
2	2	2	2	2	2	2	2	2	2	9
2	2	2	2	2	2	2	2	2	2	10
2	2	2	2	2	2	2	2	2	2	11
2	2	2	2	2	2	2	2	2	2	12
1	1	1	1	1	1	1	1	1	1	13
2	2	2	2	2	2	2	2	2	2	14
1	1	1	1	1	1	1	1	1	1	15
1	1	1	1	1	1	1	1	1	1	16

1	1	1	1	1	1	1	1	1	1	17
1	1	1	1	1	1	1	1	1	1	18
1	1	1	1	1	1	1	1	1	1	19
1	1	1	1	1	1	1	1	1	1	20
1	1	1	1	1	1	1	1	1	1	21
1	1	1	1	1	1	1	1	1	1	22
1	1	1	1	1	1	1	1	1	1	23
1	1	1	1	1	1	1	1	1	1	24
2	2	2	2	2	2	2	2	2	2	25
2	2	2	2	2	2	2	2	2	2	26
2	2	2	2	2	2	2	2	2	2	27
2	2	2	2	2	2	2	2	2	2	28
2	2	2	2	2	2	2	2	2	2	29
1	1	1	1	1	1	1	1	1	1	30

Solução:

Utilizaremos o procedimento de obtenção automática dos *clusters* e o método ***"Critério de Informação Bayesiano (BIC)".***

Resultados:

Tabela 1
Distribuição dos *Clusters*

Cluster Distribution

		N	% of Combined	% of Total
Cluster	1	13	43.3%	43.3%
	2	17	56.7%	56.7%
	Combined	30	100.0%	100.0%
Total		30		100.0%

Pelo que se pode observar na tabela 1, a base pode ser estruturada em dois *clusters*, isto é, podemos identificar dois grupos homogêneos quanto à imagem que se tem das flores.

Gráfico 1
Tamanho dos *Clusters*

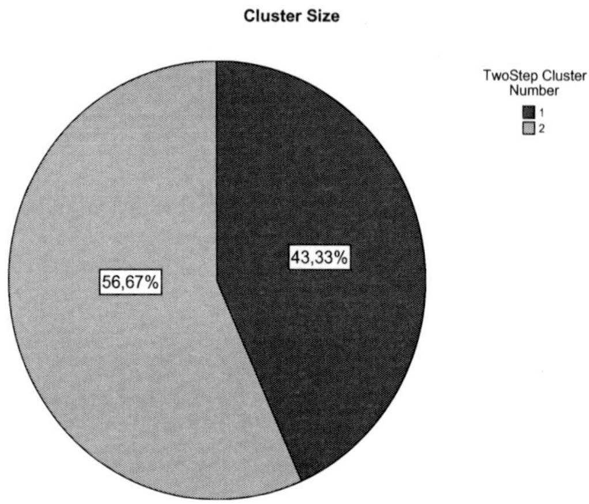

Pela observação do gráfico 1, é no cluster 2 que está o maior número de pessoas investigadas. Primeiramente, iremos traçar o perfil desses *clusters*, em seguida, testar a significância estatística dos mesmos.

Gráfico 2
Importância Relativa das Categorias nos *Clusters*

Amor

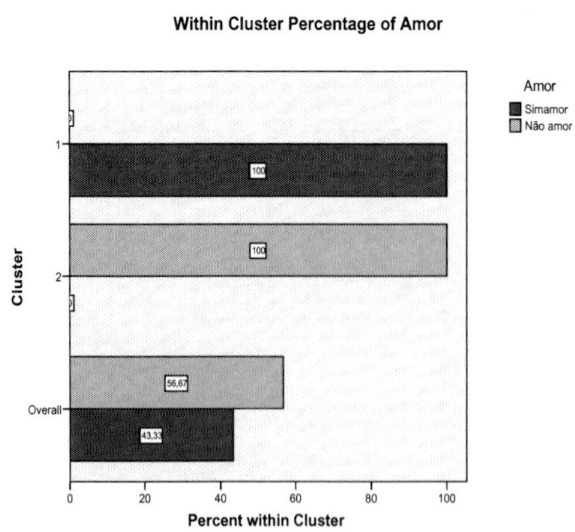

O *cluster* 1 é formado pelas pessoas que veem um subconjunto de flores da amostra, **sim**, como imagem de **amor.** O *cluster* 2 é formado pelas pessoas que veem um subconjunto de flores da amostra **não** como imagem de **amor**.

Criatividade

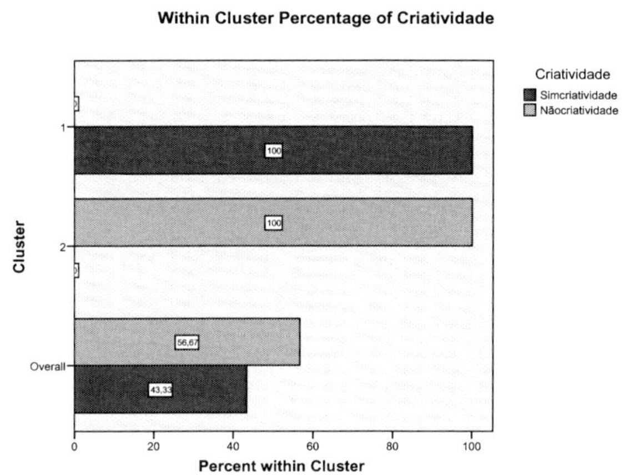

O *cluster* 1 é formado pelas pessoas que veem um subconjunto de flores da amostra, **sim**, como imagem de **criatividade.** O *cluster* 2 é formado pelas pessoas que veem um subconjunto de flores da amostra **não** como imagem de **criatividade**.

Paixão

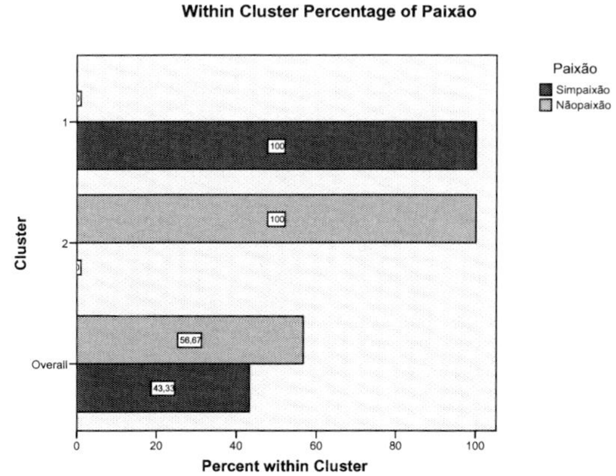

O *cluster* 1 é formado pelas pessoas que veem um subconjunto de flores da amostra, **sim**, como imagem de **paixão.** O *cluster* 2 é formado pelas pessoas que veem um subconjunto de flores da amostra **não** como imagem de **paixão**.

Felicidade

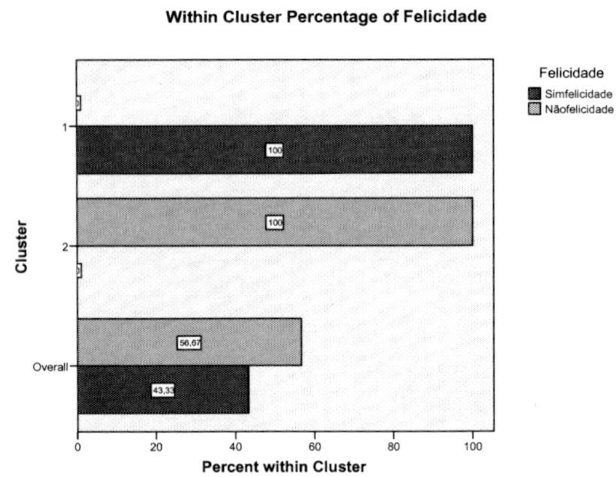

O *cluster* 1 é formado pelas pessoas que veem um subconjunto de flores da amostra, **sim**, como imagem de **felicidade.** O *cluster* 2 é formado pelas pessoas que veem um subconjunto de flores da amostra **não** como imagem de **felicidade**.

Amizade

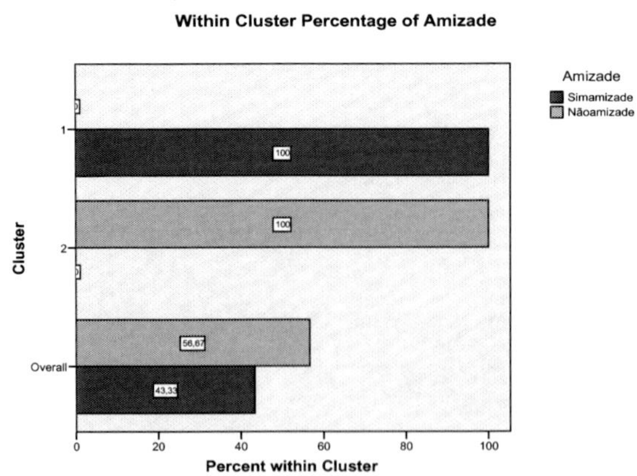

O *cluster* 1 é formado pelas pessoas que veem um subconjunto de flores da amostra, **sim**, como imagem de **amizade.** O *cluster* 2 é formado pelas pessoas que veem um subconjunto de flores da amostra **não** como imagem de **amizade**.

Lealdade

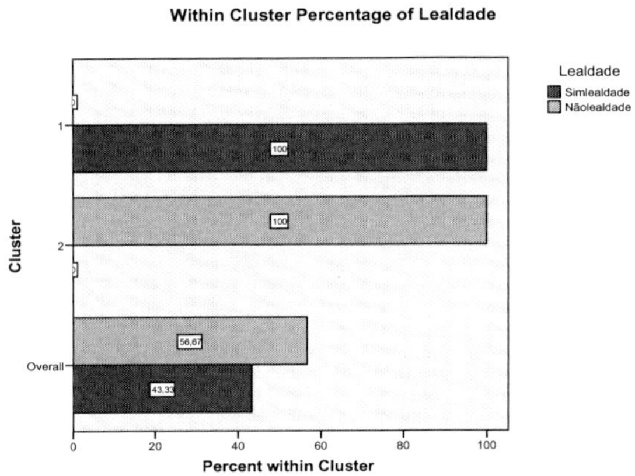

O *cluster* 1 é formado pelas pessoas que veem um subconjunto de flores da amostra, **sim**, como imagem de **lealdade.** O *cluster* 2 é formado pelas pessoas que veem um subconjunto de flores da amostra **não** como imagem de **lealdade**.

Sabedoria

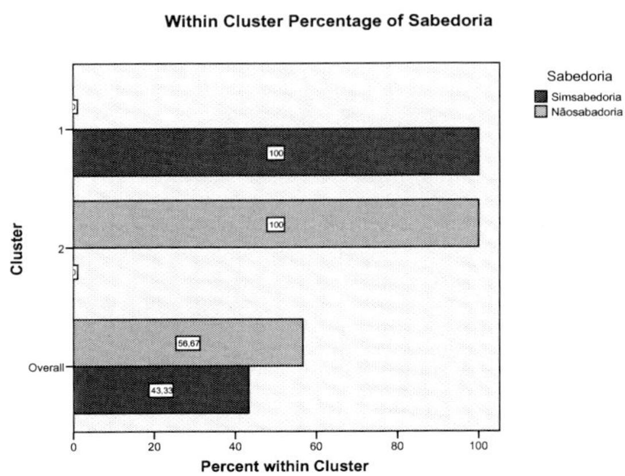

O *cluster* 1 é formado pelas pessoas que veem um subconjunto de flores da amostra, **sim**, como imagem de **sabedoria.** O *cluster* 2 é formado pelas pessoas que veem um subconjunto de flores da amostra **não** como imagem de **sabedoria.**

Sofisticação

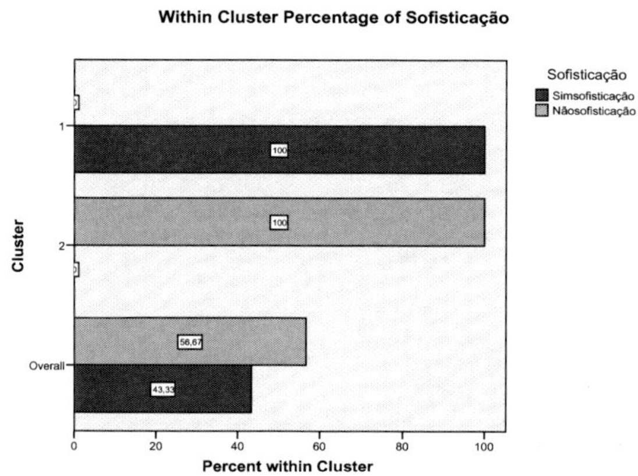

O *cluster* 1 é formado pelas pessoas que veem um subconjunto de flores da amostra, **sim**, como imagem de **sofisticação**. O *cluster* 2 é formado pelas pessoas que veem um subconjunto de flores da amostra **não** como imagem de **sofisticação**.

Durabilidade

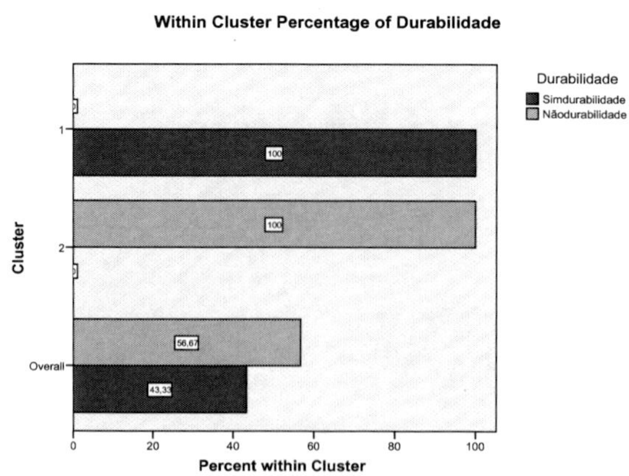

O *cluster* 1 é formado pelas pessoas que veem um subconjunto de flores da amostra, **sim**, como imagem de **durabilidade.** O *cluster* 2 é formado pelas pessoas que veem um subconjunto de flores da amostra **não** como imagem de **durabilidade.**

Delicadeza

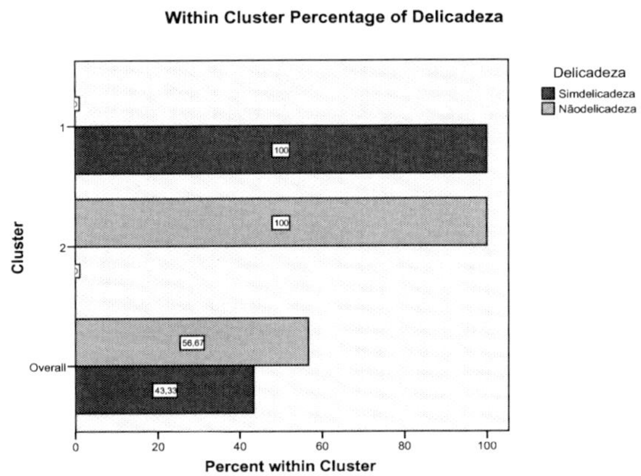

O *cluster* 1 é formado pelas pessoas que veem um subconjunto de flores da amostra, **sim**, como imagem de **delicadeza.** O *cluster* 2 é formado pelas pessoas que veem um subconjunto de flores da amostra **não** como imagem de **delicadeza.**

Vilania

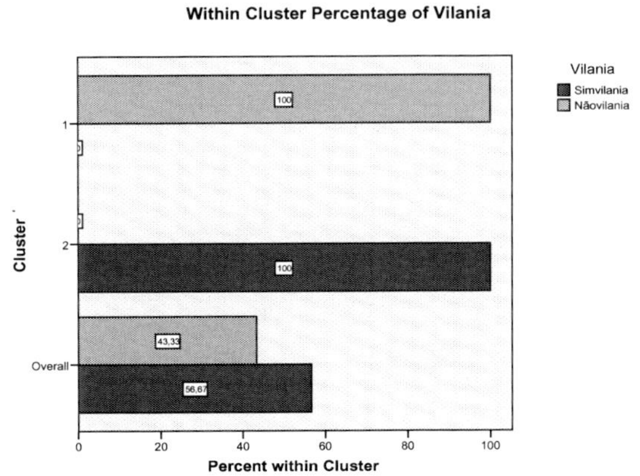

O *cluster* 1 é formado pelas pessoas que veem um subconjunto de flores da amostra **não** como imagem de **vilania.** O *cluster* 2 é formado pelas pessoas que veem um subconjunto de flores da amostra, **sim**, como imagem de **vilania.**

Azar

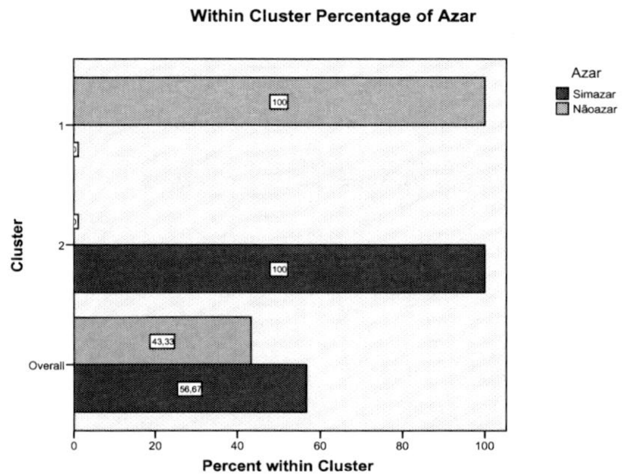

O *cluster* 1 é formado pelas pessoas que veem um subconjunto de flores da amostra **não** como imagem de **azar.** O *cluster* 2 é formado pelas pessoas que veem um subconjunto de flores da amostra, **sim**, como imagem de **azar**.

Falsidade

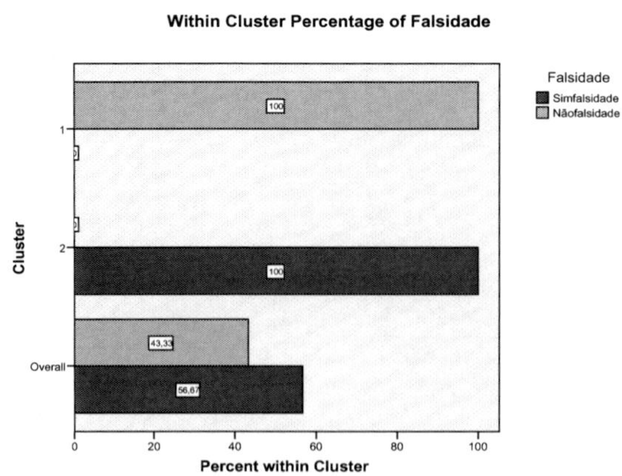

O *cluster* 1 é formado pelas pessoas que veem um subconjunto de flores da amostra **não** como imagem de **falsidade.** O *cluster* 2 é formado pelas pessoas que veem um subconjunto de flores da amostra, **sim**, como imagem de **falsidade.**

Mentira

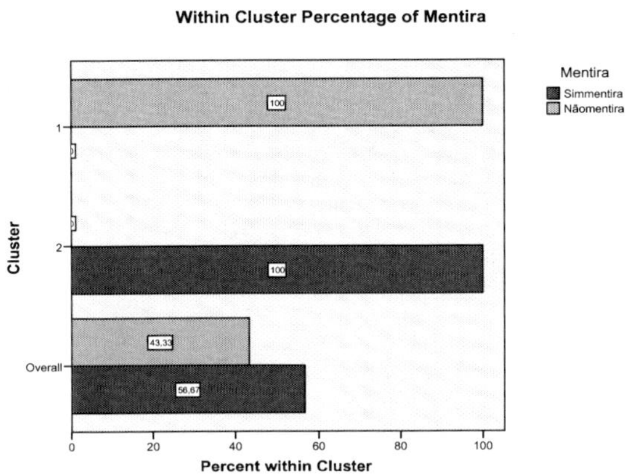

O *cluster* 1 é formado pelas pessoas que veem um subconjunto de flores da amostra **não** como imagem de **mentira.** O *cluster* 2 é formado pelas pessoas que veem um subconjunto de flores da amostra, **sim**, como imagem de **mentira.**

Prepotência

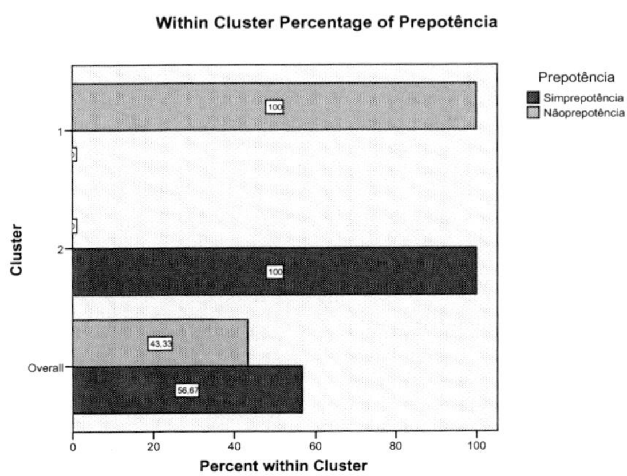

O *cluster* 1 é formado pelas pessoas que veem um subconjunto de flores da amostra **não** como imagem de **prepotência.** O *cluster* 2 é formado pelas pessoas que veem um subconjunto de flores da amostra, **sim**, como imagem de **prepotência.**

Decepção

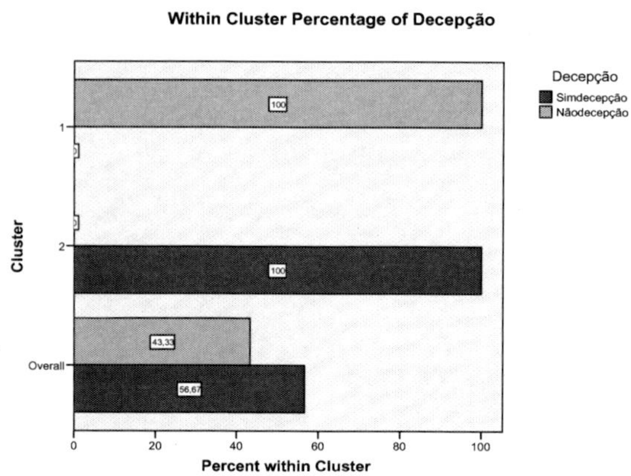

O *cluster* 1 é formado pelas pessoas que veem um subconjunto de flores da amostra **não** como imagem de **decepção.** O *cluster* 2 é formado pelas pessoas que veem um subconjunto de flores da amostra, **sim**, como imagem de **decepção.**

Fracasso

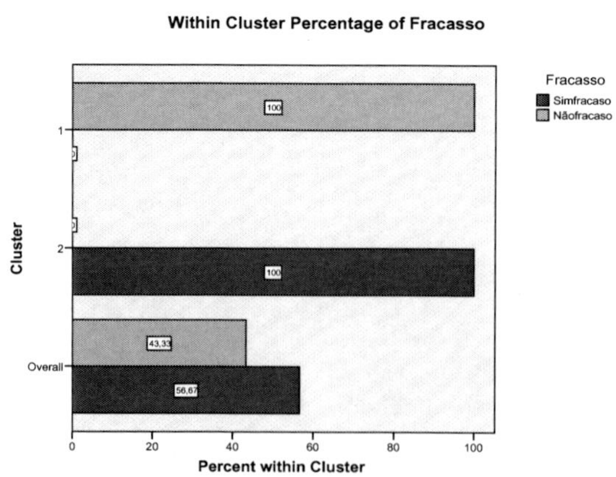

O *cluster* 1 é formado pelas pessoas que veem um subconjunto de flores da amostra **não** como imagem de **fracasso.** O *cluster* 2 é formado pelas pessoas que veem um subconjunto de flores da amostra, **sim**, como imagem de **fracasso.**

Leviandade

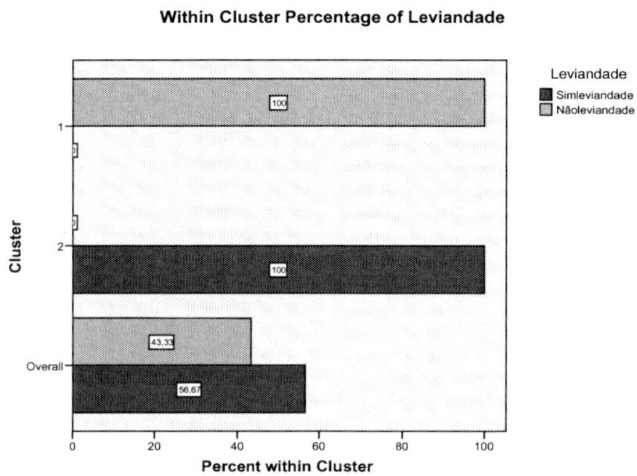

O *cluster* 1 é formado pelas pessoas que veem um subconjunto de flores da amostra **não** como imagem de **leviandade**. O *cluster* 2 é formado pelas pessoas que veem um subconjunto de flores da amostra, **sim**, como imagem de **leviandade**.

Tristeza

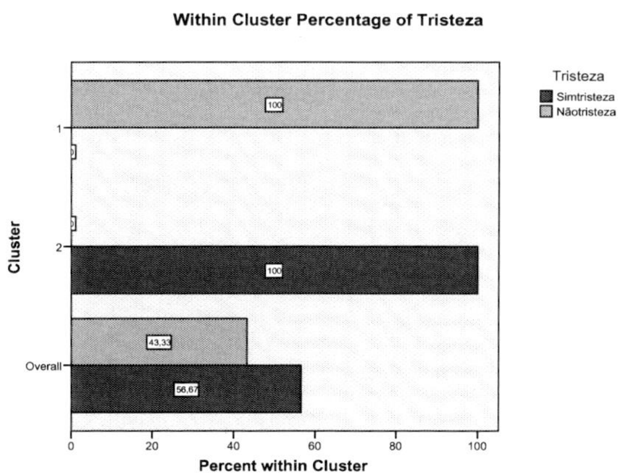

O *cluster* 1 é formado pelas pessoas que veem um subconjunto de flores da amostra **não** como imagem de **tristeza.** O *cluster* 2 é formado pelas pessoas que veem um subconjunto de flores da amostra, **sim**, como imagem de **tristeza.**

Inveja

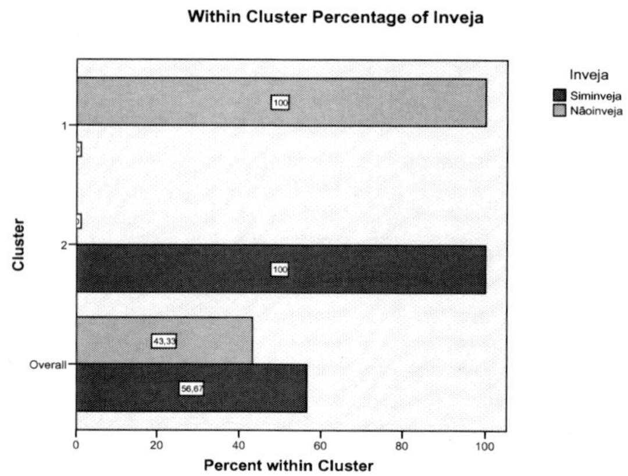

O *cluster* 1 é formado pelas pessoas que veem um subconjunto de flores da amostra **não** como imagem de **inveja.** O *cluster* 2 é formado pelas pessoas que veem um subconjunto de flores da amostra, **sim**, como imagem de **inveja.**

Resumindo os perfis dos *clusters*, temos:

O ***cluster 1*** é formado pelas pessoas que se lembram de um conjunto de flores como ***Amor, Criatividade, Paixão, Felicidade, Amizade, Lealdade, Sabedoria, Sofisticação, Durabilidade, Delicadeza*** e não associam esse conjunto de flores a ***Vilania, Azar, Falsidade, Mentira, Prepotência, Decepção, Fracasso, Leviandade, Tristeza e Inveja***.

O ***cluster 2*** é formado pelas pessoas que não associam um conjunto de flores como ***Amor, Criatividade, Paixão, Felicidade, Amizade, Lealdade, Sabedoria, Sofisticação, Durabilidade, Delicadeza*** e imaginam esse conjunto de flores como ***Vilania, Azar, Falsidade, Mentira, Prepotência, Decepção, Fracasso, Leviandade, Tristeza e Inveja***.

Portanto, há evidências, pelo estudo realizado, de que as pessoas têm imagens diferenciadas das flores. Umas flores lembram algo bom e não lembram algo ruim, e vice-versa. Um grupo de flores significa para pessoas coisas positivas e não significa coisas negativas, e vice-versa.

Na próxima etapa da análise de dados, iremos testar a significância dos *clusters*, isto é, se estes resultados podem ser generalizados para a população-alvo dos consumidores dos produtos comercializados pelos clientes contratantes da empresa de propaganda e marketing.

Gráfico 2
Testes de Significância

Teste de Significância do *Cluster* 1

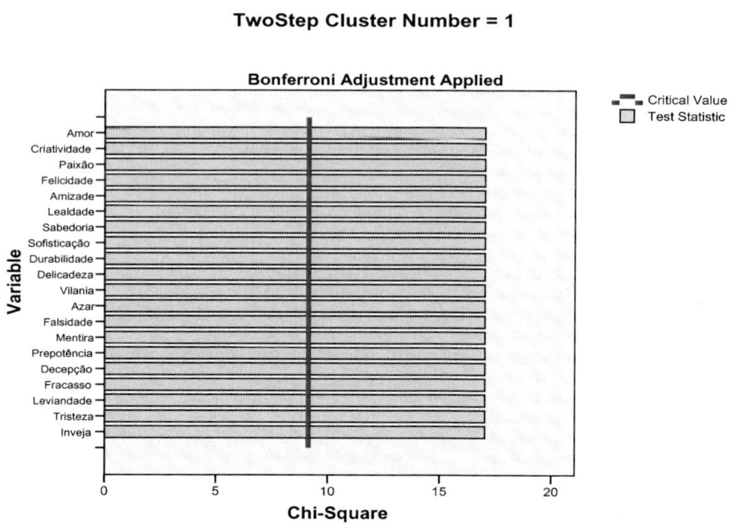

Todas as variáveis utilizadas na clasterização têm um comportamento diferente estatisticamente no *cluster* 1 em comparação com o *cluster* 2. Portanto, o *cluster* 1 é significante estatisticamente.

Teste de Significância do Cluster 2

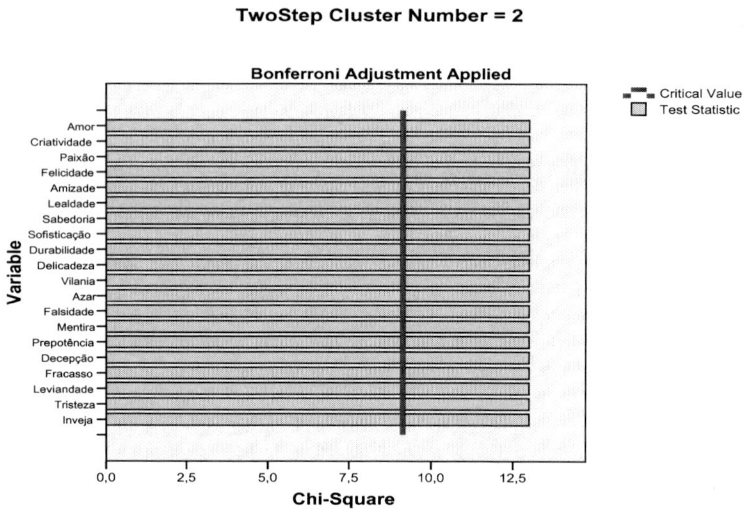

Todas as variáveis utilizadas na clasterização têm um comportamento diferente estatisticamente no *cluster* 2 em comparação com o *cluster* 1. Portanto, o *cluster* 2 é significante estatisticamente.

Com a inferência estatística realizada, conclui-se que os "achados" são generalizáveis e os pesquisadores de mercado podem tomá-los como evidências para escolher as flores que devem participar das peças de propaganda e marketing.

Finalmente, como última etapa analítica, será apresentado o gráfico de barras compostas que indicará o *cluster* de flores que será usado nas campanhas publicitárias.

Gráfico 3
Gráfico de Barras Compostas
Conteúdo dos *Clusters*

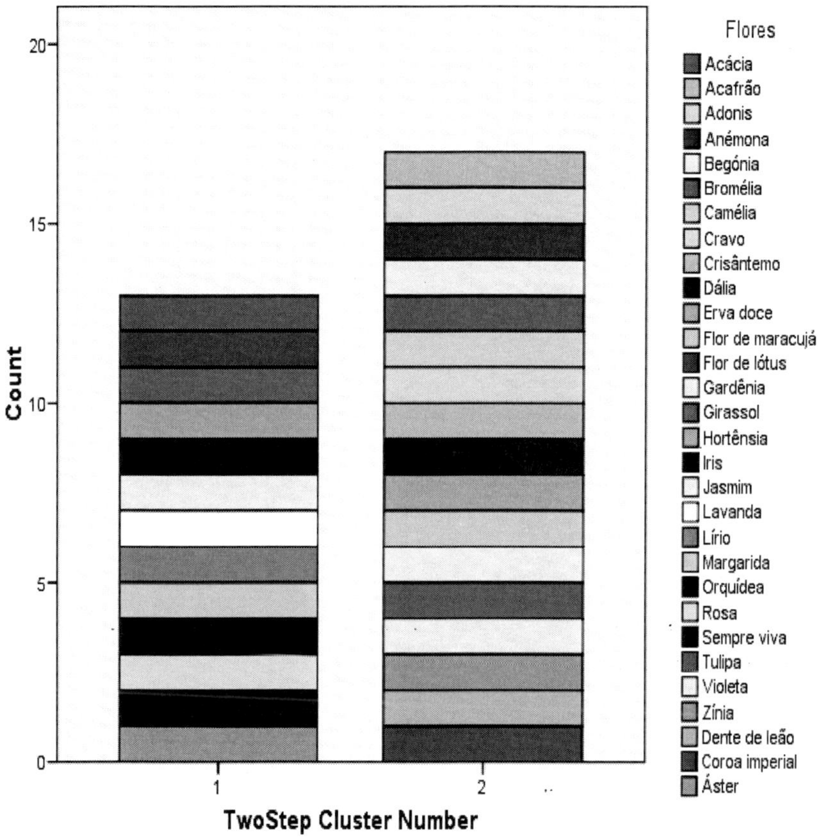

Concluindo, o estudo indicou que as flores do *cluster* 1 são as que devem ser utilizadas nas campanhas publicitárias dos produtos decorativos e ornamentais da empresa contratante.

Capítulo 3

Análise Discriminante

3.1 Conceito

Método estatístico multivariado que se emprega para descobrir as características que distinguem os membros de um grupo de outro, de modo que, conhecidas as características de um novo indivíduo, seja possível prever a que grupo pertence.

Foi originalmente desenvolvido na botânica tendo por objetivo fazer a distinção de grupos de plantas com base no tamanho e no tipo de folhas, o que tornaria possível, posteriormente, classificar as novas espécies encontradas. Em 1936, *Fisher* foi o responsável pelo desenvolvimento da análise para dois grupos.

A análise discriminante, portanto, é uma ferramenta estatística utilizada para a classificação de um determinado elemento em certo grupo da variável de classificação, já presente na base de dados. É uma técnica de previsão de classificação.

Para alcançar este objetivo, a análise discriminante gera funções discriminantes (FDs), que são combinações lineares das variáveis independentes, que uma vez aplicada aos dados específicos de um elemento do espaço de análise, permite sua classificação nos grupos descritos pelas categorias da variável dependente.

No processo de classificação, consideram-se os custos decorrentes de eventuais erros de classificação, bem como as probabilidades de sucesso da modelagem.

Portanto, as técnicas multivariadas de análise discriminante são utilizadas para classificar indivíduos em um, dois ou mais grupos alternativos da base de dados, em função de um conjunto de indicadores.

Os grupos são conhecidos e é uma das variáveis da base de dados. Essa técnica também pode ser utilizada para identificar quais variáveis contribuem para que se faça tal classificação. Assim, a previsão e a descrição são dois elementos básicos da análise discriminante.

A análise discriminante é uma técnica de análise de dados de pesquisa quantitativa quando a variável dependente é categórica e define os grupos da base de dados, e as variáveis explicativas ou independentes têm natureza quantitativa ou são tomadas como tal.

Portanto, ao contrário da MANOVA, na análise discriminante, *as variáveis explicativas, independentes, são métricas e a variável explicada, dependente, é necessariamente nominal.*

Os objetivos da análise discriminante são:

- Estabelecer funções discriminantes ou combinações lineares das variáveis explicativas que melhor discriminem as categorias da variável dependente (grupos);
- Verificar se existem diferenças significativas entre os grupos, em termos das variáveis explicativas;
- Determinar as variáveis explicativas que mais contribuem para as diferenças entre os grupos;
- Avaliar a previsão da classificação, ou seja, o poder diferenciador da função discriminante.

3.2 Tipos de Análise Discriminante

As técnicas de análise discriminante são definidas pelo número de categorias que a variável dependente possui.

Quando a variável dependente tem duas categorias, a técnica é conhecida como ***análise discriminante de dois grupos.***

Quando estão em jogo três ou mais categorias, temos a ***análise discriminante múltipla.***

A distinção principal é que, no caso de dois grupos, é possível deduzir apenas uma função discriminante e na discriminante múltipla, podemos calcular mais de uma função.

3.3 Determinação do Número de Funções Discriminantes:

A fórmula para a determinação do número de funções discriminantes que podem ser geradas é:

$$Min[\,(m - 1)\,;\,p\,]$$

Onde:
m = número de níveis da variável dependente
p = número de variáveis independentes

Logo, para o nosso exemplo, se uma análise discriminante tiver dois grupos e quatro variáveis explicativas, teremos:

Min[(2 - 1) ; p] = *Min[1 ; 4]*= ***1 função discriminante***

3.4 Modelo Matemático da Análise Discriminante

A função discriminante envolve combinações lineares da seguinte forma:

$$FD = b_0 + b_1X_1 + b_2X_2 + \ldots + b_kX_k$$

Onde:

FD = função ou escore discriminante
b = coeficiente ou peso discriminante
X = variável explicativa ou independente

Este é o modelo estatístico no qual se baseia a análise discriminante. Os coeficientes ou pesos (b) são estimados de modo que os grupos difiram tanto quanto possível em relação aos valores da função discriminante. Isto ocorre quando a razão da variância explicada pelo modelo da variância residual é máxima. Qualquer outra combinação linear das variáveis explicativas resultará em uma razão menor.

A análise discriminante utiliza a derivada da função discriminante (FD) para encontrar a separação máxima entre os grupos.

3.5 Derivações Analíticas da Análise Discriminante

A análise discriminante permite conhecer as variáveis mais importantes para a discriminação de grupos, classificar novos casos de acordo com a segmentação já conhecida, identificar grupos similares, validar a análise de cluster e prosseguir na análise de dados a partir da análise de cluster.

Procede-se a uma análise discriminante para verificar a percentagem de indivíduos que ficaram corretamente classificados em grupos obtidos por meio de outras técnicas.

3.6 Estatísticas da Análise Discriminante

As estatísticas importantes associadas à análise discriminante são:

- ***Médias de grupo e desvios padrão de grupo:*** são calculados para cada variável explicativa e para cada grupo;

- ***Matriz de correlação total:*** *Se os casos são tratados como se proviessem de uma única amostra, calculando, então, as correlações, obtém-se uma matriz de correlação total. Essa matriz é importante para a verificação de multicolinearidade;*

- ***Coeficientes da função discriminante:*** *Os coeficientes da função discriminante (não padronizados) são os multiplicadores ou os coeficientes de regressão (pesos) das variáveis, quando as variáveis estão nas unidades de medida original;*

- ***Escores discriminantes:*** *São obtidos na função discriminante.* *Os coeficientes não padronizados são multiplicados pelos valores da variável. Esses produtos são somados e adicionados ao termo constante, dando os escores discriminantes;*

- ***Centroide:*** É *a média dos valores dos escores discriminantes dentro dos grupos. Há tantos centroides quantos são os grupos - um para cada grupo;*

- ***Correlação canônica:*** *A correlação canônica mede o alcance da associação entre os escores discriminantes e os grupos;*

- ***Autovalores:*** *Está ligado à quantidade de informação da base de dados. Medida da quantia de informação ou variação contida na matriz de correlação, de modo que a soma dos autovalores é igual ao número de variáveis. Também conhecido como raiz latente ou raiz característica. Para cada função discrimi-*

nante, o autovalor é a razão da soma dos quadrados entre os grupos (variância explicada pelo modelo) para a mesma soma dentro dos grupos (variância residual). Grandes valores implicam em funções superiores;

- λ de Wilks: É *a razão da soma de quadrados dentro dos grupos para a soma total dos quadrados. Portanto, dá a força da influência do erro no comportamento dos resultados. Seu valor varia entre 0 e 1. Grandes valores de* λ *(próximos de 1) indicam que as médias dos grupos não parecem ser diferentes umas das outras. A diferença que porventura existe* é devido ao erro de amostragem Pequenos valores de λ *(próximos de 0), entretanto, indicam que as médias dos grupos parecem diferentes.* A estatística λ *de Wilks* é uma medida inversa do grau de diferenciação entre os grupos: ***quanto menor o seu valor, maior esse grau de diferenciação*. É a situação favorável.** Quanto maior for a semelhança entre os grupos, menor será a diferença entre os grupos e mais o valor do λ *de Wilks* se aproximará de 1;

- ***Coeficientes da função discriminante padronizada:*** *São* usados multiplicadores quando as variáveis *são padronizadas para a média 0 e variância 1. De maneira geral, as variáveis explicativas com coeficientes relativamente grandes padronizados contribuem mais para o poder discriminatório da função do que as variáveis explicativas com coeficientes menores.*

- ***Correlações estruturais:*** *Também chamadas de cargas internas, discriminantes ou cargas canônicas, as correlações estruturais representam as correlações simples entre as variáveis explicativas e a função discriminante, e são utilizadas somente para nomear, quando possível, as funções discriminantes. Tem aplicação análoga às cargas fatoriais da análise fatorial;*

- ***Matriz de classificação:*** *Contém o total de casos classificados corretamente e mal classificados. Os casos classificados corretamente aparecem na diagonal porque os grupos preditos e efetivos são os mesmos. Os elementos fora da dia-*

gonal principal representam os casos que foram classificados incorretamente. A soma dos elementos da diagonal dividida pelo número total de casos representa a proporção de acertos.

3.7 Método da Análise Discriminante

As suposições na análise discriminante são de que cada grupo seja uma amostra de uma população ***normal multivariada*** e que todas as populações tenham a mesma matriz de covariância (***homocedasticidade***).

Podemos entender melhor o papel dessas suposições e as características que acabamos de descrever estudando o processo para fazer a análise discriminante.

O método da análise discriminante compreende as seguintes fases:

- *Formulação do problema;*
- *Estimação dos coeficientes da função discriminante;*
- *Determinação do poder de explicação das funções discriminantes;*
- *Determinação* da *significância da função discriminante;*
- *Interpretação* d*os resultados;*
- *Avaliação da confiabilidade e validade da análise discriminante pela probabilidade de sucesso.*

3.8 Formulação do Problema

O primeiro passo na análise discriminante é formular o problema identificando os cases. A variável dependente ou explicada deve consistir de duas ou mais categorias mutuamente exclusivas e coletivamente exaustivas. Quando a variável dependente é medida em forma quantitativa, deve ser primeiramente convertida em variáveis categoriais. As variáveis explicativas ou independentes devem ser selecionadas com base em um modelo teórico ou em uma pesquisa prévia. No caso da pesquisa exploratória, a experiência do pesquisador deve orientar sua escolha.

3.9 Estimação dos Coeficientes da Função Discriminante

Para estimar os coeficientes da função discriminante dispomos de dois amplos métodos de abordagem: o ***método direto*** e a ***análise discriminante passo a passo***.

O ***método direto*** envolve a estimação da função discriminante de forma que todas as variáveis explicativas sejam incluídas simultaneamente.

A ***análise discriminante passo a passo*** é o processo de análise discriminante em que as variáveis explicativas são introduzidas sequencialmente com base em sua capacidade de discriminar os grupos.

3.10 Determinação da Significância da Função Discriminante

Não teria sentido interpretar a análise, se as funções discriminantes estimadas não fossem significantes. Pode-se testar estatisticamente a hipótese nula de que as médias de todas as funções discriminantes, em todos os grupos, sejam iguais. No SPSS, esse teste se baseia no λ de *Wilks*. Testando simultaneamente várias funções (como no caso da análise discriminante múltipla), a estatística λ de *Wilks* é o produto dos λ univariados de cada função. Estima-se a estatística do teste sob a distribuição qui-quadrado e compara-se com o valor crítico, cujo usual é o nível de significância de 5%. O valor-p é uma estatística fornecida pelo SPSS na análise discriminante e fortemente recomendada na decisão da significância das funções discriminantes.

3.11 Interpretação dos Resultados

Após o teste de significância das funções discriminantes, deve-se partir para a interpretação dos resultados. A interpretação dos resultados passa pela interpretação dos pesos ou dos coeficientes da função discriminante padronizada e avaliação das cargas canônicas na matriz estrutural. O resultado dessa fase dará ao analista as variáveis que mais discriminam os grupos em cada função discriminante e quais constructos latentes são representados pelas funções discriminantes retidas na análise.

Dada a multicolinearidade nas variáveis explicativas, não há como confiar plenamente na importância que cada peso atribui à sua variável no valor final da função discriminante.

Com esta precaução em mente, podemos ter alguma ideia da importância relativa das variáveis, examinando a magnitude absoluta dos coeficientes padronizados da função discriminante.

De modo geral, as variáveis explicativas com coeficientes padronizados relativamente grandes contribuem mais para o poder discriminatório da função, em comparação com as variáveis independentes com coeficientes menores.

3.12 Avaliação da Confiabilidade e Validade da Análise Discriminante

O último passo da análise consiste em avaliar a confiabilidade e a validade do poder discriminatório da função discriminante.

Esta etapa do método é mais uma alternativa analítica para testar o poder indutivo da função discriminante.

1º) Dividir a Amostra em Duas Partes

O processo consiste em dividir a amostra em duas partes. Uma é chamada de **amostra de estimação** ou **amostra de análise** e a outra parte, chamada de **amostra de validação** ou **amostra retida**, é reservada para validar a função discriminante.

A amostra de análise é, então, parte da amostra total, que é utilizada para a estimação da função discriminante, e a amostra de validação é a parte da amostra total usada para verificar o poder preditivo da função discriminante.

Utiliza-se a função discriminante da **amostra de análise** e os dados das variáveis independentes da amostra de validação e verifica-se o poder preditivo da função discriminante (porcentagem de sucessos).

Quando a amostra é suficientemente grande, pode ser dividida ao meio. Uma metade serve como amostra de análise (cálculo da função discriminante) e a outra é usada para a validação (cálculos dos escores discriminantes). Invertem-se, então, os papéis das duas metades e repete-se a análise. Não raro, o comportamento das variáveis nas amostras de análise e validação segue o comportamento da amostra total.

Finalmente, sugere-se que a validação da função discriminante se faça repetidamente. A cada vez, a amostra deve ser dividida em diferentes partes para a análise e validação. Deve-se estimar a função discriminante e fazer a análise de validação.

Assim, a validação se baseia em várias tentativas. Contudo, existem diversos outros métodos mais rigorosos que não serão tratados nesta livro.

2º) Validação Cruzada ou ***Cross-Validation***

A verificação da capacidade preditora da função discriminante cuja amostra original (a base de dados total) é tida como ***amostra de análise*** e uma amostra com reposição desta (geralmente de mesmo tamanho) é tomada como amostra de validação é chamada de ***validação cruzada*** ou c***ross-validation.***

A validação cruzada (c***ross-validation***), às vezes chamada de ***estimativa de rotação***, é uma técnica de validação do modelo discriminante para avaliar como o modelo da análise discriminante pode ser tomado como fidedigno da realidade, isto é, o quanto ele é generalizável.

É usado principalmente em ambientes onde a meta é a previsão e se quer verificar exatamente como um modelo preditivo funcionará na prática.

Uma rodada de validação cruzada envolve a seleção de uma amostra com reposição (amostra de validação) da amostra original (amostra de análise) e o uso dos elementos da amostra de validação para validar o caráter preditivo da função discriminante, calculada com base na amostra total ou original.

O processo gera uma ***matriz de classificação*** que contém os números que revelam a capacidade previsora da função discriminante. Os números da diagonal da matriz representam as classificações corretas e os números fora da diagonal representam as classificações incorretas.

A ***probabilidade de sucesso*** ou a porcentagem de casos classificados corretamente pode ser determinada somando os elementos da diagonal principal e dividindo pelo tamanho da amostra.

O SPSS gera a matriz de classificação com os dados em valores absolutos e percentuais, e também calcula a probabilidade de sucesso envolvendo a amostra original e o processo c***ross-validation***.

Para reduzir a variabilidade, várias rodadas de validação cruzada devem ser executadas usando a seleção de várias amostras aleatórias da original com reposição e os resultados de validação são calculados sobre as rodadas.

3.13 Designação do Grupo (Classificação)

- **Classificação dos Elementos dos Grupos na Análise Discriminante de Dois Grupos:**

Para classificar um determinado elemento em um dos grupos da análise discriminante de dois grupos, siga os passos:

1º) Calcule o escore discriminante do elemento a ser classificado:

$FD = b_0 + b_1X_1 + b_2X_2 + \dots + b_kX_k$

Onde:
FD = função ou escore discriminante
b = coeficiente ou peso discriminante
X = variável explicativa ou independente.

2º) Cálculo dos centroides:

Os centroides são calculados tirando a média entre os escores discriminantes de todos os indivíduos dentro de um grupo. O número de centroides corresponde ao número de grupos. Neste caso, temos dois centroides. Os centroides indicam a situação mais típica de um indivíduo de dentro do grupo e uma comparação entre os centroides mostra o quanto um grupo é diferente do outro. O *SPSS* fornece a tabela de centroides.

3º) Cálculo do escore de corte

O escore de corte é o critério em relação ao qual o escore discriminante de cada indivíduo é avaliado para determinar a qual grupo ele será designado.

O escore de corte pode ser calculado pelas fórmulas:

a) Se o tamanho dos grupos for igual:

$$EC = \frac{CG_A + CG_B}{2}$$

b) Se o tamanho dos grupos for diferente:

$$EC = \frac{n_A CG_A + n_B CG_B}{n_A + n_B}$$

Onde:
EC = *escore de corte*
n_A *e* n_B = *tamanho dos grupos A e B, respectivamente*
CG_A *e* CG_B= *centroides, respectivamente, dos grupos A e B*

4º) Classificação

O critério de classificação será:

- Se FD > EC, o elemento é classificado no grupo de maior centroide.
- Se FD ≤ EC, o elemento é classificado no grupo de menor centroide.

Classificação dos Elementos dos Grupos na Análise Discriminante Múltipla:

A designação dos membros aos grupos na análise discriminante múltipla torna-se complicada porque existem múltiplas funções discriminantes e muitos grupos.

Nesses casos, usa-se uma função de classificação, composta de funções discriminantes de *Fisher*, para cada grupo considerado, para atribuir cada elemento do espaço de análise a um dos grupos da variável de classificação.

A função discriminante de *Fisher* é tida como a primeira solução específica para o problema da discriminação e a própria análise discriminante durante muito tempo se resumiu ao uso dessa função.

Essa função de classificação baseia-se no conceito de distância de *Mahalnobis* (***distância euclidiana ajustada com a matriz de variância-covariância: uma matriz contendo variâncias na diagonal e covariâncias fora da diagonal***).

Um escore discriminante é calculado em cada um dos grupos da análise, com base nos valores das variáveis explicativas do modelo, para um elemento específico que está classificando-se em um dos conjuntos, e esse elemento é atribuído ao grupo que apresenta o maior escore discriminante calculado.

3.14 Passos Gerais da Análise Discriminante

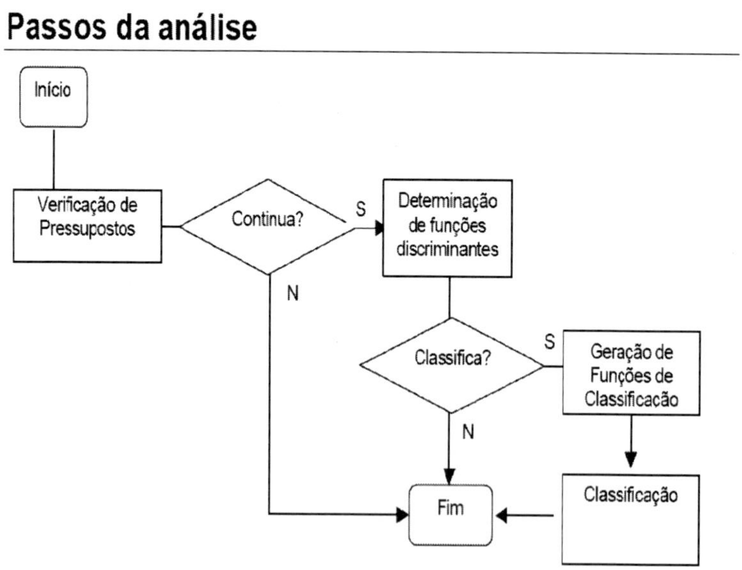

3.15 Sequência de Passos no SPSS

Para realizar a análise discriminante no SPSS 15.0, proceda aos passos abaixo:

1. ANALYSE;
2. CLASSIFY;
3. *DISCRIMINANT;*
4. *GROUPING VARIABLE: indicar a variável dependente da pesquisa ou a variável que forma os grupos. Para cada observação da base deve ser indicado o grupo ao qual pertence;*
5. *DEFINE RANGE: indicar o intervalo de valores assumido pela variável dependente ou a numeração que discrimina os grupos na base. Exemplo: se existem dois grupos discriminantes: MIN: 1 e MAX: 2;*
6. *INDEPENDENTS: indicar as variáveis independentes ou prognosticadoras;*
7. *Deixar marcada a opção ENTER INDEPENDENTS TOGETHER, que implica em realizar a* ***Análise Discriminante Direta*** *ou* **STEPBACK**;
8. *STATISTICS: Em DESCRIPTIVES, marcar a opção MEANS. Em FUNCTION COEFFICIENTS, marcar as opções FISHERS (se o estudo envolver a análise discriminante múltipla) e UNSTANDARDIZED. Em MATRICES, marcar a opção WITHIN-GROUPS CORRELATION. → CONTINUE;*
9. *CLASSIFY. Em PRIOR PROBABILITIES, marcar ALL GROUPS EQUAL. Em DISPLAY, marcar CASEWISE RESULTS, SUMMARY TABLE e LEAVE-ONE-OUT-CLASSIFICATION. Em USE COVA-*

RIANCE MATRIZ, marcar WITHIN-GROUPS. Em PLOTS, marcar COMBINED-GROUPS → CONTINUE;

10. OK.

Observações

- *A análise de discriminante que pode ser gerada por esta sequência envolve os resultados que são necessários para a análise discriminante para dois ou mais grupos;*

- *Esta sequência permite gerar todos os resultados possíveis para uma análise discriminante. O analista deverá reter as tabelas e gráficos que melhor convier à análise dos dados;*

- *Esta é uma análise em que se pede o maior número de resultados possíveis. O analista pode escolher quais desses outputs, de fato, usará na análise;*

- *Se a análise discriminante for múltipla (com mais de dois grupos), a função* ***FUNCTION COEFFICIENTS (FISHERS)*** *será importante para a discriminação dos objetos em grupos.*

Com o *output* dessa sequência, o analista poderá verificar se é possível aplicar a análise discriminante, testar o poder de explicação das funções discriminantes, testar a significância das funções discriminantes, medir o poder de explicação de cada variável ou grupo de variáveis, descrever as diferenças entre os grupos, desenvolver regras para classificar novos elementos e analisar a probabilidade de sucesso ou o caráter preditivo do modelo discriminante gerado.

Aplicação 1:

Um analista financeiro resolveu criar um modelo discriminante que pudesse prever se um cliente optará por usar a função débito ou crédito de seu cartão bancário no ato de pagar sua compra. Para tanto, selecionou aleatoriamente uma amostra de 40 clientes e levantou as variáveis constantes na base de dados abaixo. Realize uma análise discriminante e estruture o modelo matemático necessário para os objetivos do analista.

Base da Forma de Pagamento no Cartão

Saldo na conta corrente	*Limite de cheque especial disponível*	*Limite do cartão de crédito disponível*	*Valor da compra*	*Forma de pagamento no cartão*
7782.66	2515.02	6706.99	1938.32	1
4787.60	299.76	175.98	4742.27	2
7661.91	2523.40	8375.77	3038.27	1
7744.46	2549.36	3189.17	1312.21	1
4800.00	300.00	176.00	4750.00	2
8346.63	2542.22	9394.13	4731.07	1
1064.38	558.18	249.14	5090.20	2
7861.96	2158.87	5929.16	153.51	1
54.30	462.36	217.94	3024.30	2
8255.29	2104.52	7632.71	2685.07	1
8026.97	2643.97	2909.76	2656.51	1
7630.62	2659.14	3263.75	5647.37	1
2475.86	279.40	241.02	3749.60	2
7886.42	3454.68	6517.87	73.42	1
310.51	557.91	231.92	448.37	2
7576.41	2484.18	1058.78	4312.08	1
2592.90	590.62	185.40	2134.34	2
8048.85	2058.98	5651.72	3774.92	1
2311.88	584.36	204.67	3245.79	2
2261.63	716.46	188.18	403.98	2
965.71	811.16	246.84	3136.66	2

1649.91	*649.13*	*288.06*	*4589.49*	*2*
2389.84	*634.15*	*133.63*	*3245.38*	*2*
576.80	*622.62*	*252.95*	*1992.75*	*2*
3170.81	*523.90*	*314.97*	*5306.70*	*2*
7939.95	*3741.88*	*4496.02*	*5744.25*	*1*
2194.06	*836.63*	*102.54*	*1794.07*	*2*
7563.28	*2601.11*	*6361.44*	*3519.02*	*1*
1136.49	*270.53*	*171.40*	*3708.35*	*2*
7919.19	*2683.11*	*5301.70*	*2352.61*	*1*
7953.16	*1652.22*	*3302.02*	*5005.52*	*1*
7804.47	*3638.15*	*4852.76*	*1032.27*	*1*
543.34	*841.65*	*36.00*	*3647.59*	*2*
3124.83	*352.93*	*208.29*	*5794.92*	*2*
3448.05	*167.22*	*217.78*	*1340.99*	*2*
3994.08	*374.28*	*147.47*	*2437.79*	*2*
8239.67	*2093.92*	*6459.14*	*3807.10*	*1*
7845.30	*1542.70*	*5486.94*	*1841.29*	*1*
2731.57	*705.00*	*202.50*	*2617.01*	*2*
8219.00	*2270.82*	*2370.56*	*4356.74*	*1*

Nota: 1=opção pela função débito; 2=opção pela função crédito. Valores em reais (R$)

Solução:

Tabela 1
Resumo dos Resultados

Analysis Case Processing Summary

Unweighted Cases		N	Percent
Valid		40	100.0
Excluded	Missing or out-of-range group codes	0	.0
	At least one missing discriminating variable	0	.0
	Both missing or out-of-range group codes and at least one missing discriminating variable	0	.0
	Total	0	.0
Total		40	100.0

A tabela 1 mostra que nenhum cliente da base de dados foi excluído da análise. Todos os clientes participantes da amostra foram incluídos na modelagem.

Tabela 2
Teste de Existência de Multicolinearidade
Matriz de Correlações

Pooled Within-Groups Matrices

		Saldo na conta corrente	Limite de cheque especial disponível	Limite do cartão de crédito disponível	Valor da compra
Correlation	Saldo na conta corrente	1.000	-.198	.045	.201
	Limite de cheque especial disponível	-.198	1.000	-.011	-.132
	Limite do cartão de crédito disponível	.045	-.011	1.000	-.156
	Valor da compra	.201	-.132	-.156	1.000

As correlações da base de dados não são extremamente elevadas, implicando em problemas de multicolinearidade.

Tabela 3
Poder de Explicação do Modelo Gerado
Tabela dos Autovalores

Eigenvalues

Function	Eigenvalue	% of Variance	Cumulative %	Canonical Correlation
1	19.880a	100.0	100.0	.976

a. First 1 canonical discriminant functions were used in the analysis.

A correlação entre a variável dependente e o grupo de variáveis explicativas é forte (CORR = 0,976). O quadrado dessa correlação é PE = $(0{,}976)^2 = 0{,}953$. Este resultado indica que 95,3% da variação da variável dependente são explicados ou atribuídos às variáveis independentes, isto é, ao modelo. A modelagem revela, portanto, um bom poder de explicação das variáveis independentes.

Tabela 4
Teste de Significância da Função Discriminante
λ de *Wilks*

Wilks' Lambda

Test of Function(s)	Wilks' Lambda	Chi-square	df	Sig.
1	.048	109.396	4	.000

Na tabela 4, pode-se notar que λ de *Wilks* (0,048) é um valor bem reduzido, o que é favorável e indica que a amostra não é fruto de erro amostral, um acidente estatístico. O valor-p é 0,000<0,05, isto é, rejeita-se a hipótese de que as médias dos centroides dos grupos são iguais, isto é, os grupos são diferentes. A função discriminante é significante estatisticamente.

Tabela 5
Função Discriminante Estimada
Tabela dos Coeficientes (Pesos) Não Padronizados (Brutos)

Canonical Discriminant Function Coefficients

	Function
	1
Saldo na conta corrente	.00075
Limite de cheque especial disponível	.00161
Limite do cartão de crédito disponível	.00024
Valor da compra	-.00001
(Constant)	-6.66956

Unstandardized coefficients

Pela tabela 5, podemos especificar a equação da função discriminante gerada:

FD = -6,66956 + 0,00075Saldo na conta corrente + 0,00161Limite de cheque especial disponível + 0,00024Limite do cartão de crédito disponível – 0,00001Valor de compra

Este é o modelo matemático necessário para os objetivos do analista de prever se um cliente optará por usar a função débito ou crédito de seu cartão bancário no ato de pagar sua compra.

Tabela 6
Função Discriminante Estimada
Tabela dos Coeficientes (Pesos) Padronizados
Avaliação da Importância das Variáveis Explicativas em Termos Relativos

Standardized Canonical Discriminant Function Coefficients

	Function
	1
Saldo na conta corrente	.766
Limite de cheque especial disponível	.688
Limite do cartão de crédito disponível	.359
Valor da compra	-.017

As variáveis mais importantes na previsão da opção de pagamento com cartão são *"Saldo na conta corrente"* e *"Limite de cheque especial disponível"*. Um dado interessante é que o *"Valor da compra"* não pesa em nada na escolha pelo pagamento de débito ou crédito no cartão.

Tabela 7
Tabela das Correlações Canônicas
Matriz Estruturante do Espaço de Análise

Structure Matrix

	Function
	1
Saldo na conta corrente	.643
Limite de cheque especial disponível	.535
Limite do cartão de crédito disponível	.389
Valor da compra	-.011

Pooled within-groups correlations between discriminating variables and standardized canonical discriminant functions
Variables ordered by absolute size of correlation within function.

As cargas estruturais revelam que as variáveis mais correlacionadas com o modelo de previsão de opção de pagamento com cartão são *"Saldo na conta corrente"* e *"Limite de cheque especial disponível"*.

Interpretando as variáveis mais importantes para a função canônica, podemos batizá-la de ***"Disponibilidade de valores disponíveis na conta corrente"***.

Tabela 8
Função Classificação
Designação dos Grupos

1º) Calcule o escore discriminante do empregado a ser classificado:

FD = -6,66956 + 0,00075Saldo na conta corrente + 0,00161Limite de cheque especial disponível + 0,00024Limite do cartão de crédito disponível – 0,0001Valor de compra

Tendo um cliente com os valores abaixo para as variáveis, qual a previsão que se faz? Ele optará por pagar em débito ou crédito?

Saldo na conta corrente = 8050,00
Limite de cheque especial disponível = 2060,00
Limite do cartão de crédito disponível = 5700,00
Valor de compra = 3800,00

Temos,

FD = -6,66956 + 0,00075 x 8050 + 0,00161 x 2060 + 0,00024 x 5700 – 0,00001 x 3800 = ***4,01***

2º) Cálculo dos centroides:

Functions at Group Centroids

Forma de pagamento no cartão	Function 1
Débito	4.569
Crédito	-4.134

Unstandardized canonical discriminant functions evaluated at group means

3º) Cálculo do escore de corte:

O escore de corte deve ser calculado pela fórmula:

$$EC = \frac{19(4{,}569) + 21(-4{,}134)}{40} = 0$$

4º) Classificação:

O critério de classificação será:

- Se FD > 0; o cliente optará por pagar em débito.
- Se FD ≤ 0; o cliente optará por pagar em crédito.
- Como o escore discriminante (4,01) é maior que 0, *o cliente optará por pagar em débito.*

Tabela 9
Avaliação da Confiabilidade e Validade da Função Discriminante
Poder Preditivo da Função Discriminante
Designação dos Grupos

Classification Results[b,c]

		Forma de pagamento no cartão	Predicted Group Membership: Débito	Predicted Group Membership: Crédito	Total
Original	Count	Débito	19	0	19
		Crédito	0	21	21
	%	Débito	100.0	.0	100.0
		Crédito	.0	100.0	100.0
Cross-validated[a]	Count	Débito	19	0	19
		Crédito	0	21	21
	%	Débito	100.0	.0	100.0
		Crédito	.0	100.0	100.0

a. Cross validation is done only for those cases in the analysis. In cross validation, each case is classified by the functions derived from all cases other than that case.

b. 100.0% of original grouped cases correctly classified.

c. 100.0% of cross-validated grouped cases correctly classified.

A proporção de sucessos tanto na amostra original quanto na amostra de validação cruzada foi de 100%, o que revela uma ótima capacidade preditiva da função discriminante gerada.

Aplicação 2:

A base de dados a seguir se refere às variações de temperatura da cidade do Rio de Janeiro em 42 dias consecutivos. O que se pretende é um modelo de classificação que possa prever a probabilidade de chuva em um dia (1=Baixa; 2=Média e 3=Alta). Faça uma análise discriminante e estime uma função matemática significante que calcule a probabilidade de chuva em um dia, com 5% de significância.

Descrição das Variáveis

X_1: Zona Sul Temperatura Mínima
X_2: Zona Sul Temperatura Máxima
X_3: Zona Norte Temperatura Mínima
X_4: Zona Norte Temperatura Máxima
X_5: Zona Oeste Temperatura Mínima
X_6: Zona Oeste Temperatura Máxima
X_7: Sensação Térmica Mínima
X_8: Sensação Térmica Máxima
X_9: Probabilidade de Chuva

Base das Variações de Temperaturas no Rio de Janeiro

X_1	X_2	X_3	X_4	X_5	X_6	X_7	X_8	X_9
17	30	16	33	16	33	18	33	1
18	31	17	34	17	34	18	34	1
16	31	15	34	15	34	17	34	1
18	27	17	30	18	29	19	29	2
16	25	15	28	16	27	16	27	2
15	26	14	29	14	28	15	27	1

16	27	15	30	15	29	16	29	1
18	25	17	28	19	27	17	27	1
17	28	16	31	17	31	16	30	1
18	25	17	28	18	27	18	28	1
16	26	15	29	16	28	16	28	1
17	28	16	31	17	31	17	30	1
18	30	17	33	18	33	19	32	1
20	26	19	29	20	28	20	28	3
19	25	18	28	19	27	19	28	1
18	26	17	29	18	28	18	29	1
19	27	18	30	18	30	18	30	1
19	28	18	31	19	31	19	31	1
18	26	17	29	17	28	19	28	1
20	24	19	26	20	25	18	26	3
17	22	16	24	17	23	17	24	3
19	27	18	30	18	30	18	30	1
19	25	18	28	19	27	19	28	1
18	26	17	29	18	28	18	29	1
19	27	18	30	18	30	18	30	1
19	28	18	31	19	31	19	31	1
18	26	17	29	17	28	19	28	1
20	24	19	26	20	25	18	26	3
17	25	16	28	17	27	18	27	1
18	28	17	31	18	31	18	31	1
18	25	17	28	18	27	19	28	3
17	22	16	25	17	24	16	24	3
16	20	15	23	16	22	15	21	3
14	23	13	26	14	25	14	24	1
13	26	11	29	11	28	13	27	1
17	29	16	32	17	32	18	31	1
18	26	17	29	18	29	19	28	3
17	22	16	25	17	24	16	24	3
15	21	14	24	15	23	15	22	3
15	20	14	23	15	22	14	21	3
13	23	12	26	13	25	13	24	2
14	25	13	28	13	27	14	27	1

Solução:

O método de estimação é direto e com a variável dependente com três níveis e oito variáveis independentes, temos duas funções discriminantes geradas.

Resultados:

Tabela 1
Resumo dos Resultados

Analysis Case Processing Summary

Unweighted Cases		N	Percent
Valid		42	100.0
Excluded	Missing or out-of-range group codes	0	.0
	At least one missing discriminating variable	0	.0
	Both missing or out-of-range group codes and at least one missing discriminating variable	0	.0
	Total	0	.0
Total		42	100.0

A tabela 1 mostra que nenhum caso da base de dados foi excluído da análise. Todos os dias observados foram considerados no estudo.

Tabela 2
Teste de Existência de Multicolinearidade
Matriz de Correlações

Pooled Within-Groups Matrices

		Zona Sul Temperatura Mínima	Zona Sul Temperatura Máxima	Zona Norte Temperatura Mínima	Zona Norte Temperatura Máxima	Zona Oeste Temperatura Mínima	Zona Oeste Temperatura Máxima	Sensação Térmica Mínima	Sensação Térmica Máxima
Correlation	Zona Sul Temperatura Mínima	1.000	.432	.997	.401	.967	.397	.910	.564
	Zona Sul Temperatura Máxima	.432	1.000	.422	.993	.342	.984	.550	.971
	Zona Norte Temperatura Mínima	.997	.422	1.000	.393	.973	.391	.909	.557
	Zona Norte Temperatura Máxima	.401	.993	.393	1.000	.315	.991	.537	.962
	Zona Oeste Temperatura Mínima	.967	.342	.973	.315	1.000	.315	.876	.476
	Zona Oeste Temperatura Máxima	.397	.984	.391	.991	.315	1.000	.515	.955
	Sensação Térmica Mínima	.910	.550	.909	.537	.876	.515	1.000	.659
	Sensação Térmica Máxima	.564	.971	.557	.962	.476	.955	.659	1.000

Existem correlações apresentadas na matriz da tabela 2 que estão dentro dos limites aceitáveis para a modelagem, o que significa que as variáveis explicativas são correlacionadas adequadamente e a multicolinearidade não deve apresentar problemas na análise.

Tabela 3
Poder de Explicação do Modelo Gerado
Tabela dos Autovalores

Eigenvalues

Function	Eigenvalue	% of Variance	Cumulative %	Canonical Correlation
1	1.792[a]	90.3	90.3	.801
2	.192[a]	9.7	100.0	.401

a. First 2 canonical discriminant functions were used in the analysis.

A correlação canônica da primeira função discriminante revelou-se como 0,801. O seu quadrado, poder de explicação, é (PE) = $(0{,}801)^2$ = 0,6416 ou 64,16%. Isto significa que 64,16% das variações da variável "probabilidade de chuva" é explicada pela função discriminante 1. A função discriminante 2 tem PE menor, isto é, 16,08%.

Neste primeiro momento, a função discriminante 1 tem vantagem interpretativa.

Tabela 4
Teste de Significância da Função Discriminante
λ de *Wilks*

Wilks' Lambda

Test of Function(s)	Wilks' Lambda	Chi-square	df	Sig.
1 through 2	.301	42.679	16	.000
2	.839	6.227	7	.513

No nível de 5% de significância, somente a função discriminante 1 é significante estatisticamente.

O λ de Wilks da primeira função é baixo e o da segunda função, muito alto. Este resultado evidencia que a função discriminante 1 é a que melhor diferencia os grupos.

Iremos, então, adotar a primeira função discriminante como o modelo de classificação dos dias para os grupos de probabilidade de chuva.

Tabela 5
Função Discriminante Estimada
Tabela dos Coeficientes (Pesos) Não Padronizados (Brutos)

Canonical Discriminant Function Coefficients

	Function	
	1	2
Zona Sul Temperatura Mínima	-.449	3.336
Zona Sul Temperatura Máxima	-2.141	-.847
Zona Norte Temperatura Mínima	.509	-1.699
Zona Norte Temperatura Máxima	3.751	-1.307
Zona Oeste Temperatura Mínima	.065	-1.100
Zona Oeste Temperatura Máxima	-1.583	1.481
Sensação Térmica Mínima	-.564	-.141
Sensação Térmica Máxima	.684	.396
(Constant)	-19.110	-2.170

Unstandardized coefficients

A tabela 5 fornece os coeficientes de regressão brutos das funções discriminantes. Esses coeficientes também são chamados de pesos brutos.

Pela tabela 5, podemos especificar a equação da primeira função discriminante, adotada neste estudo como modelo preditivo:

FD = -19,110 –0,449Zona Sul Temperatura Mínima –2,141Zona Sul Temperatura Máxima + *0,509Zona Norte Temperatura Mínima* + *3,751Zona Norte Temperatura Máxima* + *0,065 Zona Oeste Temperatura Mínima* - *1,583Zona Oeste Temperatura* Máxima - *0,564Sensação Térmica Mínima* + *0,684Sensação Térmica Máxima.*

Tabela 6
Função Discriminante Estimada
Tabela dos Coeficientes (Pesos) Padronizados
Avaliação da Importância das Variáveis Explicativas em Termos Relativos

Standardized Canonical Discriminant Function Coefficients

	Function	
	1	2
Zona Sul Temperatura Mínima	-.798	5.927
Zona Sul Temperatura Máxima	**-4.374**	-1.730
Zona Norte Temperatura Mínima	.938	-3.134
Zona Norte Temperatura Máxima	**7.654**	-2.666
Zona Oeste Temperatura Mínima	.130	-2.192
Zona Oeste Temperatura Máxima	**-3.766**	3.525
Sensação Térmica Mínima	-1.040	-.260
Sensação Térmica Máxima	1.657	.959

Transformando os pesos canônicos em padronizados, percebemos pela tabela 6 que as variáveis *Zona Sul Temperatura Máxima, Zona Norte Temperatura Máxima* e *Zona Oeste Temperatura Máxima* são as variáveis que se destacam na diferenciação dos grupos e que mais afetam a probabilidade de chuva.

Tabela 7
Tabela das Correlações Canônicas
Matriz Estruturante do Espaço de Análise

Structure Matrix

	Function	
	1	2
Zona Norte Temperatura Máxima	.701*	.351
Zona Sul Temperatura Máxima	.655*	.364
Zona Oeste Temperatura Máxima	.652*	.403
Sensação Térmica Máxima	.629*	.464
Zona Sul Temperatura Mínima	-.061	.571*
Zona Norte Temperatura Mínima	-.065	.540*
Sensação Térmica Mínima	.056	.428*
Zona Oeste Temperatura Mínima	-.125	.401*

Pooled within-groups correlations between discriminating variables and standardized canonical discriminant functions
Variables ordered by absolute size of correlation within function.

*. Largest absolute correlation between each variable and any discriminant function

Neste estudo, as cargas exprimem a relação entre as variáveis originais e a função discriminante. Pela tabela 7, as variáveis que mais se associam à função discriminante 1 são *Zona Norte Temperatura Máxima, Zona Sul Temperatura Máxima, Zona Oeste Temperatura Máxima* e *Sensação Térmica Máxima.*

Portanto, podemos nomear o constructo básico representado pela função discriminante 1 como ***"Temperaturas Máximas"***. Este resultado indica que o que pesa mais para prever o nível de chuva de um determinado dia são suas temperaturas máximas.

Tabela 8
Função de Classificação
Designação dos Grupos

Classification Function Coefficients

	Probabilidade de Chuva		
	Baixa	Média	Alta
Zona Sul Temperatura Mínima	78.585	73.307	79.714
Zona Sul Temperatura Máxima	-74.096	-71.580	-67.687
Zona Norte Temperatura Mínima	-55.528	-52.985	-56.934
Zona Norte Temperatura Máxima	178.058	178.260	167.002
Zona Oeste Temperatura Mínima	8.711	10.495	8.586
Zona Oeste Temperatura Máxima	-66.258	-67.880	-61.650
Sensação Térmica Mínima	-23.097	-22.570	-21.413
Sensação Térmica Máxima	-17.359	-18.370	-19.414
(Constant)	-540.705	-528.002	-485.817

Fisher's linear discriminant functions

Iremos calcular um escore discriminante para cada uma das funções discriminantes geradas em cada grupo de probabilidade de chuva com base nos valores das variáveis explicativas do modelo que segue abaixo, que significam os dados da temperatura de um dia específico no Rio de Janeiro, que se pretende classificar como baixa, média ou alta probabilidade de chuva. O dia será atribuído ao grupo que apresentar o maior escore discriminante calculado.

Seja um empregado em que:

X_1: Zona Sul Temperatura Mínima = 18
X_2: Zona Sul Temperatura Máxima = 26
X_3: Zona Norte Temperatura Mínima = 17
X_4: Zona Norte Temperatura Máxima = 29
X_5: Zona Oeste Temperatura Mínima = 18
X_6: Zona Oeste Temperatura Máxima = 29
X_7: Sensação Térmica Mínima = 19
X_8: Sensação Térmica Máxima = 28

Fazendo os cálculos no *Excel*, temos:

Cálculo dos Escores Determinantes do Exemplo na Função de Fisher

Variáveis	Valores	Baixa	Média	Alta
Zona Sul Temperatura Mínima	18	78.58491642	73.30675797	79.71374749
Zona Sul Temperatura Máxima	26	-74.09622078	-71.57987371	-67.68676104
Zona Norte Temperatura Mínima	17	-55.52774026	-52.98514998	-56.9341558
Zona Norte Temperatura Máxima	29	178.0581481	178.2600761	167.0022763
Zona Oeste Temperatura Mínima	18	8.711492508	10.49546678	8.585856185
Zona Oeste Temperatura Máxima	29	-66.2584438	-67.88034046	-61.65016981
Sensação Térmica Mínima	19	-23.09730736	-22.56992325	-21.41283267
Sensação Térmica Máxima	28	-17.35932657	-18.37033552	-19.41369847
(Constant)		-540.7054355	-528.0024612	-485.8174038
Escores Discriminantes		477.44	476.43	**480.62**

Logo, o dia tem uma previsão de **alta** probabilidade de chuva.

Tabela 9
Avaliação da Confiabilidade e Validade da Função Discriminante
Poder Preditivo da Função Discriminante
Designação dos Grupos

Classification Results[b,c]

		Probabilidade de Chuva	Predicted Group Membership Baixa	Média	Alta	Total
Original	Count	Baixa	23	5	0	28
		Média	0	3	0	3
		Alta	2	0	9	11
	%	Baixa	82.1	17.9	.0	100.0
		Média	.0	100.0	.0	100.0
		Alta	18.2	.0	81.8	100.0
Cross-validated[a]	Count	Baixa	19	7	2	28
		Média	1	2	0	3
		Alta	2	0	9	11
	%	Baixa	67.9	25.0	7.1	100.0
		Média	33.3	66.7	.0	100.0
		Alta	18.2	.0	81.8	100.0

a. Cross validation is done only for those cases in the analysis. In cross validation, each case is classified by the functions derived from all cases other than that case.

b. 83.3% of original grouped cases correctly classified.

c. 71.4% of cross-validated grouped cases correctly classified.

A porcentagem do item (b) da nota de rodapé da tabela 9 envolve todos os dias da amostra classificados nos grupos pela função discriminante gerada e a porcentagem do item (c), somente os dias da amostra de validação selecionada aleatoriamente na amostra original.

A proporção de sucesso ou a porcentagem de casos classificados corretamente pela função discriminante estimada é de 83,3% no caso (b) e 71,4% no caso (c).

A proporção do item (b) da nota de rodapé da tabela 6 indica que a função classifica 83,3% dos dias da base original corretamente e a proporção do item (c) da nota de rodapé da tabela 6 indica 71,4% de acertos para a amostra de validação.

O que significa que o modelo tem uma boa capacidade preditiva de probabilidade de chuva para os dias do Rio de Janeiro e, por isso, é fortemente indicado para prever se choverá ou não em um dia.

3.16 MANOVA Adicional com Análise Discriminante e *Two Step Cluster*

No volume 1, no capítulo de MANOVA, foi mencionado que uma MANOVA significante pode ser seguida pela utilização tanto de ANOVAS univariadas quanto da análise discriminante.

Muitas vezes, as ANOVAS univariadas não são uma forma útil de verificar o que os testes multivariados mostram em detalhes porque o relacionamento entre as variáveis dependentes não é captado pelas ANOVAS em separado e levado em consideração na MANOVA e em seus testes de significância.

Portanto, os resultados das ANOVAS univariadas devem ser tratados com cautela. Na vida real, é bem provável que uma MANOVA significante seja evidência de pelo menos uma ANOVA significante. Contudo, isto nem sempre acontece porque o relacionamento entre as variáveis dependentes não é absorvido pelas ANOVAS univariadas e é o mote para a MANOVA principal.

A análise discriminante e a *Two Step Cluster* são as melhores maneiras de obter quais variáveis dependentes mais contribuem para a discriminação dos grupos, isto é, para a significância multivariada da diferença de médias entre os grupos, e é fortemente recomendado que se dê prosseguimento à MANOVA, tanto com as ANOVAS univariadas quanto com uma análise discriminante e os gráficos de importância de variáveis da *Two Step Cluster* para entender os dados completamente.

Aplicação 1:

Afinal, Beleza Influencia no Trabalho?

Um sociólogo afirma que as pessoas consideradas feias pelos colegas têm mais chance de ser tratadas mal no ambiente de trabalho. O pesquisador argumenta que os profissionais considerados bonitos são mais bem tratados, mesmo levando em conta fatores como gênero, idade e tempo de trabalho na companhia.

Mas, afinal, a beleza realmente influencia as relações do mundo corporativo? Coincidência ou não, a busca por uma aparência melhor é cada vez maior entre homens e mulheres. De acordo com a Associação Brasileira da Indústria de Higiene Pessoal, Perfumaria e Cosméticos (ABIHPEC) a venda dos produtos de beleza e higiene cresceu 15,62% em 2012.

Segundo os pesquisadores, a boa aparência é construída não só pelos traços faciais e por um corpo saudável, mas sim pelo *look* inteiro: *"Usar roupas que não chamem tanto atenção, mas que demonstrem elegância é recomendável. No caso das mulheres, usar maquiagens leves e ter sempre um cabelo bem arrumado também são detalhes importantes"*.

Em áreas de atuação onde lidar diretamente com o público se faz necessário estar bem apresentado, com certeza a beleza e uma boa aparência contam pontos. Estes profissionais geralmente representam a imagem da empresa onde atuam ou até mesmo seus próprios negócios, e a máxima de que "a primeira impressão é a que fica" funciona bastante nesses momentos.

Os sociólogos decidiram realizar uma experimentação que pudesse dar indicadores do efeito da beleza no tratamento que recebem no meio corporativo. Para tanto, selecionaram um *survey* com 40 funcionários de uma empresa. Estes pesquisados seriam divididos em dois grupos: os considerados bonitos e os considerados feios fisicamente. Em seguida, esses empregados seriam questionados sobre sua percepção em uma escala de 0 a 10 quanto à *"Aceitação de Colegas"*, *"Aceitação das Chefias"* e *"Aceitação dos Clientes"*. Os resultados das entrevistas se encontram na tabela abaixo. Realize uma MANOVA articulada com análise discriminante e faça uma análise completa do efeito da beleza no meio corporativo.

Base de Beleza x Trabalho

Nível de Beleza	Aceitação dos Colegas	Aceitação das Chefias	Aceitação dos Clientes
1	8	7	8
1	9	9	10
1	6	8	9
1	7	7	6
1	6	7	7
1	6	7	8
1	8	8	8
1	8	9	8
1	8	7	10
1	9	10	7
1	10	6	9
1	9	10	8
1	7	9	8
1	9	7	7
1	6	8	8
1	8	8	10
1	6	7	5
1	9	7	7
1	9	8	9
1	9	7	7
2	4	4	4
2	3	4	2
2	4	3	5
2	4	5	4
2	3	3	5
2	4	6	2
2	4	3	2
2	3	3	5
2	3	3	5
2	3	4	5
2	3	4	5

2	5	4	2
2	4	5	4
2	4	5	3
2	5	4	6
2	4	4	5
2	3	3	5
2	5	4	5
2	5	3	4
2	4	4	3

Solução:

1º) MANOVA

Tabela 1

Tamanho dos Grupos

Between-Subjects Factors

		Value Label	N
Nivel de Beleza	1	Belo	20
	2	Feio	20

Os tamanhos dos grupos são iguais e são menores que 30. Este cenário protege os resultados principais da MANOVA de possíveis violações dos pressupostos básicos, principalmente a violação da igualdade da variância.

Tabela 2

Teste de Igualdade da Matriz de Variância-Covariância

Teste Box's M

Box's Test of Equality of Covariance Matrices[a]

Box's M	13.943
F	2.124
df1	6
df2	10462.189
Sig.	.047

Tests the null hypothesis that the observed covariance matrices of the dependent variables are equal across groups.

a. Design: Intercept+NiveldeBeleza

Pela tabela 2, o valor-p = 0,047 > 0,01, o que indica em aceitar a hipótese nula de que as matrizes de variância e covariância são iguais. Portanto, não há violação do pressuposto da homocedasticidade e é bem provável que os resultados dos testes multivariados sejam confiáveis.

Tabela 3
Teste de Igualdade de Variâncias Univariadas
Teste de Levene

Levene's Test of Equality of Error Variances[a]

	F	df1	df2	Sig.
Aceitação dos Colegas	9.895	1	38	.003
Aceitação das Chefias	1.593	1	38	.215
Aceitação dos Clientes	.088	1	38	.768

Tests the null hypothesis that the error variance of the dependent variable is equal across groups.

a. Design: Intercept+NiveldeBeleza

O teste de Levene é relevante quando a hipótese de homogeneidade das matrizes de covariância é rejeitada e podemos, neste caso, identificar as variáveis que contribuem para aquele resultado.

As variâncias são diferentes entre os níveis de beleza quando observamos somente a variável *"Aceitação de Colegas"*, pois o valor-p = 0,003< 0,01.

As variâncias são iguais entre os níveis de beleza quando observamos as variáveis *"Aceitação das Chefias" e "Aceitação dos Clientes"*, pois os valores-p são respectivamente 0,215 e 0,768, todos maiores que 0,01.

Pelo resultado apresentado, segue-se que a violação da hipótese de homogeneidade multivariada pode estar associada à heterocedasticidade das variáveis *"Aceitação das Chefias"* e *"Aceitação dos Clientes"*.

Tabela 4
Teste da Diferença de Médias
Testes Multivariados
MANOVA MACRO

Multivariate Tests[b]

Effect		Value	F	Hypothesis df	Error df	Sig.	Partial Eta Squared
Intercept	Pillai's Trace	.989	1036.517[a]	3.000	36.000	.000	.989
	Wilks' Lambda	.011	1036.517[a]	3.000	36.000	.000	.989
	Hotelling's Trace	86.376	1036.517[a]	3.000	36.000	.000	.989
	Roy's Largest Root	86.376	1036.517[a]	3.000	36.000	.000	.989
NiveldeBeleza	Pillai's Trace	.902	110.736[a]	3.000	36.000	.000	.902
	Wilks' Lambda	.098	110.736[a]	3.000	36.000	.000	.902
	Hotelling's Trace	9.228	110.736[a]	3.000	36.000	.000	.902
	Roy's Largest Root	9.228	110.736[a]	3.000	36.000	.000	.902

a. Exact statistic

b. Design: Intercept+NiveldeBeleza

Na tabela 4, observando a coluna dos valores das significâncias das razões F, temos que para esses dados o *Traço de Pillai* (valor-p = 0,000), λ de Wilks (valor-p = 0,000), *Traço de Hotelling´s* (valor-p = 0,000) e *Maior Raiz de Roy* (valor-p = 0,000) alcançam o critério para a significância de 0,05.

O *Eta Quadrático* é de 0,902>0,26, demonstrando um grande efeito da beleza no tratamento das pessoas no meio organizacional.

A partir desse resultado, provavelmente concluímos que a beleza realmente influencia as relações do mundo corporativo.

Apesar de a beleza ter certa influência no meio empresarial, é importante ressaltar que nada substitui as competências profissionais. Dar muito peso para a vestimenta, maquiagens e outros recursos estéticos pode encobrir o que é realmente importante para a organização, que é o desempenho de seu funcionários e a entrega de resultados.

Tendo obtido um efeito multivariado de magnitude admirável, é possível passar ao nível micro da análise, quando são interpretadas as ANOVAS univariadas para cada variável dependente, com o objetivo de identificar as variáveis dependentes individuais que diferenciam significativamente os grupos. Em outras palavras, nesse estágio é realizada uma análise de variância (ANOVA) para cada variável dependente.

Tabela 5
Teste da Diferença de Médias
MANOVA MICRO

Tests of Between-Subjects Effects

Source	Dependent Variable	Type III Sum of Squares	df	Mean Square	F	Sig.	Partial Eta Squared
Corrected Model	Aceitação dos Colegas	150.091[a]	1	150.091	159.653	.000	.808
	Aceitação das Chefias	155.080[b]	1	155.080	151.802	.000	.800
	Aceitação dos Clientes	142.424[c]	1	142.424	101.466	.000	.728
Intercept	Aceitação dos Colegas	1387.834	1	1387.834	1476.256	.000	.975
	Aceitação das Chefias	1365.172	1	1365.172	1336.311	.000	.972
	Aceitação dos Clientes	1471.028	1	1471.028	1047.990	.000	.965
NiveldeBeleza	Aceitação dos Colegas	150.091	1	150.091	159.653	.000	.808
	Aceitação das Chefias	155.080	1	155.080	151.802	.000	.800
	Aceitação dos Clientes	142.424	1	142.424	101.466	.000	.728
Error	Aceitação dos Colegas	35.724	38	.940			
	Aceitação das Chefias	38.821	38	1.022			
	Aceitação dos Clientes	53.339	38	1.404			
Total	Aceitação dos Colegas	1573.649	40				
	Aceitação das Chefias	1559.073	40				
	Aceitação dos Clientes	1666.791	40				
Corrected Total	Aceitação dos Colegas	185.815	39				
	Aceitação das Chefias	193.901	39				
	Aceitação dos Clientes	195.763	39				

a. R Squared = .808 (Adjusted R Squared = .803)

b. R Squared = .800 (Adjusted R Squared = .795)

c. R Squared = .728 (Adjusted R Squared = .720)

Observando as ANOVAS em separado, temos a informação de que a beleza influencia a aceitação dos colegas, a aceitação das chefias e a aceitação dos clientes, pois em todas essas ANOVAS univariadas, os valores-p são nulos e, portanto, menores que 5%. Todas essas variáveis apresentam médias diferentes entre os grupos.

2º) Análise Discriminante

A análise discriminante visará complementar a MANOVA, incluindo as variáveis que mais contribuem para diferenciar os grupos, isto é, quais variáveis dependentes mais contribuem para que as médias sejam diferentes entre os grupos.

O estudo tem dois níveis para a variável dependente e três variáveis independentes. Portanto, a análise terá uma única função discriminante.

Solução:

Tabela 1
Resumo dos Resultados

Analysis Case Processing Summary

Unweighted Cases		N	Percent
Valid		40	100.0
Excluded	Missing or out-of-range group codes	0	.0
	At least one missing discriminating variable	0	.0
	Both missing or out-of-range group codes and at least one missing discriminating variable	0	.0
	Total	0	.0
Total		40	100.0

A tabela 1 mostra que nenhum dos funcionários do espaço de análise foi excluído da modelagem. Todos os colaboradores da empresa foram incluídos no modelo preditivo.

Tabela 2
Teste de Existência de Multicolinearidade
Matriz de Correlações

Pooled Within-Groups Matrices

		Aceitação dos Colegas	Aceitação das Chefias	Aceitação dos Clientes
Correlation	Aceitação dos Colegas	1.000	.163	.133
	Aceitação das Chefias	.163	1.000	-.036
	Aceitação dos Clientes	.133	-.036	1.000

As correlações da base de dados são fracas, o que pode significar que as ANOVAS em separado têm resultados correspondentes à MANOVA.

Tabela 3
Teste de Homocedasticidade
Teste de *Box 'M*

Test Results

Box's M		13.943
F	Approx.	2.124
	df1	6
	df2	10462.189
	Sig.	.047

Tests null hypothesis of equal population covariance matrices.

Para avaliar se as variâncias de uma análise discriminante são iguais entre os grupos, recomenda-se o emprego do teste *multivariado de* ***Box***. É o que realizaremos a seguir.

A hipótese de homogeneidade das matrizes de variância-covariância é similar à hipótese de homogeneidade de variância para as variáveis dependentes individuais. Em desenhos multivariados, essa hipótese é mais complexa: *a hipótese nula é que as matrizes de covariâncias são iguais na população dos grupos.*

O *valor-p = 0,047*>0,01, o que indica a aceitação da hipótese nula. Este resultado é favorável porque não viola o pressuposto multivariado da homocedasticidade e vai de encontro ao resultado da MANOVA.

Tabela 4
Poder de Explicação do Modelo Gerado
Tabela dos Autovalores

Eigenvalues

Function	Eigenvalue	% of Variance	Cumulative %	Canonical Correlation
1	9.228a	100.0	100.0	.950

a. First 1 canonical discriminant functions were used in the analysis.

A correlação entre a variável dependente e o grupo *de variáveis explicativas* é forte (CORR = 0,950). O quadrado dessa correlação é PE = $(0,950)^2$ = 0,9025. Este resultado indica que 90,25% da variação da variável dos níveis de beleza são explicados ou atribuídos às variáveis *"Aceitação de Colegas"*, *"Aceitação das Chefias"* e *"Aceitação dos Clientes"*, isto é, ao modelo. A modelagem revela, portanto, um bom poder de explicação das variáveis independentes (*"Aceitação de Colegas", "Aceitação das Chefias" e "Aceitação dos Clientes"*).

Tabela 5
Teste de Significância da Função Discriminante
λ de *Wilks*

Wilks' Lambda

Test of Function(s)	Wilks' Lambda	Chi-square	df	Sig.
1	.098	84.867	3	.000

Na tabela 5, pode-se notar que λ de *Wilks* (0,098) é um valor reduzido, o que é favorável e indica que a amostra não é fruto de erro amostral, um acidente estatístico. Os grupos são diferentes.

O valor-p é *0,000<0,05*, isto é, rejeita-se a hipótese de que as médias dos centroides dos grupos são iguais, isto é, os grupos são, de fato, diferentes. A função discriminante é significante estatisticamente.

Tabela 6
Função Discriminante Estimada
Tabela dos Coeficientes (Pesos) Não Padronizados (Brutos)

Canonical Discriminant Function Coefficients

	Function
	1
Aceitação dos Colegas	.529
Aceitação das Chefias	.586
Aceitação dos Clientes	.414
(Constant)	-9.054

Unstandardized coefficients

Pela tabela 6, poderemos especificar a equação da função discriminante gerada:

FD = -9,054 + 0,529 Aceitação dos Colegas + 0,586 Aceitação das Chefias + 0,414 Aceitação dos Clientes

Tabela 7
Função Discriminante Estimada
Tabela dos Coeficientes (Pesos) Padronizados
Avaliação da Importância das Variáveis Explicativas em Termos Relativos

Standardized Canonical Discriminant Function Coefficients

	Function
	1
Aceitação dos Colegas	.513
Aceitação das Chefias	.592
Aceitação dos Clientes	.491

As variáveis *"Aceitação dos Colegas"*, *"Aceitação das Chefias"* e *"Aceitação dos Clientes"* são importantes na diferenciação dos grupos. Portanto, é justificável a correspondência dos resultados da MANOVA e das ANOVAS em separado.

Tabela 8
Tabela das Correlações Canônicas
Matriz Estruturante do Espaço de Análise

Structure Matrix

	Function
	1
Aceitação dos Colegas	.675
Aceitação das Chefias	.658
Aceitação dos Clientes	.538

Pooled within-groups correlations between discriminating variables and standardized canonical discriminant functions
Variables ordered by absolute size of correlation within function.

As cargas estruturais revelam que todas as variáveis da base de dados têm correlações tolerantes com a função discriminante. Este resultado revela que a função discriminante forma um único constructo para o espaço de análise e corrobora a importância das variáveis *"Aceitação dos Colegas"*, *"Aceitação das Chefias"* e *"Aceitação dos Clientes"* na diferenciação dos grupos.

Portanto, os resultados da MANOVA, ANOVAS univariadas e Análise Discriminante convergem e indicam que todas as variáveis dependentes da MANOVA contribuem para a diferenciação dos grupos.

Tabela 9
Função de Classificação
Designação dos Grupos

1°) Calcule o escore discriminante do empregado a ser classificado:

FD = -9,054 + 0,529 Aceitação dos Colegas + 0,586 Aceitação das Chefias + 0,414 Aceitação dos Clientes

2°) Cálculo dos centroides:

Functions at Group Centroids

	Function
Nivel de Beleza	1
Belo	2.961
Feio	-2.961

Unstandardized canonical discriminant functions evaluated at group means

3°) Cálculo do escore de corte:

O escore de corte deve ser calculado pela fórmula:

$$EC = \frac{20(2,961) + 20(-2,961)}{40} = 0$$

4°) Classificação:

O critério de classificação será:

- Se FD > 0; o funcionário é considerado belo.
- Se FD ≤ 0; o funcionário é considerado feio.

Tabela 10
Avaliação da Confiabilidade e Validade da Função Discriminante
Poder Preditivo da Função Discriminante
Designação dos Grupos

Classification Results[b,c]

			Predicted Group Membership		
		Nivel de Beleza	Belo	Feio	Total
Original	Count	Belo	20	0	20
		Feio	0	20	20
	%	Belo	100.0	.0	100.0
		Feio	.0	100.0	100.0
Cross-validated[a]	Count	Belo	20	0	20
		Feio	0	20	20
	%	Belo	100.0	.0	100.0
		Feio	.0	100.0	100.0

a. Cross validation is done only for those cases in the analysis. In cross validation, each case is classified by the functions derived from all cases other than that case.

b. 100.0% of original grouped cases correctly classified.

c. 100.0% of cross-validated grouped cases correctly classified.

A porcentagem do item (b) do rodapé da tabela 10 envolve todos os funcionários inseridos no cálculo da função discriminante gerada e a porcentagem do item (c), somente os funcionários da amostra de validação, selecionada aleatoriamente na amostra original.

A proporção de sucesso ou a porcentagem de funcionários da empresa classificados corretamente nos grupos pela função discriminante estimada é de 100% no caso (b) e de 100% no caso (c).

A proporção do item (b) da nota de rodapé indica que a função classifica 100% dos funcionários como belo ou feio e a proporção do item (c) da nota de rodapé indica também 100% de acertos para a amostra de validação. O que significa que o modelo tem excelente poder de classificação.

3º) *Two Step Cluster*

Variáveis Importantes para o Grupo Belo:

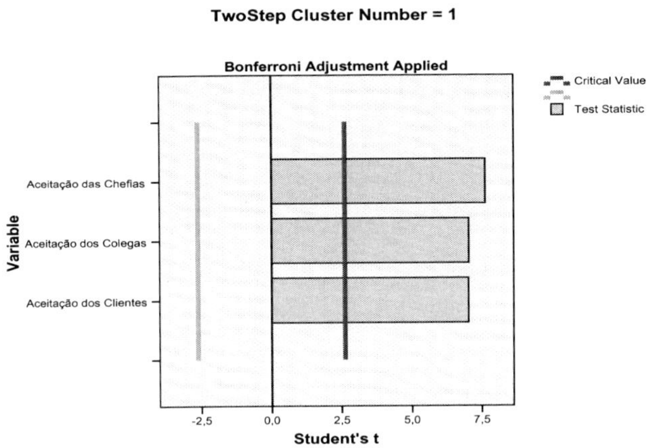

Todas as variáveis dependentes da MANOVA deste estudo têm relativamente a mesma importância para diferenciar o grupo Belo do Feio.

Variáveis Importantes para o Grupo Feio:

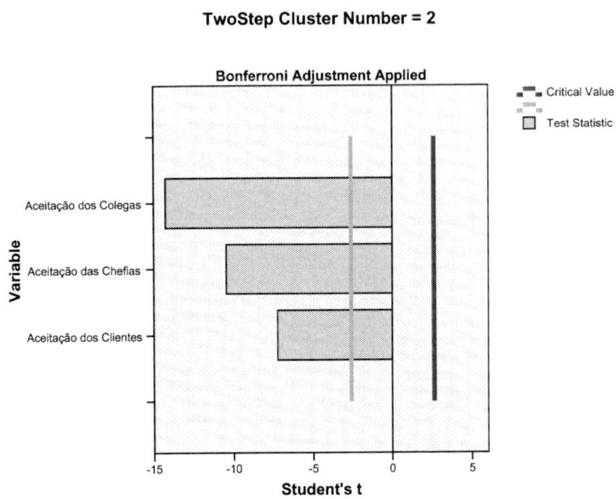

As variáveis dependentes *"Aceitação dos Colegas", "Aceitação das Chefias" e "Aceitação dos Clientes"* são importantes, nesta ordem, para a MANOVA deste estudo diferenciar o grupo Feio do Belo.

Aplicação 2:

Os executivos de uma emissora da TV fechada resolveram testar o efeito do horário sobre o IBOPE de três de seus programas: *Programa Feminino, Desenho* e *Novela*. Para tanto, desenvolveu um levantamento experimental. Durante 30 dias, os três programas seriam exibidos no horário *matutino* e nos próximos 30 dias, seriam deslocados para o horário *vespertino.* Em cada dia de observação, os IBOPEs dos programas foram coletados. Os dados levantados encontram-se na base de dados abaixo. Realize uma MANOVA, seguida de uma análise discriminante e *Two Step Cluster*, e verifique se os horários em que são exibidos têm efeito sobre o IBOPE dos programas.

Base da Faixa Horária x IBOPEs dos Programas de TV

Faixas Horárias	Programa Feminino	Desenho	Novela
1	11	21	7
1	9	18	5
1	12	32	8
1	15	16	5
1	14	26	9
1	15	20	8
1	8	20	7
1	12	14	7
1	14	18	6
1	10	19	6
1	11	22	7
1	9	16	6
1	8	20	7
1	10	17	5

1	10	17	5
1	8	19	8
1	11	22	5
1	11	29	8
1	12	26	7
1	11	29	10
1	11	10	6
1	11	14	6
1	15	20	7
1	12	14	6
1	12	21	5
1	11	14	6
1	16	23	3
1	14	36	8
1	17	14	4
1	11	12	6
2	13	12	25
2	13	4	41
2	13	5	23
2	13	7	20
2	13	7	20
2	15	9	18
2	18	8	30
2	18	10	20
2	12	13	28
2	16	4	32
2	18	0	23
2	11	11	24
2	15	13	31
2	13	10	30
2	16	7	24
2	16	10	25
2	15	5	24
2	14	5	33
2	12	13	28

2	15	0	27
2	15	11	28
2	17	10	30
2	18	5	26
2	16	8	21
2	15	7	29
2	16	6	25
2	13	7	20
2	13	8	17
2	15	20	33
2	11	5	24

Solução:

1º) MANOVA

Tabela 1
Tamanho dos Grupos

Between-Subjects Factors

		Value Label	N
Faixas Horárias	1	Matutino	30
	2	Vespertino	30

Os tamanhos dos grupos são iguais e menores que 30. Este cenário protege os resultados principais da MANOVA de possíveis violações dos pressupostos básicos, principalmente a violação da igualdade da variância.

Tabela 2
Teste de Igualdade da Matriz de Variância-Covariância
Teste Box's M

Box's Test of Equality of Covariance Matrices[a]

Box's M	47.591
F	7.485
df1	6
df2	24373.132
Sig.	.000

Tests the null hypothesis that the observed covariance matrices of the dependent variables are equal across groups.

a. Design: Intercept+FaixasHorárias

Pela tabela 2, o valor-p = 0,000 < 0,01, o que indica rejeitar a hipótese nula de que as matrizes de variância e covariância são iguais. Portanto, há violação do pressuposto da constante. Contudo, pelo fato dos tamanhos dos grupos serem iguais, é bem provável que este resultado não destoe dos resultados multivariados.

Tabela 3
Teste de Igualdade de Variâncias Univariadas
Teste de Levene

Levene's Test of Equality of Error Variances[a]

	F	df1	df2	Sig.
Programa Feminino	.380	1	58	.540
Desenho	2.623	1	58	.111
Novela	23.649	1	58	.000

Tests the null hypothesis that the error variance of the dependent variable is equal across groups.

a. Design: Intercept+FaixasHorárias

O teste de Levene é relevante quando a hipótese de homogeneidade das matrizes de covariância é rejeitada (o que diz respeito a este estudo) e podemos, neste caso, identificar as variáveis que contribuem para aquele resultado.

As variâncias são iguais entre as faixas horárias quando observamos as variáveis "*Programa Feminino*" e "*Desenho*", pois os valores-p são respectivamente 0,540 e 0,111, todos maiores que 0,01.

A desigualdade de variâncias está na variável "*Novela*", pois o valor-p associado é menor que 1%.

Pelo resultado apresentado, segue-se que a violação da hipótese de homogeneidade multivariada pode estar associada à desigualdade das variâncias entre as faixas horárias da variável "*Novela*".

Contudo, ratificamos que, pelo fato dos tamanhos dos grupos serem iguais, é bem provável que este resultado não destoe dos resultados multivariados.

Tabela 4
Teste da Diferença de Médias
Testes Multivariados
MANOVA MACRO

Multivariate Tests[b]

Effect		Value	F	Hypothesis df	Error df	Sig.	Partial Eta Squared
Intercept	Pillai's Trace	.984	1154.911[a]	3.000	56.000	.000	.984
	Wilks' Lambda	.016	1154.911[a]	3.000	56.000	.000	.984
	Hotelling's Trace	61.870	1154.911[a]	3.000	56.000	.000	.984
	Roy's Largest Root	61.870	1154.911[a]	3.000	56.000	.000	.984
FaixasHorárias	Pillai's Trace	.912	193.030[a]	3.000	56.000	.000	.912
	Wilks' Lambda	.088	193.030[a]	3.000	56.000	.000	.912
	Hotelling's Trace	10.341	193.030[a]	3.000	56.000	.000	.912
	Roy's Largest Root	10.341	193.030[a]	3.000	56.000	.000	.912

a. Exact statistic

b. Design: Intercept+FaixasHorárias

Na tabela 4, observando a coluna dos valores das significâncias das razões F, temos que para esses dados o *Traço de Pillai* (valor-p = 0,000), λ de Wilks (valor-p = 0,000), *Traço de Hotelling's* (valor-p = 0,000) e *Maior Raiz de Roy* (valor-p = 0,000) alcançam o critério para a significância de 0,05.

O *Eta Quadrático* é de 0,912>0,26, demonstrando um grande efeito da faixa horária em que são exibidos sobre o IBOPE dos programas de TV.

A partir desse resultado, provavelmente concluímos que a faixa horária de exibição realmente influencia no IBOPE dos programas de TV.

Tendo obtido um efeito multivariado de magnitude admirável, é possível passar ao nível micro da análise, quando são interpretadas as ANOVAS univariadas para cada variável dependente, com o objetivo de identificar as variáveis dependentes individuais que diferenciam significativamente os grupos. Em outras palavras, nesse estágio, é realizada uma análise de variância (ANOVA) para cada variável dependente.

Tabela 5
Teste da Diferença de Médias
MANOVA MICRO

Tests of Between-Subjects Effects

Source	Dependent Variable	Type III Sum of Squares	df	Mean Square	F	Sig.	Partial Eta Squared
Corrected Model	Programa Feminino	137.494a	1	137.494	29.016	.000	.333
	Desenho	2141.427b	1	2141.427	83.120	.000	.589
	Novela	5728.437c	1	5728.437	393.197	.000	.871
Intercept	Programa Feminino	10485.251	1	10485.251	2212.739	.000	.974
	Desenho	11720.274	1	11720.274	454.926	.000	.887
	Novela	15691.994	1	15691.994	1077.090	.000	.949
FaixasHorárias	Programa Feminino	137.494	1	137.494	29.016	.000	.333
	Desenho	2141.427	1	2141.427	83.120	.000	.589
	Novela	5728.437	1	5728.437	393.197	.000	.871
Error	Programa Feminino	274.838	58	4.739			
	Desenho	1494.256	58	25.763			
	Novela	844.995	58	14.569			
Total	Programa Feminino	10897.583	60				
	Desenho	15355.957	60				
	Novela	22265.425	60				
Corrected Total	Programa Feminino	412.332	59				
	Desenho	3635.683	59				
	Novela	6573.431	59				

a. R Squared = .333 (Adjusted R Squared = .322)

b. R Squared = .589 (Adjusted R Squared = .582)

c. R Squared = .871 (Adjusted R Squared = .869)

Observando as ANOVAS em separado, temos a informação de que a faixa horária de exibição influencia o IBOPE do *Programa Feminino, Desenho* e *Novelas*, pois em todas essas ANOVAS univariadas, os valores-p são nulos e, portanto, menores que 5%. Todas essas variáveis apresentam médias diferentes entre os grupos.

2º) Análise Discriminante

A análise discriminante visará complementar a MANOVA, incluindo as variáveis que mais contribuem para diferenciar os grupos, isto é, quais variáveis dependentes mais contribuem para que as médias sejam diferentes entre os grupos.

O estudo tem dois níveis para a variável dependente e três variáveis independentes. Portanto, a análise terá uma única função discriminante.

Solução:

Tabela 1
Resumo dos Resultados

Analysis Case Processing Summary

Unweighted Cases		N	Percent
Valid		60	100.0
Excluded	Missing or out-of-range group codes	0	.0
	At least one missing discriminating variable	0	.0
	Both missing or out-of-range group codes and at least one missing discriminating variable	0	.0
	Total	0	.0
Total		60	100.0

A tabela 1 informa que a análise discriminante inclui todos os dias de observação do experimento.

Tabela 2
Teste de Existência de Multicolinearidade
Matriz de Correlações

Pooled Within-Groups Matrices

		Programa Feminino	Desenho	Novela
Correlation	Programa Feminino	1.000	.038	-.034
	Desenho	.038	1.000	.173
	Novela	-.034	.173	1.000

As correlações da base de dados são fracas, o que pode significar que as ANOVAS em separado têm resultados correspondentes à MANOVA.

Tabela 3
Teste de Homocedasticidade
Teste de *Box'M*

Test Results

Box's M		47.591
F	Approx.	7.485
	df1	6
	df2	24373.132
	Sig.	.000

Tests null hypothesis of equal population covariance matrices.

O *valor-p = 0,000*<0,01, o que indica rejeição da hipótese nula. Este resultado é possível de ser desconsiderado, uma vez que os tamanhos dos grupos são grandes e iguais, indo de encontro ao resultado da MANOVA.

Tabela 4
Poder de Explicação do Modelo Gerado
Tabela dos Autovalores

Eigenvalues

Function	Eigenvalue	% of Variance	Cumulative %	Canonical Correlation
1	10.341[a]	100.0	100.0	.955

a. First 1 canonical discriminant functions were used in the analysis.

A correlação entre a variável dependente e as independentes é fortíssima (0,955), o que demonstra a alta diferenciação dos grupos.

Tabela 5
Teste de Significância da Função Discriminante
λ de *Wilks*

Wilks' Lambda

Test of Function(s)	Wilks' Lambda	Chi-square	df	Sig.
1	.088	137.205	3	.000

Na tabela 5, pode-se notar que λ de *Wilks* (0,088) é um valor reduzido, o que é favorável e indica que a amostra não é fruto de erro amostral, um acidente estatístico. Os grupos são diferentes.

O valor-p é *0,000<0,05*, isto é, rejeita-se a hipótese de que as médias dos centroides dos grupos são iguais, isto é, os grupos são, de fato, diferentes. A função discriminante é significante estatisticamente.

Portanto, com os resultados de validação acima favoráveis, podemos passar à interpretação da análise discriminante.

Tabela 6
Função Discriminante Estimada
Tabela dos Coeficientes (Pesos) Não Padronizados (Brutos)

Canonical Discriminant Function Coefficients

	Function
	1
Programa Feminino	.125
Desenho	-.107
Novela	.239
(Constant)	-4.030

Unstandardized coefficients

Pela tabela 6, podemos especificar a equação da função discriminante gerada:

$$FD = -4{,}003 + 0{,}125 Programa\ Feminino - 0{,}107 Desenho + 0{,}239 Novela$$

Tabela 7
Função Discriminante Estimada
Tabela dos Coeficientes (Pesos) Padronizados
Avaliação da Importância das Variáveis Explicativas em Termos Relativos

Standardized Canonical Discriminant Function Coefficients

	Function
	1
Programa Feminino	.272
Desenho	-.541
Novela	.913

A variável *"Novela"* é a mais importante na diferenciação dos grupos.

Tabela 8
Tabela das Correlações Canônicas
Matriz Estruturante do Espaço de Análise

Structure Matrix

	Function
	1
Novela	.810
Desenho	-.372
Programa Feminino	.220

Pooled within-groups correlations between discriminating variables and standardized canonical discriminant functions
Variables ordered by absolute size of correlation within function.

As cargas estruturais também confirmam as indicações dos pesos padronizados: a variável *"Novela"* é a mais importante na diferenciação dos grupos.

Os resultados da análise discriminante são gerais. A *Two Step Cluster* dará, em detalhes, qual variável diferencia mais cada grupo de outro.

Tabela 9
Função de Classificação
Designação dos Grupos

1º) Calcule o escore discriminante do empregado a ser classificado:

FD = -4,003 + 0,125Programa Feminino – 0,107Desenho + 0,239Novela

2º) Cálculo dos centroides:

Functions at Group Centroids

	Function
Faixas Horárias	1
Matutino	-3.162
Vespertino	3.162

Unstandardized canonical discriminant functions evaluated at group means

3º) Cálculo do escore de corte:

O escore de corte deve ser calculado pela fórmula:

$$EC = \frac{30(-3{,}162) + 30(3{,}162)}{60} = 0$$

4º) Classificação:

O critério de classificação será:

- Se FD > 0; a faixa de exibição dos programas naquele dia é a vespertina
- Se FD ≤ 0; a faixa de exibição dos programas naquele dia é a matutina.

Tabela 10
Avaliação da Confiabilidade e Validade da Função Discriminante
Poder Preditivo da Função Discriminante
Designação dos Grupos

Classification Results[b,c]

		Faixas Horárias	Predicted Group Membership: Matutino	Predicted Group Membership: Vespertino	Total
Original	Count	Matutino	30	0	30
		Vespertino	0	30	30
	%	Matutino	100.0	.0	100.0
		Vespertino	.0	100.0	100.0
Cross-validated[a]	Count	Matutino	30	0	30
		Vespertino	0	30	30
	%	Matutino	100.0	.0	100.0
		Vespertino	.0	100.0	100.0

a. Cross validation is done only for those cases in the analysis. In cross validation, each case is classified by the functions derived from all cases other than that case.

b. 100.0% of original grouped cases correctly classified.

c. 100.0% of cross-validated grouped cases correctly classified.

A porcentagem de acertos é de 100% na validação *"amostra original"* e de também 100% na *"validação cruzada"*, o que demonstra um admirável poder preditivo da função discriminante.

3º) *Two Step Cluster*

Variáveis Importantes para o Grupo Matutino:

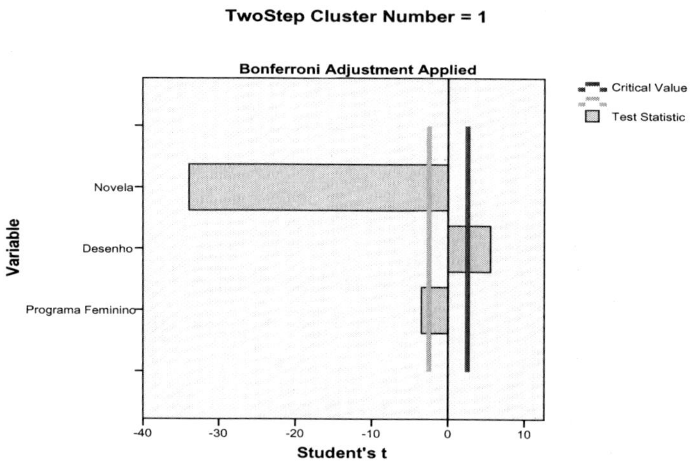

A variável *"Novela"* é a mais importante na diferenciação dos grupos.

Variáveis Importantes para o Grupo Vespertino:

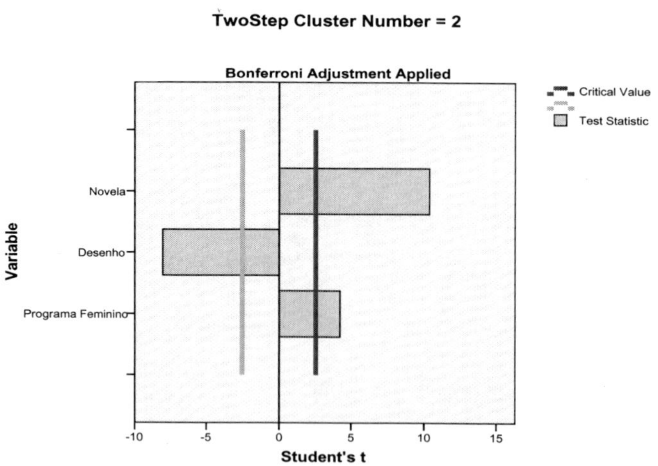

A variável *"Novela"* é a mais importante na diferenciação dos grupos.

Grupo Importante para a Variável Programa Feminino:

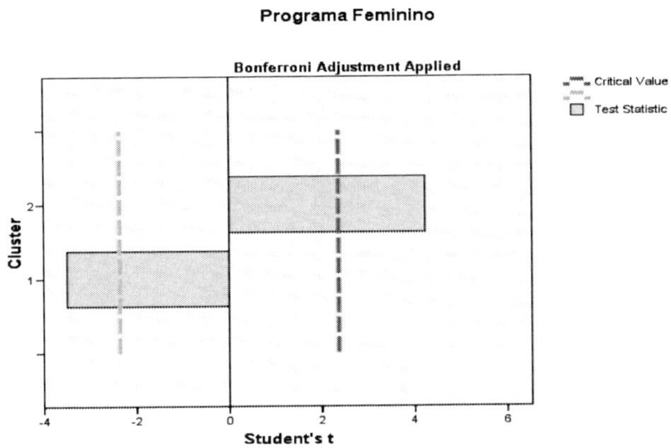

O grupo mais importante para a variável *Programa Feminino* é o *Vespertino.*

Grupo Importante para a Variável Desenho:

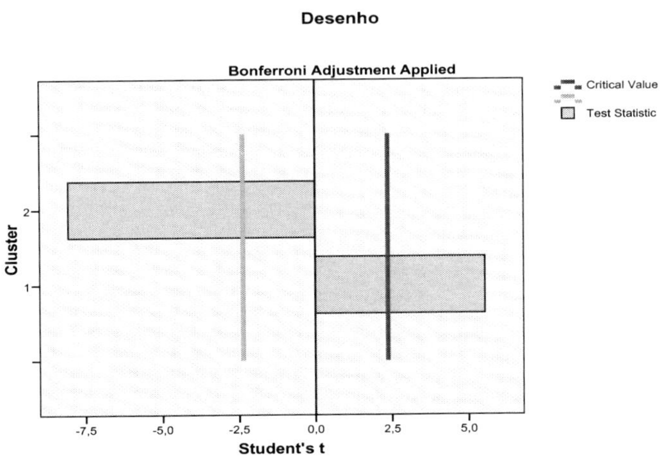

O grupo mais importante para a variável *Desenho* é o *Vespertino.*

Grupo Importante para a Variável Novela:

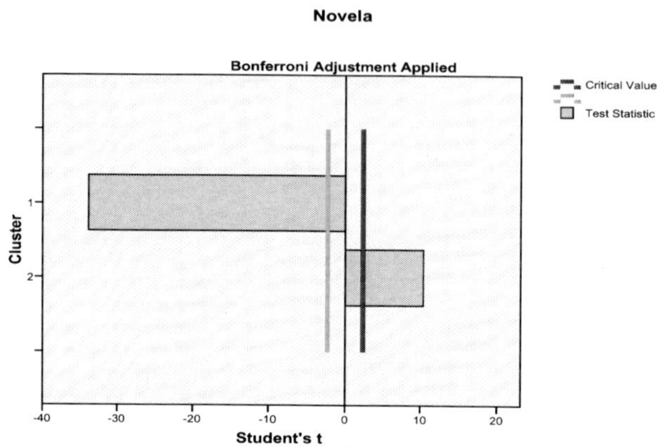

O grupo mais importante para a variável *Novela* é o *Matutino*.

3.17 Exercícios Propostos

1) A base de dados a seguir apresenta a amostra de um cadastro de clientes de uma financeira para a análise de crédito. As variáveis da base de dados são descritas a seguir:

Variáveis	Descrição
X_1	Quantidade de restrições de créditos
X_2	Quantidade de acordos firmados para a liquidação de restrições
X_3	Quantidade de acordos liquidados
X_4	Quantidade de renovação de acordos não liquidados
X_5	Classificação: 1-Mau pagador e 2-Bom pagador

Base de Análise de Crédito

X_1	X_2	X_3	X_4	X_5
0	0	0	0	2
1	1	1	1	2
2	2	1	0	2
3	3	3	1	2
0	0	0	0	2
1	1	1	1	2
2	2	2	0	2
1	1	1	1	2
5	5	1	4	1
6	4	2	4	1
8	8	1	5	1
7	3	0	3	1
6	6	2	4	1
10	5	2	3	1
9	9	3	5	1
5	5	1	4	1
7	7	0	7	1
8	8	1	5	1
11	4	0	4	1

Tomando a variável de classificação como dependente, realize uma análise discriminante de dois grupos dos dados e classifique um cliente com as seguintes atribuições nas variáveis independentes: $X_1=3$; $X_2=3$; $X_3=2$ *e* $X_4=1$.

Solução:

Formulação do Problema:

As variáveis independente e dependente para a análise discriminante são as descritas na tabela abaixo:

Variáveis	Descrição	Tipo de Variável
X_1	Quantidade de restrições de créditos	Independente
X_2	Quantidade de acordos firmados para a liquidação de restrições	Independente
X_3	Quantidade de acordos liquidados	Independente
X_4	Quantidade de renovação de acordos não liquidados	Independente
X_5	Classificação: 1-Mau pagador e 2-Bom pagador	Dependente

Determinação do Número de Funções Discriminantes:

A fórmula para a determinação do número de funções discriminantes que podem ser geradas é:

$$\mathbf{Min[\ (m\ -1)\ ;\ p\ ]}$$

Onde:

m = número de níveis da variável dependente
p = número de variáveis independentes

Logo, para o nosso exemplo,

$$\mathbf{Min[\ (2\ -1)\ ;\ p\ ] = Min[\ 1\ ;\ 4\ ] = 1}$$

Portanto, nessa aplicação só pode ser gerada uma função discriminante.

Método de Estimação dos Coeficientes da Função Discriminante

Utilizaremos o método direto para a estimação da função discriminante, de maneira que todas as variáveis independentes sejam incluídas simultaneamente no processo de estimação dos coeficientes da função discriminante. Neste caso, cada variável explicativa é incluída independentemente de seu poder discriminatório.

Os parâmetros da função discriminante são estimados no sentido de maximizar a diferenciação dos grupos. Em outras palavras, os pesos discriminantes são descritos de tal forma que a função discriminante oferece uma separação ótima entre os grupos.

Resultados:

Tabela 1
Resumo dos Resultados

Analysis Case Processing Summary

Unweighted Cases		N	Percent
Valid		19	100,0
Excluded	Missing or out-of-range group codes	0	,0
	At least one missing discriminating variable	0	,0
	Both missing or out-of-range group codes and at least one missing discriminating variable	0	,0
	Total	0	,0
Total		19	100,0

A tabela 1 mostra que nenhum caso da base de dados foi excluído da análise. Todos os clientes da financeira foram considerados no estudo.

Tabela 2
Teste de Existência de Multicolinearidade
Matriz de Correlações

Pooled Within-Groups Matrices

		Quantidade de restrições de créditos	Quantidade de acordos firmados para liquidação de restrições	Quantidade de acordos liquidados	Quantidade de renovação de acordos não liquidados
Correlation	Quantidade de restrições de créditos	1,000	,294	,248	,007
	Quantidade de acordos firmados para liquidação de restrições	,294	1,000	,517	,614
	Quantidade de acordos liquidados	,248	,517	1,000	-,015
	Quantidade de renovação de acordos não liquidados	,007	,614	-,015	1,000

As correlações apresentadas na matriz de correlações da tabela 2 são baixas, o que significa que as variáveis explicativas não são correlacionadas e a multicolinearidade não deve apresentar problemas na análise.

Tabela 3
Poder de Explicação do Modelo Gerado
Tabela dos Autovalores

Eigenvalues

Function	Eigenvalue	% of Variance	Cumulative %	Canonical Correlation
1	8,912[a]	100,0	100,0	,948

a. First 1 canonical discriminant functions were used in the analysis.

O quadrado dessa correlação, PE = $(0,948)^2$ = 0,90, indica que 90% da variação da variável dependente (classificação) são explicados ou atribuídos às variáveis explicativas retidas, isto é, ao modelo.

Tabela 4
Teste de Significância da Função Discriminante
λ de *Wilks*

Wilks' Lambda

Test of Function(s)	Wilks' Lambda	Chi-square	df	Sig.
1	,101	34,406	4	,000

Na tabela 4, pode-se notar que λ de Wilks (0,101) é um valor baixo, o que é uma evidência de que os grupos são diferentes. O valor-p é 0,000< 0,05, isto é, rejeita-se a hipótese de que as médias dos centroides dos grupos são iguais. A função discriminante é significante estatisticamente.

Tabela 5
Função Discriminante Estimada
Tabela dos Coeficientes (Pesos) Não Padronizados (Brutos)

Canonical Discriminant Function Coefficients

	Function
	1
Quantidade de restrições de créditos	,444
Quantidade de acordos firmados para liquidação de restrições	-,151
Quantidade de acordos liquidados	-,031
Quantidade de renovação de acordos não liquidados	,947
(Constant)	-4,115

Unstandardized coefficients

Pela tabela 5, podemos especificar a equação da função discriminante gerada:

$$FD = -4,12 + 0,44X_1 - 0,15X_2 - 0,03X_3 + 0,95X_4$$

Tabela 6
Função Discriminante Estimada
Tabela dos Coeficientes (Pesos) Padronizados
Avaliação da Importância das Variáveis Explicativas em Termos Relativos

Standardized Canonical Discriminant Function Coefficients

	Function
	1
Quantidade de restrições de créditos	,732
Quantidade de acordos firmados para liquidação de restrições	-,246
Quantidade de acordos liquidados	-,031
Quantidade de renovação de acordos não liquidados	,876

Transformando os pesos não padronizados em padronizados, percebemos pela tabela 6 que as variáveis ***"Quantidade de restrições de crédito"*** e ***"Quantidade de renovação de acordos não liquidados"*** são as variáveis com maior peso na variável de classificação como bom ou mau pagador, portanto, são as que mais contribuem para o poder discriminatório da função discriminante.

Tabela 7
Tabela das Correlações Canônicas
Matriz Estruturante do Espaço de Análise

Structure Matrix

	Function
	1
Quantidade de renovação de acordos não liquidados	,730
Quantidade de restrições de créditos	,658
Quantidade de acordos firmados para liquidação de restrições	,490
Quantidade de acordos liquidados	,010

Pooled within-groups correlations between discriminating variables and standardized canonical discriminant functions
Variables ordered by absolute size of correlation within function.

As variáveis mais importantes para a formação da função discriminante são ***"Quantidade de renovação de acordos não liquidados"*** e ***"Quantidade de restrições de crédito"***. Isso nos possibilita dizer que o constructo básico representado pela função discriminante é ***"Dívidas em Atraso"***. Esta é a variável latente que mais implica na classificação de um cliente como bom ou mau pagador.

Tabela 8
Função de Classificação
Designação dos Grupos

1°) Calcule o escore discriminante do cliente a ser classificado:

$FD = -4,12 + 0,44X_1 - 0,15X_2 - 0,03X_3 + 0,95X_4$

O cliente tem as seguintes características:

$X_1 = 3; X_2 = 3; X_3 = 2$ e $X_4 = 1$

Logo,

$FD = -4,12 + 0,44.3 - 0,15.3 - 0,03.2 + 0,95.1 = -2,36$

2°) Cálculo dos centroides:

Functions at Group Centroids

Classificação	Function 1
Mau pagador	2,408
Bom pagador	-3,311

Unstandardized canonical discriminant functions evaluated at group means

3º) Cálculo do escore de corte:

O escore de corte deve ser calculado pela fórmula:

$$EC = \frac{11(2,408)+8(-3,311)}{19} = 0$$

4º) Classificação:

O critério de classificação será:

- Se FD > 0, o elemento é classificado no grupo do mau pagador.
- Se FD ≤ 0, o elemento é classificado no grupo do bom pagador.

Como o escore discriminante (-2,36) é menor que zero, o cliente pode ser classificado como bom pagador.

Tabela 9
Avaliação da Confiabilidade e Validade da Função Discriminante
Poder Preditivo da Função Discriminante
Designação dos Grupos

Classification Results[b,c]

			Predicted Group Membership		
		Classificação	Mau pagador	Bom pagador	Total
Original	Count	Mau pagador	11	0	11
		Bom pagador	0	8	8
	%	Mau pagador	100,0	,0	100,0
		Bom pagador	,0	100,0	100,0
Cross-validated[a]	Count	Mau pagador	11	0	11
		Bom pagador	0	8	8
	%	Mau pagador	100,0	,0	100,0
		Bom pagador	,0	100,0	100,0

a. Cross validation is done only for those cases in the analysis. In cross validation, each case is classified by the functions derived from all cases other than that case.

b. 100,0% of original grouped cases correctly classified.

c. 100,0% of cross-validated grouped cases correctly classified.

A porcentagem de 100% do item (b) da nota envolve todos os clientes da amostra e a porcentagem de 100% do item (c) da nota, somente os clientes da amostra de validação, selecionada na amostra total.

A proporção de sucesso ou a porcentagem de casos classificados corretamente em ambos os casos, itens (b) e (c) da nota, pela função discriminante estimada é em 100%, o que significa que o modelo tem uma ótima capacidade preditiva e, por isso, é fortemente indicado para discriminar os clientes da financeira.

2) Um psicólogo coletou uma amostra de 40 usuários da rede social *"Facebbok"* e pesquisou com que grau os referidos usuários são viciados na rede social. Os resultados estão descritos nas tabelas abaixo. Faça uma análise discriminante de dois grupos e classifique um usuário com: $X_1=2; X_2=1; X_3=3; X_4=1$ e $X_5=3$.

Descrição das Variáveis

Variáveis	**Descrição**
X_1	Número de horas em frente ao computador por perfil de facebook
X_2	Número de acessos ao facebook por dia
X_3	Número de perfis de facebook diferentes
X_4	Número de atualizações no facebook por dia e por perfil
X_5	Número de amigos no facebook
X_6	Vício em facebook: 1-Viciado 2- Não Viciado

Base Viciados em Facebook

X_1	X_2	X_3	X_4	X_5	X_6
9	11	11	7	9	1
6	6	12	7	5	1
12	12	10	7	4	1

7	7	4	9	12	1
9	9	11	8	11	1
8	4	9	8	10	1
9	7	6	8	12	1
10	9	8	9	5	1
6	10	4	5	12	1
7	10	8	10	7	1
8	12	11	6	8	1
12	4	9	7	9	1
4	4	11	11	12	1
11	5	6	4	4	1
9	11	6	12	10	1
9	10	11	10	7	1
4	4	4	5	8	1
8	7	4	12	10	1
5	11	8	11	11	1
3	0	0	0	1	2
3	0	1	1	3	2
2	1	3	1	3	2
3	0	1	2	1	2
2	0	2	1	0	2
0	0	3	3	3	2
1	2	2	1	0	2
3	0	0	1	0	2
1	1	0	3	0	2
0	2	0	0	1	2
0	0	3	1	2	2
0	0	2	2	2	2
0	1	0	0	1	2
2	2	0	2	3	2
2	1	3	3	1	2
3	2	1	2	2	2
3	2	2	1	0	2
0	0	0	0	0	2
0	1	1	1	3	2

2	2	0	1	2	2
2	1	0	0	2	2

Solução:

Determinação do Número de Funções Discriminantes:

A fórmula para determinação do número de funções discriminantes que podem ser geradas é:

$$Min[\,(m - 1)\,;\,p\,]$$

Onde:

m= número de níveis da variável dependente
p= número de variáveis independentes

Logo para o nosso exemplo,

$$\mathbf{Min[\,(2 - 1)\,;\,p\,]} = Min[\,1\,;\,5\,] = 1$$

Portanto, nesse exercício só pode ser gerada uma função discriminante.

Método de Estimação dos Coeficientes da Função Discriminante

Utilizaremos o método direto para a estimação da função discriminante, de maneira que todas as variáveis independentes sejam incluídas simultaneamente no processo de estimação dos coeficientes da função discriminante. Neste caso, cada variável explicativa é incluída independente de seu poder discriminatório.

Os parâmetros da função discriminante são estimados no sentido de maximizar a diferenciação dos grupos. Em outras palavras, os pesos discriminantes são descritos de tal forma que a função discriminante ofereça a separação ótima entre grupos.

Resultados:

Tabela 1
Resumo dos Resultados

Analysis Case Processing Summary

Unweighted Cases		N	Percent
Valid		40	100,0
Excluded	Missing or out-of-range group codes	0	,0
	At least one missing discriminating variable	0	,0
	Both missing or out-of-range group codes and at least one missing discriminating variable	0	,0
	Total	0	,0
Total		40	100,0

A tabela 1 mostra que nenhum caso da base de dados foi excluído da análise. Todos os clientes da financeira foram considerados no estudo.

Tabela 2
Teste de Existência de Multicolinearidade
Matriz de Correlações

Pooled Within-Groups Matrices

		Número de horas em frente ao computador por perfil de facebook	Número de acessos ao facebook por dia	Número de perfis de facebook diferentes	Número de atualizações no facebook por dia e por perfil	Número médio de amigos que mantém conversas simultâneas no facebook
Correlation	Número de horas em frente ao computador por perfil de facebook	1,000	,165	,102	-,125	-,369
	Número de acessos ao facebook por dia	,165	1,000	,144	,151	-,087
	Número de perfis de facebook diferentes	,102	,144	1,000	,091	-,208
	Número de atualizações no facebook por dia e por perfil	-,125	,151	,091	1,000	,311
	Número médio de amigos que mantém conversas simultâneas no facebook	-,369	-,087	-,208	,311	1,000

As correlações apresentadas na matriz de correlações da tabela 2 são baixas, o que significa que as variáveis explicativas não são correlacionadas e a multicolinearidade não deve apresentar problemas na análise.

Tabela 3
Poder de Explicação do Modelo Gerado
Tabelas dos Autovalores

Eigenvalues

Function	Eigenvalue	% of Variance	Cumulative %	Canonical Correlation
1	17,030a	100,0	100,0	,972

a. First 1 canonical discriminant functions were used in the analysis.

O quadrado dessa correlação PE=$(0,972)^2$= 0,944, o que indica que 94,4% da variação da variável dependente (viciado em *fecebook*) são explicada ou atribuída às variáveis explicativas retidas, isto é, ao modelo.

Tabela 4
Teste de Significância da Função Discriminante
λ de *Wilks*

Wilks' Lambda

Test of Function(s)	Wilks' Lambda	Chi-square	df	Sig.
1	,055	102,667	5	,000

Na tabela 4, pode-se notar que λ de Wilks(0,055) é um valor baixo, o que é evidência de que os grupos são diferentes. O valor-p é 0,000< 0,05, isto é, rejeita-se a hipótese de que as médias dos centróides dos grupos sejam iguais. A função discriminante é significante estatisticamente.

Tabela 5
Função Discriminante Estimada
Tabela dos Coeficientes (Pesos) Não Padronizados (Brutos)

Canonical Discriminant Function Coefficients

	Function
	1
Número de horas em frente ao computador por perfil de facebook	,342
Número de acessos ao facebook por dia	,134
Número de perfis de facebook diferentes	,198
Número de atualizações no facebook por dia e por perfil	,150
Número médio de amigos que mantém conversas simultâneas no facebook	,336
(Constant)	-5,352

Unstandardized coefficients

Pela tabela 5, poderemos especificar a equação da função discriminante gerada:

$$FD= -5{,}35 + 0{,}34X_1 + 0{,}13X_2 + 0{,}20X_3 + 0{,}15X_4 + 0{,}34X_5$$

Tabela 6
Função Discriminante Estimada
Tabela dos Coeficientes (Pesos) Padronizados
Avaliação da Importância das Variáveis Explicativas em Termos Relativos

Standardized Canonical Discriminant Function Coefficients

	Function
	1
Número de horas em frente ao computador por perfil de facebook	,637
Número de acessos ao facebook por dia	,281
Número de perfis de facebook diferentes	,420
Número de atualizações no facebook por dia e por perfil	,267
Número médio de amigos que mantém conversas simultâneas no facebook	,699

Transformando os pesos não padronizados em padronizados, percebemos pela tabela 6 que as variáveis ***"Número de horas em frente ao computador por perfil de facebook"*** e ***"Número médio de amigos que mantém conversas simultâneas no facebook"*** são as variáveis com maior peso na variável ***"viciado em facebook"***, portanto, que mais contribuem para o poder discriminatório da função discriminante.

Tabela 7
Tabelas das Correlações Canônicas
Matriz Estruturante do Espaço de Análise

Structure Matrix

	Function
	1
Número de atualizações no facebook por dia e por perfil	,485
Número médio de amigos que mantém conversas simultâneas no facebook	,436
Número de horas em frente ao computador por perfil de facebook	,435
Número de acessos ao facebook por dia	,425
Número de perfis de facebook diferentes	,404

Pooled within-groups correlations between discriminating variables and standardized canonical discriminant functions
Variables ordered by absolute size of correlation within function.

As variáveis mais correlacionadas com a função discriminante são ***"Número de atualizações no facebook por dia e por perfil"***, ***"Número médio de amigos que mantém conversas simultâneas no facebook"***, ***"Número de horas em frente ao computador por perfil de fecebook"*** e ***"Número de acessos ao facebook por dia"***. Isso nos possibilita dizer que o constructo básico representado pela função discriminante é ***"Constância de uso"***. Esta é a variável latente que mais implica na classificação de um usuário do facebook em viciado e não viciado.

Tabela 8
Função Classificação
Designação aos Grupos

1°)Calcule o escore discriminante do cliente a ser classificado:

$$FD = -5{,}35 + 0{,}34X_1 + 0{,}13X_2 + 0{,}20X_3 + 0{,}15X_4 + 0{,}34X_5$$

O cliente tem as seguintes características:

$$X_1=2\,;\ X_2=1;\ X_3=3;\ X_4=1 \text{ e } X_5=3$$

Logo,

$$FD\ -5{,}35 + 0{,}34.2 + 0{,}13.1 + 0{,}20.3 + 0{,}15.1 + 0{,}34.3 = \mathbf{-3{,}37}$$

2°)Cálculo dos centróides:

Functions at Group Centroids

Vício em facebook	Function 1
Viciado	4,229
Não Viciado	-3,826

Unstandardized canonical discriminant functions evaluated at group means

3°)Cálculo do escore de corte:

O escore de corte deve ser calculado pela fórmula:

$$EC = \frac{21(4,29) + 19(-3,826)}{40} = 0,40$$

4º) Classificação:

O critério de classificação será:

- Se FD > 0,40; o usuário é classificado no grupo do viciado em facebook.
- *Se FD ≤ 0,40; o usuário* é classificado no grupo *do não viciado em facebook.*

Como o escore discriminante (-3,37) é menor do que 0,40, o usuário pode ser classificado como não viciado em ***facebook***.

Tabela 9
Avaliação da Confiabilidade e Validade da Função Discriminante
Poder Preditivo da Função Discriminante
Designação aos Grupos

Classification Results[b,c]

			Predicted Group Membership		
		Vício em facebook	Viciado	Não Viciado	Total
Original	Count	Viciado	19	0	19
		Não Viciado	0	21	21
	%	Viciado	100,0	,0	100,0
		Não Viciado	,0	100,0	100,0
Cross-validated[a]	Count	Viciado	19	0	19
		Não Viciado	0	21	21
	%	Viciado	100,0	,0	100,0
		Não Viciado	,0	100,0	100,0

a. Cross validation is done only for those cases in the analysis. In cross validation, each case is classified by the functions derived from all cases other than that case.

b. 100,0% of original grouped cases correctly classified.

c. 100,0% of cross-validated grouped cases correctly classified.

A porcentagem de 100% indicada no item (b) da nota envolve todos os usuários de *facebook* da amostra e a porcentagem de 100% no item (c) da nota somente os usuários do *facebook* da amostra de validação, selecionada da amostra original.

A proporção de sucesso ou a porcentagem de casos classificados corretamente pela função discriminante estimada é de 100% em ambos os casos. O que significa que o modelo tem uma ótima capacidade preditiva e por isso é fortemente indicada para discriminar os usuários de *facebook.*

3) Os clientes de uma financeira foram perfilados de acordo com seu risco de inadimplência para a concessão de créditos pessoais, comerciais e imobiliários. As variáveis consideradas no cadastro se encontram na tabela abaixo:

X_1: Sexo (1-Homem e 2-Mulher)
X_2: *Idade em Anos*
X_3: *Meses de Inadimplência*
X_4: *Número de Restrições no CPF*
X_5: *Estado Civil (1-Solteiro e 2-Casado)*
X_6: *Trabalha Atualmente? (1-Sim e 2-Não)*
X_7: *Nota de Risco de Inadimplência (0 a 10)*
X_8: *Classificação de Risco (1-Baixo Risco, 2-Médio Risco e 3-Alto Risco)*

Base de Risco de Inadimplência

X_1	X_2	X_3	X_4	X_5	X_6	X_7	X_8
Homem	27	36	4	solteiro	não	8	alto risco
Homem	45	60	5	casado	sim	9	alto risco
Homem	55	24	2	casado	não	6	alto risco
Homem	35	48	3	casado	não	7	alto risco
Mulher	27	40	10	solteiro	não	9	alto risco

Mulher	35	45	5	casado	não	8	alto risco
Mulher	45	80	8	casado	não	10	alto risco
Mulher	27	48	9	casado	não	10	alto risco
Homem	25	12	1	solteiro	sim	4	médio risco
Homem	21	6	2	solteiro	sim	5	médio risco
Homem	28	1	3	casado	não	6	médio risco
Homem	18	2	1	solteiro	sim	1	médio risco
Mulher	20	12	2	solteiro	sim	4	médio risco
Mulher	19	6	1	solteiro	sim	5	médio risco
Mulher	21	8	2	casado	não	6	médio risco
Mulher	18	12	3	solteiro	sim	1	médio risco
Homem	40	0	0	casado	sim	0	baixo risco
Homem	35	0	0	solteiro	não	2	baixo risco
Homem	60	0	0	casado	sim	1	baixo risco
Homem	40	0	0	casado	sim	1	baixo risco
Mulher	35	0	0	casado	sim	0	baixo risco
Mulher	35	1	0	solteiro	não	2	baixo risco
Mulher	37	0	0	casado	sim	1	baixo risco
Mulher	42	0	0	casado	sim	1	baixo risco

X_1	X_2	X_3	X_4	X_5	X_6	X_7	X_8
1	27	36	4	1	2	8	3
1	45	60	5	2	1	9	3
1	55	24	2	2	2	6	3
1	35	48	3	2	2	7	3
2	27	40	10	1	2	9	3
2	35	45	5	2	2	8	3
2	45	80	8	2	2	10	3
2	27	48	9	2	2	10	3
1	25	12	1	1	2	4	2
1	21	6	2	1	1	5	2
1	28	1	3	2	1	6	2
1	18	2	1	1	2	1	2
2	20	12	2	1	1	4	2

2	19	6	1	1	1	5	2
2	21	8	2	2	2	6	2
2	18	12	3	1	1	1	2
1	40	0	0	2	2	0	1
1	35	0	0	1	1	2	1
1	60	0	0	2	2	1	1
1	40	0	0	2	2	1	1
2	35	0	0	2	2	0	1
2	35	1	0	1	1	2	1
2	37	0	0	2	2	1	1
2	42	0	0	2	2	1	1

Tomando a variável X_8 = classificação de risco como dependente, realize uma análise discriminante múltipla da base de dados e classifique um cliente que assuma os seguintes valores para as variáveis independentes: $X_2 = 21; X_3 = 8; X_4 = 2$ *e* $X_7 = 6$.

Solução:

O método de estimação é o método direto e com a variável dependente com três níveis e sete variáveis independentes, temos duas funções discriminantes geradas.

Resultados:

Tabela 1

Resumo dos Resultados

Analysis Case Processing Summary

Unweighted Cases		N	Percent
Valid		24	100,0
Excluded	Missing or out-of-range group codes	0	,0
	At least one missing discriminating variable	0	,0
	Both missing or out-of-range group codes and at least one missing discriminating variable	0	,0
	Total	0	,0
Total		24	100,0

A tabela 1 mostra que nenhum caso da base de dados foi excluído da análise. Todos os clientes da amostra foram considerados no estudo.

Tabela 2
Teste de Existência de Multicolinearidade
Matriz de Correlações

Pooled Within-Groups Matrices

		Idade	Meses de Inadimplência	Número de Restrições	Nota de Risco d e Inadimplência
Correlation	Idade	1,000	,057	-,344	-,061
	Meses de Inadimplência	,057	1,000	,388	,342
	Número de Restrições	-,344	,388	1,000	,474
	Nota de Risco de Inadimplência	-,061	,342	,474	1,000

As correlações apresentadas na matriz de correlações da tabela 2 são baixas, o que significa que as variáveis explicativas não são correlacionadas e a multicolinearidade não deve apresentar problemas na análise.

Tabela 3
Poder de Explicação do Modelo Gerado
Tabela dos Autovalores

Eigenvalues

Function	Eigenvalue	% of Variance	Cumulative %	Canonical Correlation
1	7,183a	81,8	81,8	,937
2	1,603a	18,2	100,0	,785

a. First 2 canonical discriminant functions were used in the analysis.

A correlação canônica da primeira função discriminante se revelou como 0,937. O seu quadrado, poder de explicação, é (PE) = $(0,937)^2$ = 0,88 ou 88%. Isto significa que 88% das variações da variável dependente são explicados pela função discriminante 1. A função discriminante 2 tem PE = 62%.

Iremos, então, adotar a primeira função discriminante como modelo de classificação dos clientes nos grupos de risco de inadimplência.

Tabela 4
Teste de Significância da Função Discriminante
λ de *Wilks*

Wilks' Lambda

Test of Function(s)	Wilks' Lambda	Chi-square	df	Sig.
1 through 2	,047	59,648	8	,000
2	,384	18,657	3	,000

No nível de 5% de significância, as duas funções discriminantes são significantes estatisticamente.

Os λ de Wilks das duas funções também são baixos, o que indica que os três grupos gerados são bem diferentes. Contudo, o λ de Wilks da primeira função discriminante é bem baixo, o que evidencia que, por este modelo, a discriminação é bem precisa. Este resultado reforça a adoção da primeira função como modelo de classificação dos clientes nos grupos de risco de inadimplência pela financeira.

Tabela 5
Função Discriminante Estimada
Tabela dos Coeficientes (Pesos) Não Padronizados (Brutos)

Canonical Discriminant Function Coefficients

	Function	
	1	2
Idade	,008	,125
Meses de Inadimplência	,061	,013
Número de Restrições	,033	,245
Nota de Risco de Inadimplência	,389	-,321
(Constant)	-3,195	-3,533

Unstandardized coefficients

A tabela 5 fornece os coeficientes de regressão brutos das funções discriminantes. Esses coeficientes também são chamados de pesos brutos.

Pela tabela 5, podemos especificar a equação da primeira função discriminante, adotada neste estudo como modelo preditivo:

$$FD = -3{,}20 + 0{,}01X_1 + 0{,}06X_2 + 0{,}03X_3 - 3{,}20X_4$$

Tabela 6
Função Discriminante Estimada
Tabela dos Coeficientes (Pesos) Padronizados
Avaliação da Importância das Variáveis Explicativas em Termos Relativos

Standardized Canonical Discriminant Function Coefficients

	Function	
	1	2
Idade	,064	,994
Meses de Inadimplência	,606	,128
Número de Restrições	,058	,429
Nota de Risco de Inadimplência	,575	-,475

Transformando os pesos canônicos em padronizados, percebemos pela tabela 6 que as variáveis ***"Meses de Inadimplência"*** e ***"Nota de Risco de Inadimplência"*** são as mais impactantes na explicação da variável ***"Classificação de Risco»***, isto é, contribuem mais para o poder discriminatório da função discriminante 1.

Tabela 7
Tabela das Correlações Canônicas
Matriz Estruturante do Espaço de Análise

Structure Matrix

	Function	
	1	2
Meses de Inadimplência	,829*	,189
Nota de Risco de Inadimplência	,806*	-,288
Número de Restrições	,544*	-,088
Idade	,043	,882*

Pooled within-groups correlations between discriminating variables and standardized canonical discriminant functions
Variables ordered by absolute size of correlation within function.

*. Largest absolute correlation between each variable and any discriminant function

Neste estudo, as cargas exprimem a relação entre as variáveis originais e a função discriminante. Pela tabela 7, as variáveis que mais se associam à função discriminante 1 são ***"Meses de Inadimplência", "Nota de Risco de Inadimplência"*** e ***"Número de Restrições"***. Isso indica que quanto mais tempo o cliente tiver de inadimplência, maior a sua nota de risco de inadimplência, maior o número de restrições em seu CPF e maiores as chances dele ser classificado no grupo de alto risco de voltar a dever. Portanto, podemos nomear o constructo básico representado pela função discriminante 1 como ***"Perfil Devedor"***.

Tabela 8
Função de Classificação
Designação dos Grupos

Classification Function Coefficients

	Classificação de Risco		
	Baixo Risco	Médio Risco	Alto Risco
Idade	,756	,417	,705
Meses de Inadimplência	-,140	-,084	,208
Número de Restrições	1,395	,756	1,399
Nota de Risco de Inadimplência	,246	1,738	2,797
(Constant)	-16,520	-9,407	-34,836

Fisher's linear discriminant functions

Iremos calcular um escore discriminante para cada uma das funções discriminantes geradas com base nos valores das variáveis explicativas do modelo que segue abaixo, que significam os dados de um cliente específico da financeira, que está sendo classificado em um dos grupos. O cliente será atribuído ao grupo que apresentar o maior escore discriminante calculado.

Seja uma empresa em que:

$X_2 = 21$
$X_3 = 8$
$X_4 = 2$
$X_7 = 6$

Fazendo os cálculos no *Excel*, temos:

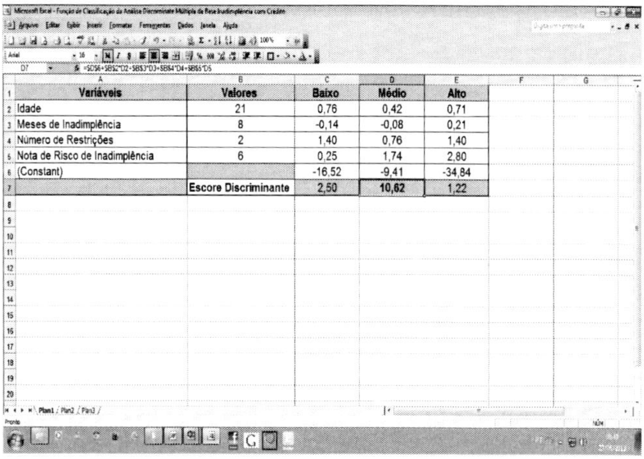

Variáveis	Valores	Baixo	Médio	Alto
Idade	21	0,76	0,42	0,71
Meses de Inadimplência	8	-0,14	-0,08	0,21
Número de Restrições	2	1,40	0,76	1,40
Nota de Risco de Inadimplência	6	0,25	1,74	2,80
(Constant)		-16,52	-9,41	-34,84
	Escore Discriminante	2,50	10,62	1,22

Logo, o cliente deve ser classificado no grupo de **médio risco de inadimplência.**

Tabela 9
Avaliação da Confiabilidade e Validade da Função Discriminante
Poder Preditivo da Função Discriminante
Designação dos Grupos

Classification Results[b,c]

			Predicted Group Membership			
		Classificação de Risco	Baixo Risco	Médio Risco	Alto Risco	Total
Original	Count	Baixo Risco	8	0	0	8
		Médio Risco	0	8	0	8
		Alto Risco	0	0	8	8
	%	Baixo Risco	100,0	,0	,0	100,0
		Médio Risco	,0	100,0	,0	100,0
		Alto Risco	,0	,0	100,0	100,0
Cross-validated[a]	Count	Baixo Risco	8	0	0	8
		Médio Risco	1	7	0	8
		Alto Risco	1	0	7	8
	%	Baixo Risco	100,0	,0	,0	100,0
		Médio Risco	12,5	87,5	,0	100,0
		Alto Risco	12,5	,0	87,5	100,0

a. Cross validation is done only for those cases in the analysis. In cross validation, each case is classified by the functions derived from all cases other than that case.

b. 100,0% of original grouped cases correctly classified.

c. 91,7% of cross-validated grouped cases correctly classified.

Quando se testa a capacidade preditora da função discriminante usando a base de dados original, há uma probabilidade certa de sucesso (100%). Contudo, quando se usa uma amostra da amostra original (amostra de validação) e se aplica na função discriminante, a probabilidade de sucesso cai para 91,7%, que também é muito boa. Logo, ajustamos um ótimo modelo de discriminação de clientes em um dos grupos de risco de inadimplência.

4) Em uma transportadora, foi observado que menos 40% dos funcionários submetidos a um programa de treinamento reagem positivamente. Para tanto, foi extraída uma amostra de 36 empregados com as variáveis sexo, idade e anos de escolaridade. O fenômeno sob análise é a reação (0=negativa; 1=positiva). A base de dados se encontra na tabela abaixo. Realize uma análise discriminante e construa um modelo preditivo para a reação de um funcionário ao programa de treinamento. Um cliente que tem as características abaixo reagirá como ao programa de treinamento?

$$X_1 = 1; X_2 = 24; X_3 = 13$$

Base de Reação dos Empregados ao Programa de Treinamento

Sexo (X_1)	Idade (X_2)	Anos de escolaridade (X_3)	Reação (X_4)
1	23	13	0
1	32	14	0
1	21	9	0
0	45	16	1
1	18	11	0
1	29	15	0
1	21	10	0
1	23	13	0
1	34	14	0
0	44	16	1

0	41	15	1
1	23	13	0
1	18	10	0
1	28	15	0
1	23	15	0
1	25	13	0
0	45	18	1
1	26	12	0
1	27	12	0
0	18	9	0
1	26	14	0
1	28	14	0
1	22	11	0
0	56	18	1
0	42	17	1
1	25	13	0
1	22	14	0
0	56	20	1
0	39	16	1
0	41	16	1
1	21	13	0
1	25	8	0
1	25	10	0
0	43	20	1
1	23	14	0
1	25	12	0

Nota:

Sexo: 1-mulher e 0-homem

Reação: 1-positiva e 0-negativa

Solução:

Determinação do Número de Funções Discriminantes:

A fórmula para a determinação do número de funções discriminantes que podem ser geradas é:

$$\textbf{Min}[\,(\mathbf{m} - 1)\,;\,\mathbf{p}\,]$$

Onde:
m = número de níveis da variável dependente
p = número de variáveis independentes

Logo, para o nosso exemplo,

$$\textbf{Min}[\,(2 - 1)\,;\,\mathbf{p}\,] = \textbf{\textit{Min}}[\,1\,;\,4\,] = 1$$

Portanto, nesse exercício só pode ser gerada uma função discriminante.

Método de Estimação dos Coeficientes da Função Discriminante

Utilizaremos o método direto para a estimação da função discriminante, de maneira que todas as variáveis independentes sejam incluídas simultaneamente no processo de estimação dos coeficientes da função discriminante. Neste caso, cada variável explicativa é incluída independentemente de seu poder discriminatório.

Os parâmetros da função discriminante são estimados no sentido de maximizar a diferenciação dos grupos. Em outras palavras, os pesos discriminantes são descritos de tal forma que a função discriminante oferece uma separação ótima entre os grupos.

Resultados:

Tabela 1
Resumo dos Resultados

Analysis Case Processing Summary

Unweighted Cases		N	Percent
Valid		36	100.0
Excluded	Missing or out-of-range group codes	0	.0
	At least one missing discriminating variable	0	.0
	Both missing or out-of-range group codes and at least one missing discriminating variable	0	.0
	Total	0	.0
Total		36	100.0

A tabela 1 mostra que nenhum caso da base de dados foi excluído da análise. Todos os funcionários da empresa foram incluídos na análise.

Tabela 2
Teste de Existência de Multicolinearidade
Matriz de Correlações

Pooled Within-Groups Matrices

		Sexo	Idade	Anos de escolaridade
Correlation	Sexo	1.000	.239	.300
	Idade	.239	1.000	.537
	Anos de escolaridade	.300	.537	1.000

A maior parte das correlações apresentadas na matriz de correlações da tabela 2 é baixa, o que significa que as variáveis explicativas não são correlacionadas e a multicolinearidade não deve apresentar problemas na análise.

Tabela 3
Poder de Explicação do Modelo Gerado
Tabela dos Autovalores

Eigenvalues

Function	Eigenvalue	% of Variance	Cumulative %	Canonical Correlation
1	15.401[a]	100.0	100.0	.969

a. First 1 canonical discriminant functions were used in the analysis.

O quadrado dessa correlação PE = $(0,969)^2 = 0,939$, o que indica que 93,9% da variação da variável dependente (reação ao programa de treinamento) são explicados ou atribuídos às variáveis explicativas retidas, isto é, ao modelo.

Tabela 4
Teste de Significância da Função Discriminante
λ de *Wilks*

Wilks' Lambda

Test of Function(s)	Wilks' Lambda	Chi-square	df	Sig.
1	.061	90.913	3	.000

Na tabela 4, pode-se notar que λ de Wilks (0,061) é um valor baixo, o que é uma evidência de que os grupos são diferentes. O valor-p é $0,000 < 0,05$, isto é, rejeita-se a hipótese de que as médias dos centroides dos grupos são iguais. A função discriminante é significante estatisticamente.

Tabela 5
Função Discriminante Estimada
Tabela dos Coeficientes (Pesos) Não Padronizados (Brutos)

Canonical Discriminant Function Coefficients

	Function
	1
Sexo	5.284
Idade	-.138
Anos de escolaridade	-.112
(Constant)	2.021

Unstandardized coefficients

Pela tabela 5, podemos especificar a equação da função discriminante gerada:

$$FD= 2,02 + 5,28X_1 - 0,14X_2 - 0,11X_3$$

Tabela 6
Função Discriminante Estimada
Tabela dos Coeficientes (Pesos) Padronizados
Avaliação da Importância das Variáveis Explicativas em Termos Relativos

Standardized Canonical Discriminant Function Coefficients

	Function
	1
Sexo	.889
Idade	-.632
Anos de escolaridade	-.219

Transformando os pesos não padronizados em padronizados, percebemos pela tabela 6 que as variáveis ***sexo*** e ***idade*** são as variáveis com maior peso na variável

"reação ao programa de treinamento", portanto, são as que mais contribuem para o poder discriminatório da função discriminante.

Tabela 7
Tabela das Correlações Canônicas
Matriz Estruturante do Espaço de Análise

Structure Matrix

	Function
	1
Sexo	.672
Idade	-.537
Anos de escolaridade	-.292

Pooled within-groups correlations between discriminating variables and standardized canonical discriminant functions
Variables ordered by absolute size of correlation within function.

As variáveis mais correlacionadas com a função discriminante são ***"sexo"*** e ***"idade"***. Isso nos possibilita dizer que o constructo básico representado pela função discriminante é o ***"Fator Demográfico"***. Esta é a variável latente que mais implica na classificação de um empregado da empresa em reagir positiva ou negativamente ao programa de treinamento.

Tabela 8
Função de Classificação
Designação dos Grupos

1°) Calcule o escore discriminante do empregado a ser classificado:

$$FD = 2{,}02 + 5{,}28X_1 - 0{,}14X_2 - 0{,}11X_3$$

O empregado tem as seguintes características:

$$X_1 = 1; X_2 = 24; X_3 = 13$$

Logo,

$FD = (2{,}02) + (5{,}28x1) - (0{,}14x24) - (0{,}11x13) = \mathbf{2{,}51}$

2º) Cálculo dos centroides:

Functions at Group Centroids

Reação	Function 1
Negativa	2.365
Positiva	-6.150

Unstandardized canonical discriminant functions evaluated at group means

3º) Cálculo do escore de corte:

O escore de corte deve ser calculado pela fórmula:

$$EC = \frac{26(2{,}365) + 10(-6{,}150)}{36} = -0{,}01$$

4º) Classificação:

O critério de classificação será:

- Se FD > -0,01; o empregado é classificado no grupo dos que reagem negativamente.
- Se FD ≤ -0,01; o empregado é classificado no grupo dos que reagem positivamente.

Como o escore discriminante (2,51) é maior que -0,01, o empregado pode ser classificado no grupo que reagirá negativamente ao programa de treinamento.

Tabela 9
Avaliação da Confiabilidade e Validade da Função Discriminante
Poder Preditivo da Função Discriminante
Designação dos Grupos

Classification Results[b,c]

		Reação	Predicted Group Membership: Negativa	Predicted Group Membership: Positiva	Total
Original	Count	Negativa	26	0	26
		Positiva	0	10	10
	%	Negativa	100.0	.0	100.0
		Positiva	.0	100.0	100.0
Cross-validated[a]	Count	Negativa	26	0	26
		Positiva	0	10	10
	%	Negativa	100.0	.0	100.0
		Positiva	.0	100.0	100.0

a. Cross validation is done only for those cases in the analysis. In cross validation, each case is classified by the functions derived from all cases other than that case.

b. 100.0% of original grouped cases correctly classified.

c. 100.0% of cross-validated grouped cases correctly classified.

A porcentagem do item (b) da nota de rodapé envolve todos os empregados da amostra classificados nos grupos pela função discriminante gerada e a porcentagem do item (c) da nota de rodapé, somente os empregados da amostra de validação, selecionada aleatoriamente na amostra original.

A proporção de sucesso ou a porcentagem de casos classificados corretamente pela função discriminante estimada é de 100% tanto no caso (b) quanto no caso (c).

A proporção do item (b) da nota indica que a função classifica 100% dos elementos da base original corretamente e a proporção do item (c) da nota indica também 100% de acerto para a amostra de validação.

O que significa que o modelo tem uma ótima capacidade preditiva e, por isso, é fortemente indicado para discriminar os empregados na empresa em um dos grupos de reação.

5) Um estudo feito por uma empresa interessada em pesquisar sobre satisfação no emprego de seus funcionários. Cada entrevistado deu uma nota de 0 a 20 pelo trabalho a que é submetido e então, foi classificado com esta nota, sendo estabelecido o seguinte critério:

1: Muito satisfeito- nota superior a 14
2: Satisfeito- nota de 7 a 14
3: Pouco satisfeito- nota inferior a 7.

No mesmo questionário, outras variáveis foram pesquisadas, como salário atual, salário inicial na organização, tempo de serviço, anos de estudo e a idade do entrevistado.

A base de dados se encontra na tabela a seguir. Faça uma análise discriminante e construa um modelo que possa prever o nível de satisfação de um colaborador em função de suas característica observadas no estudo.

Seja um empregado em que:
Salário atual = 15.000 reais
Salário inicial = 5000 reais
Tempo de serviço = 30 anos
Anos de escolaridade = 18 anos
Idade =60 anos

Qual grupo de satisfação ele pertenceria?

Base Satisfação no Emprego de seus Funcionários

Satisfação(X_1)	Salário atual(X_2)	Salário inicial(X_3)	Tempo de serviço(X_4)	Anos de estudo(X_5)	Idade(X_6)
1	12000	3000	20	16	45
1	10000	2800	21	16	56
1	8000	1500	27	18	57
1	10000	2200	12	17	45
1	12000	2900	15	21	44
1	20000	10000	31	28	61
1	10000	3100	10	18	45
1	8000	1650	27	17	55
1	7000	1450	25	16	60
2	5000	800	8	16	29
2	6000	1200	7	16	31
2	5500	4000	6	16	34
2	4500	3500	5	15	26
2	4000	3990	2	14	25
2	4500	4000	5	13	33
2	3500	3100	4	15	31
2	4000	3700	6	16	33
2	4500	3900	4	15	29
2	6000	4300	6	17	30
2	6000	4500	5	17	35
2	8000	7000	4	16	34
2	4000	3700	3	15	32
2	5000	3500	10	16	35
2	5600	5000	4	16	26
2	5500	5100	4	16	27
2	4000	3600	6	15	32
2	4000	3000	4	15	33
2	3900	2700	3	13	27
2	5000	3990	8	16	28
3	800	700	1	7	21

3	750	680	1	8	22
3	950	890	2	11	23
3	1200	1000	1	12	21
3	990	780	2	9	22
3	1000	810	3	9	23
3	1500	1100	5	12	25
3	1000	900	4	10	25
3	999	815	3	10	24
3	800	780	3	9	23
3	890	750	3	9	23

Nota: salários em real e tempo de serviço e idade em anos

Solução:

O método de estimação é o método direto e com a variável dependente com 3 níveis e com 4 variáveis independentes, teremos duas funções discriminantes geradas.

Resultados:

Tabela 1
Resumo dos Resultados

Analysis Case Processing Summary

Unweighted Cases		N	Percent
Valid		40	100.0
Excluded	Missing or out-of-range group codes	0	.0
	At least one missing discriminating variable	0	.0
	Both missing or out-of-range group codes and at least one missing discriminating variable	0	.0
	Total	0	.0
Total		40	100.0

A tabela 1 mostra que nenhum caso da base de dados foi excluído da análise. Todos os funcionários amostrados foram considerados no estudo.

Tabela 2
Teste de Existência de Multicolinearidade
Matriz de Correlações

Pooled Within-Groups Matrices

		Salário atual	Salário inicial	Tempo de serviço	Anos de escolaridade	Idade
Correlation	Salário atual	1.000	.820	.222	.793	.121
	Salário inicial	.820	1.000	.175	.665	.224
	Tempo de serviço	.222	.175	1.000	.364	.748
	Anos de escolaridade	.793	.665	.364	1.000	.269
	Idade	.121	.224	.748	.269	1.000

Muitas das correlações apresentadas na matriz de correlações da tabela 2 são baixas, o que significa que as variáveis explicativas não são correlacionadas e a multicolinearidade não deve apresentar problemas na análise.

Tabela 3
Poder de Explicação do Modelo Gerado
Tabelas dos Autovalores

Eigenvalues

Function	Eigenvalue	% of Variance	Cumulative %	Canonical Correlation
1	17.925a	91.5	91.5	.973
2	1.660a	8.5	100.0	.790

a. First 2 canonical discriminant functions were used in the analysis.

A correlação canônica da primeira função discriminante se revelou 0,973. O seu quadrado, poder de explicação, $(PE)=(0{,}973)^2=0{,}947$ ou 94,7%. Isto significa que 94,7% das variações da variável dependente é explicada pela função discriminante 1. A função discriminante 2 tem PE menor, isto é, 62,4%.

Vamos, então, adotar a primeira função discriminante como modelo de classificação dos clientes aos grupos de risco de inadimplência.

Tabela 4
Teste de Significância da Função Discriminante
λ de *Wilks*

Wilks' Lambda

Test of Function(s)	Wilks' Lambda	Chi-square	df	Sig.
1 through 2	.020	137.160	10	.000
2	.376	34.243	4	.000

Ao nível de 5% de significância, as duas funções discriminantes são significantes estatisticamente.

Os λ de Wilks das duas funções também são baixos, o que indica que os três grupos gerados são bem diferentes. Contudo, o λ de Wilks da primeira função discriminante é bem mais baixo, o que evidencia que por este modelo a discriminação é bem mais precisa.

Este resultado reforça a adoção da primeira função como modelo de classificação dos funcionários aos grupos de satisfeitos e não satisfeitos com o emprego.

Tabela 5
Função Discriminante Estimada
Tabela dos Coeficientes (Pesos) Não Padronizados (Brutos)

Canonical Discriminant Function Coefficients

	Function	
	1	2
Salário atual	.001	.000
Salário inicial	-.001	.000
Tempo de serviço	-.098	-.195
Anos de escolaridade	-.160	.575
Idade	.262	.110
(Constant)	-7.704	-9.152

Unstandardized coefficients

A tabela 5 fornece os coeficientes de regressão brutos das funções discriminantes. Estes coeficientes também são chamados de pesos brutos.

Pela tabela 5, poderemos especificar a equação da primeira função discriminante, adotada neste estudo como modelo preditivo:

FD= -7,704 + 0,001salário atual - 0,001salário inicial - 0,098tempo de serviço -0,160anos de escolaridade +0,262idade

Tabela 6
Função Discriminante Estimada
Tabela dos Coeficientes (Pesos) Padronizados
Avaliação da Importância das Variáveis Explicativas em Termos Relativos

Standardized Canonical Discriminant Function Coefficients

	Function	
	1	2
Salário atual	1.641	-.844
Salário inicial	-1.229	.511
Tempo de serviço	-.366	-.728
Anos de escolaridade	-.340	1.223
Idade	1.073	.450

Transformando os pesos canônicos em padronizados, percebemos pela tabela 6 que as variáveis ***"Salário atual"***, ***"Salário inicial"*** e ***"Idade"*** são as mais impactantes na explicação da variável ***"satisfação no emprego"***, isto é, contribuem mais para o poder discriminatório da função discriminante 1.

Tabela 7
Tabelas das Correlações Canônicas
Matriz Estruturante do Espaço de Análise

Structure Matrix

	Function	
	1	2
Idade	.631*	.246
Tempo de serviço	.462*	-.043
Anos de escolaridade	.299	.750*
Salário inicial	.067	.605*
Salário atual	.412	.438*

Pooled within-groups correlations between discriminating variables and standardized canonical discriminant functions
Variables ordered by absolute size of correlation within function.

*. Largest absolute correlation between each variable and any discriminant function

Neste estudo, as cargas exprimem a relação entre as variáveis originais e a função discriminante. Pela tabela 7, as variáveis que mais se associam à função discriminante 1 são ***"Idade" e "Tempo de serviço"***. Isso indica que quanto maior a idade e o tempo de serviço do funcionário, maiores as chances dele ser classificado no grupo dos satisfeitos com o emprego. Portanto, podemos nomear o constructo básico representado pela função discriminante 1 como ***"Experiência"***.

Tabela 8
Função Classificação
Designação aos Grupos

Classification Function Coefficients

	Satisfação no emprego		
	Muito Satisfeito	Satisfeito	Pouco Satisfeito
Salário atual	.007	-.001	-.002
Salário inicial	-.011	-.004	-.003
Tempo de serviço	-4.261	-3.693	-2.953
Anos de escolaridade	4.260	6.597	5.225
Idade	5.988	3.818	3.026
(Constant)	-170.383	-90.158	-54.996

Fisher's linear discriminant functions

Vamos calcular um escore discriminante para cada uma das funções discriminantes geradas, com base nos valores das variáveis explicativas do modelo que segue abaixo, que significam dados de um empregado específico da empresa, que se está classificando em um dos grupos. O empregado **é atribuído** ao grupo que apresentar o maior escore discriminante calculado.

Seja um empregado em que:
Salário atual = 15.000 reais
Salário inicial = 5000 reais
Tempo de serviço = 30 anos
Anos de escolaridade = 18 anos
Idade =60 anos
Qual grupo de satisfação ele pertence?

Fazendo os cálculos no *Excel*, temos:

Variáveis	**Valores**	**Muito Satisfeito**	**Satisfeito**	**Pouco Satisfeito**
Salário atual	12000	0.007	-0.001	-0.002
Salário inicial	4000	-0.011	-0.004	-0.003
Tempo de serviço	25	-4.261	-3.693	-2.953
Anos de escolaridade	18	4.260	6.597	5.225
Idade	55	5.988	3.818	3.026
		-170.383	-90.158	-54.996
	Escore Discriminante	**-164.089**	-95.125	-67.480

Cálculo dos Escores Determinantes do Exemplo na Função de Fisher

Logo, o empregado deve ser classificado no grupo de **muito satisfeito no emprego.**

Tabela 9
Avaliação da Confiabilidade e Validade da Função Discriminante
Poder Preditivo da Função Discriminante
Designação aos Grupos

Classification Results[b,c]

		X1	Predicted Group Membership: Muito Satisfeito	Satisfeito	Pouco Satisfeito	Total
Original	Count	Muito Satisfeito	9	0	0	9
		Satisfeito	0	20	0	20
		Pouco Satisfeito	0	0	11	11
	%	Muito Satisfeito	100.0	.0	.0	100.0
		Satisfeito	.0	100.0	.0	100.0
		Pouco Satisfeito	.0	.0	100.0	100.0
Cross-validated[a]	Count	Muito Satisfeito	9	0	0	9
		Satisfeito	0	20	0	20
		Pouco Satisfeito	0	0	11	11
	%	Muito Satisfeito	100.0	.0	.0	100.0
		Satisfeito	.0	100.0	.0	100.0
		Pouco Satisfeito	.0	.0	100.0	100.0

a. Cross validation is done only for those cases in the analysis. In cross validation, each case is classified by the functions derived from all cases other than that case.

b. 100.0% of original grouped cases correctly classified.

c. 100.0% of cross-validated grouped cases correctly classified.

A porcentagem do item (b) da nota de rodapé da tabela 9 envolve todos os empregados da amostra classificados nos grupos pela função discriminante gerada e a porcentagem do item (c) somente os empregados da amostra de validação, selecionada aleatoriamente da amostra original.

A proporção de sucesso ou a porcentagem de casos classificados corretamente pela função discriminante estimada é de 100% tanto no caso (b) quanto no caso (c).

A proporção do item (b) da nota de rodapé da tabela 6 indica que a função classifica 100% os funcionários da base original corretamente e a proporção do item(c) da nota de rodapé da tabela 6 indica também 100% de acerto para a amostra de validação.

O que significa que o modelo tem uma ótima capacidade preditiva e por isso é fortemente indicada para discriminar os empregados na empresa em um dos grupos de satisfação.

6) A base de dados abaixo se refere à apuração das escolas de samba do grupo especial do ano de 2014, onde foi calculada a média das notas dos quatro jurados em cada quesito. Através de uma análise de *k-means* com dois clusters foi possível classificar as escolas de samba em dois grupos, as de **mau desempenho(1)** e as de ***bom desempenho(2)*** no carnaval de 2014. Modele um critério de classificação que possa prever em qual dos grupos uma escola de samba vai pertencer em função das suas notas dadas pelos jurados.

Base Escola de Samba e Desempenho

Escolas de Samba	Enredo	Fantasias	Alegorias e Adereços	Mestre-Sala e Porta-bandeira
Unidos da Tijuca	10	9.93	9.98	10
Salgueiro	10	9.93	9.88	9.95
Portela	9.93	9.95	9.88	9.95
União da Iha	10	10	9.88	9.93
Imperatriz	10	9.95	9.93	10
Grande Rio	9.88	9.98	10	9.93
Beija-flor	9.78	9.83	9.83	9.9
Mangueira	9.9	9.93	9.65	9.9
Mocidade	9.73	9.85	9.75	9.95
Vila Isabel	9.75	9.8	9.88	9.93
São Clemente	9.78	9.68	9.75	9.9
Império da Tijuca	9.73	9.65	9.63	9.78

Continuação...

Base Escola de Samba e Desempenho

Escolas de Samba	Samba-enredo	Harmonia	Evolução	Conjunto	Comissão de frente	Bateria	Desempenho
Unidos da Tijuca	9.8	9.98	10	10	9.95	10	2
Salgueiro	9.98	10	9.95	9.93	9.98	9.98	2
Portela	10	9.93	9.98	10	9.83	9.93	2
União da Iha	9.83	9.95	10	9.9	9.85	9.9	2
Imperatriz	9.88	9.75	9.78	9.85	9.95	9.85	2
Grande Rio	9.68	9.8	9.95	9.85	9.93	9.85	2
Beija-flor	9.63	9.95	9.95	9.88	9.78	10	2
Mangueira	9.95	9.88	9.85	9.8	9.85	9.83	2
Mocidade	9.95	9.88	9.83	9.8	9.68	9.9	1
Vila Isabel	9.83	9.83	9.85	9.8	9.7	9.93	1
São Clemente	9.73	9.83	9.8	9.7	9.75	9.85	1
Império da Tijuca	9.83	9.65	9.73	9.68	9.6	9.73	1

Solução:

Determinação do Número de Funções Discriminantes:

A fórmula para determinação do número de funções discriminantes que podem ser geradas é:

$$\text{Min}[\,(m - 1)\,;\,p\,]$$

Onde:

m= número de níveis da variável dependente
p= número de variáveis independentes

Logo para o nosso exemplo,

$$\text{Min}[\ (2\ -1)\ ;\ p\ ] = Min[\ 1\ ;\ 6\ ] = \mathbf{1}$$

Portanto, nesse exercício só pode ser gerada uma função discriminante.

Método de Estimação dos Coeficientes da Função Discriminante

Utilizaremos o método direto para a estimação da função discriminante, de maneira que todas as variáveis independentes sejam incluídas simultaneamente no processo de estimação dos coeficientes da função discriminante. Neste caso, cada variável explicativa é incluída independente de seu poder discriminatório.

Os parâmetros da função discriminante são estimados no sentido de maximizar a diferenciação dos grupos. Em outras palavras, os pesos discriminantes são descritos de tal forma que a função discriminante ofereça a separação ótima entre grupos.

Resultados:

Tabela 1
Resumo dos Resultados

Analysis Case Processing Summary

Unweighted Cases		N	Percent
Valid		12	100.0
Excluded	Missing or out-of-range group codes	0	.0
	At least one missing discriminating variable	0	.0
	Both missing or out-of-range group codes and at least one missing discriminating variable	0	.0
	Total	0	.0
Total		12	100.0

A tabela 1 mostra que nenhum caso da base de dados foi excluído da análise. Todas as escolas de samba do grupo especial do Rio de Janeiro que participaram do desfile de 2014 foram incluídas na análise.

Tabela 2
Teste de Existência de Multicolinearidade
Matriz de Correlações

Pooled Within-Groups Matrices

		Enredo	Fantasias	Alegoriasea dereços	Mestresalaep ortabandeira	Sambaen redo	Harmonia	Evolução	Conjunto	Comissãod efrente	Bateria
Correlation	Enredo	1.000	.361	.286	.467	.464	.091	-.009	.276	.679	-.010
	Fantasias	.361	1.000	.431	.598	.432	.194	.282	.414	.287	.133
	Alegoriaseadereços	.286	.431	1.000	.645	-.277	.129	.449	.546	.553	.469
	Mestresalaeportabandeira	.467	.598	.645	1.000	.238	.390	.217	.603	.644	.564
	Sambaenredo	.464	.432	-.277	.238	1.000	.161	-.139	.314	.095	-.072
	Harmonia	.091	.194	.129	.390	.161	1.000	.764	.641	.096	.843
	Evolução	-.009	.282	.449	.217	-.139	.764	1.000	.703	-.012	.697
	Conjunto	.276	.414	.546	.603	.314	.641	.703	1.000	.145	.744
	Comissãodefrente	.679	.287	.553	.644	.095	.096	-.012	.145	1.000	.171
	Bateria	-.010	.133	.469	.564	-.072	.843	.697	.744	.171	1.000

A maior parte das correlações apresentadas na matriz de correlações da tabela 2 é baixa, o que significa que as variáveis explicativas não são correlacionadas e a multicolinearidade não deve apresentar problemas na análise.

Tabela 3
Poder de Explicação do Modelo Gerado
Tabelas dos Autovalores

Eigenvalues

Function	Eigenvalue	% of Variance	Cumulative %	Canonical Correlation
1	86.878[a]	100.0	100.0	.994

a. First 1 canonical discriminant functions were used in the analysis.

O quadrado dessa correlação PE=$(0{,}994)^2$= 0,988, o que indica que 98,8% da variação da variável dependente (desempenho no desfile) é explicada ou atribuída às variáveis explicativas retidas, isto é, ao modelo.

Tabela 4
Teste de Significância da Função Discriminante
λ de *Wilks*

Wilks' Lambda

Test of Function(s)	Wilks' Lambda	Chi-square	df	Sig.
1	.011	22.380	10	.013

Na tabela 4, pode-se notar que λ de Wilks(0,011) é um valor baixo, o que é favorável e indica que a amostra não é fruto de erro amostral, um acidente estatístico. O valor-p é 0,013< 0,05, isto é, rejeita-se a hipótese de que as médias dos centroides dos grupos sejam iguais, isto é, os grupos são diferentes. A função discriminante é significante estatisticamente.

Tabela 5
Função Discriminante Estimada
Tabela dos Coeficientes (Pesos) Não Padronizados (Brutos)

Canonical Discriminant Function Coefficients

	Function
	1
Enredo	6.983
Fantasias	-55.616
Alegoriaseadereços	19.285
Mestresalaeportabandeira	91.565
Sambaenredo	41.661
Harmonia	-45.161
Evolução	93.776
Conjunto	-108.599
Comissãodefrente	-43.007
Bateria	26.507
(Constant)	-280.323

Unstandardized coefficients

Pela tabela 5, poderemos especificar a equação da função discriminante gerada:

FD= -280,3 + 6,98Enredo -55,62Fantasias + 19,29Alegorias e adereços + 91,57Mestre sala e porta-bandeira + 41,66 Samba enredo - 45,16Harmonia + 93,78Evolução -108,60Conjunto – 43,01Comissão de frente + 26,51Bateria

Tabela 6
Função Discriminante Estimada
Tabela dos Coeficientes (Pesos) Padronizados
Avaliação da Importância das Variáveis Explicativas em Termos Relativos

Standardized Canonical Discriminant Function Coefficients

	Function
	1
Enredo	.490
Fantasias	-3.798
Alegoriaseadereços	2.045
Mestresalaeportabandeira	4.936
Sambaenredo	5.235
Harmonia	-4.127
Evolução	6.774
Conjunto	-7.619
Comissãodefrente	-2.979
Bateria	2.030

Transformando os pesos não padronizados em padronizados, percebemos pela tabela 6 que as variáveis ***Samba enredo, Evolução e Conjunto*** são as variáveis com maior peso na variável ***"desempenho das escolas de samba no desfile"***, portanto, que mais contribuem para o poder discriminatório da função discriminante.

Tabela 7
Tabelas das Correlações Canônicas
Matriz Estruturante do Espaço de Análise

Structure Matrix

	Function
	1
Comissãodefrente	-.165
Fantasias	-.155
Enredo	-.151
Conjunto	-.123
Evolução	-.101
Harmonia	-.066
Alegoriaseadereços	-.065
Mestresalaeportabandeira	-.058
Bateria	-.047
Sambaenredo	-.004

Pooled within-groups correlations between discriminating variables and standardized canonical discriminant functions
Variables ordered by absolute size of correlation within function.

As variáveis mais correlacionadas com a função discriminante são ***"Comissão de frente", "Fantasias", "Enredo", "Conjunto" e "Evolução"***. Isso nos possibilita rotular a função discriminante da análise como ***"Fator Conteúdo da Escola"***. O conteúdo da escola, isto é, o que a escola traz para avenida efetivamente, é o que determina sua indicação aos grupos.

Tabela 8
Função Classificação
Designação aos Grupos

1°)Calcule o escore discriminante do empregado a ser classificado:

FD= -280,3 + 6,98Enredo -55,62Fantasias + 19,29Alegorias e adereços + 91,57Mestre sala e porta-bandeira + 41,66 Samba enredo - 45,16Harmonia + 93,78Evolução -108,60Conjunto – 43,01Comissão de frente + 26,51Bateria

Qual o grupo de uma escola de samba que tenha tirado as seguintes notas médias no desfile?

Enredo= 9,93
Fantasias=9,95
Alegorias e adereços=9,88
Mestre sala e porta-bandeira=9,95
Samba enredo=10
Harmonia=9,93
Evolução=9,98
Conjunto=10
Comissão de frente=9,83
Bateria=9,93

Logo,

FD= -280,3 + 6,98x9,93 -55,62x9,95 + 19,29x9,88 + 91,57x9,95 + 41,66x10 - 45,16x9,93 + 93,78x9,98 -108,60x10 – 43,01x9,83 + 26,51x9,93= ***-4,16***

2°)Cálculo dos centroides:

Functions at Group Centroids

Desempenho de escolas de samba	Function 1
Mau desempenho	12.033
Bom desempenho	-6.017

Unstandardized canonical discriminant functions evaluated at group means

3°)Cálculo do escore de corte:

O escore de corte deve ser calculado pela fórmula:

$$EC = \frac{4(12{,}033) + 8(-6{,}017)}{12} = 0$$

4°) Classificação:

O critério de classificação será:

- Se FD > 0; a escola é classificada no grupo mau desempenho.
- Se FD ≤ 0; a escola é classificada no grupo bom desempenho.

Como o escore discriminante (-4,16) é menor do que 0, ***a escola é classificada no grupo de bom desempenho.***

Tabela 9
Avaliação da Confiabilidade e Validade da Função Discriminante
Poder Preditivo da Função Discriminante
Designação aos Grupos

Classification Results[b,c]

		Desempenho de escolas de samba	Predicted Group Membership: Mau desempenho	Predicted Group Membership: Bom desempenho	Total
Original	Count	Mau desempenho	4	0	4
		Bom desempenho	0	8	8
	%	Mau desempenho	100.0	.0	100.0
		Bom desempenho	.0	100.0	100.0
Cross-validated[a]	Count	Mau desempenho	2	2	4
		Bom desempenho	7	1	8
	%	Mau desempenho	50.0	50.0	100.0
		Bom desempenho	87.5	12.5	100.0

a. Cross validation is done only for those cases in the analysis. In cross validation, each case is classified by the functions derived from all cases other than that case.

b. 100.0% of original grouped cases correctly classified.

c. 25.0% of cross-validated grouped cases correctly classified.

A porcentagem do item (b) do rodapé da tabela envolve todas as escolas de samba da amostra classificadas nos grupos pela função discriminante gerada e a porcentagem do item (c) somente as escolas de samba da amostra de validação, selecionada aleatoriamente da amostra original.

A proporção de sucesso ou a porcentagem de casos classificados corretamente pela função discriminante estimada é de 100% no caso (b), mas de apenas 25% no caso (c).

A proporção do item (b) da nota de rodapé indica que a função classifica 100% as escolas de samba da base original corretamente e a proporção do item(c) da nota de rodapé indica apenas 25% de acerto para a amostra de validação.

O que significa que o modelo precisa ser maior avaliado em amostras de validação sucessivas.

7) Realiza uma análise discriminante da base de dados abaixo que se refere a informações de duas raças de insetos. Tendo-se um novo inseto que apresenta número médio de pelos centrais e periféricos de 6,21 e 5,31, respectivamente, qual a raça a que pertence?

Base Insetos

X_1	X_2	Raça
6.36	5.24	1
5.92	5.12	1
5.92	5.36	1
6.44	5.64	1
6.40	5.16	1
6.56	5.56	1

6.64	5.36	1
6.68	4.96	1
6.72	5.48	1
6.76	5.60	1
6.72	5.08	1
6.00	4.88	2
5.60	4.64	2
6.64	4.96	2
5.76	4.80	2
5.96	5.08	2
5.72	5.04	2
5.64	4.96	2
5.44	4.88	2
5.04	4.44	2
4.56	4.04	2
5.48	4.20	2
5.76	4.80	2

Variáveis	Descrição
X_1	número médio de pelos centrais de certos insetos
X_2	número médio de periféricos de certos insetos

Solução:

Determinação do Número de Funções Discriminantes:

A fórmula para determinação do número de funções discriminantes que podem ser geradas é:

$$\text{Min}[\,(m - 1)\,;\,p\,]$$

Onde:
m= *número de níveis da variável dependente*
p= *número de variáveis independentes*

Logo para o nosso exemplo,

$$\text{Min}[\,(2 - 1)\,;\,\text{p}\,] = Min[\,1\,;\,2\,] = \mathbf{1}$$

Portanto, nesse exercício só pode ser gerada uma função discriminante.

Método de Estimação dos Coeficientes da Função Discriminante

Utilizaremos o método direto para a estimação da função discriminante, de maneira que todas as variáveis independentes sejam incluídas simultaneamente no processo de estimação dos coeficientes da função discriminante. Neste caso, cada variável explicativa é incluída independente de seu poder discriminatório.

Os parâmetros da função discriminante são estimados no sentido de maximizar a diferenciação dos grupos. Em outras palavras, os pesos discriminantes são descritos de tal forma que a função discriminante ofereça a separação ótima entre grupos.

Resultados:

Tabela 1
Resumo dos Resultados

Analysis Case Processing Summary

Unweighted Cases		N	Percent
Valid		23	100.0
Excluded	Missing or out-of-range group codes	0	.0
	At least one missing discriminating variable	0	.0
	Both missing or out-of-range group codes and at least one missing discriminating variable	0	.0
	Total	0	.0
Total		23	100.0

A tabela 1 mostra que nenhum caso da base de dados foi excluído da análise. Todos os insetos do estudo foram incluídos na análise.

Tabela 2
Teste de Existência de Multicolinearidade
Matriz de Correlações

Pooled Within-Groups Matrices

		X1	X2
Correlation	X1	1.000	.594
	X2	.594	1.000

As correlações da base de dados são médias, o que significa que as variáveis explicativas não devem apresentar problemas na análise.

Tabela 3
Poder de Explicação do Modelo Gerado
Tabelas dos Autovalores

Eigenvalues

Function	Eigenvalue	% of Variance	Cumulative %	Canonical Correlation
1	1.395[a]	100.0	100.0	.763

a. First 1 canonical discriminant functions were used in the analysis.

O quadrado dessa correlação PE=$(0,763)^2$= 0,582, o que indica que 58,2% da variação da variável dependente (Raça) é explicada ou atribuída às variáveis explicativas retidas, isto é, ao modelo. Este resultado revela um médio poder de explicação das variáveis independentes, mas pode ser considerado aceitável para a modelagem.

Tabela 4
Teste de Significância da Função Discriminante
λ de *Wilks*

Wilks' Lambda

Test of Function(s)	Wilks' Lambda	Chi-square	df	Sig.
1	.418	17.467	2	.000

Na tabela 4, pode-se notar que λ de Wilks(0,418) é um valor baixo, o que é favorável e indica que a amostra não é fruto de erro amostral, um acidente estatístico. O valor-p é 0,000<0,05, isto é, rejeita-se a hipótese de que as médias dos centroides dos grupos sejam iguais, isto é, os grupos são diferentes. A função discriminante é significante estatisticamente.

Tabela 5
Função Discriminante Estimada
Tabela dos Coeficientes (Pesos) Não Padronizados (Brutos)

Canonical Discriminant Function Coefficients

	Function
	1
X1	1.188
X2	2.128
(Constant)	-17.834

Unstandardized coefficients

Pela tabela 5, poderemos especificar a equação da função discriminante gerada:

$$FD= -17,83 + 1,19X_1 + 2,13X_2$$

Tabela 6
Função Discriminante Estimada
Tabela dos Coeficientes (Pesos) Padronizados
Avaliação da Importância das Variáveis Explicativas em Termos Relativos

Standardized Canonical Discriminant Function Coefficients

	Function
	1
X1	.504
X2	.615

Transformando os pesos não padronizados em padronizados, percebemos pela tabela 6 que as variáveis número médio de pelos periféricos(X_2) é a variável com maior peso na variável ***"Raça"***, portanto, a que mais contribui para o poder discriminatório da função discriminante.

Tabela 7
Tabelas das Correlações Canônicas
Matriz Estruturante do Espaço de Análise

Structure Matrix

	Function
	1
X2	.914
X1	.869

Pooled within-groups correlations between discriminating variables and standardized canonical discriminant functions
Variables ordered by absolute size of correlation within function.

Ambas as variáveis são correlacionadas com a função discriminante e portanto contribuem para a sua formação.

Tabela 8
Função Classificação
Designação aos Grupos

1°)Calcule o escore discriminante do empregado a ser classificado:

FD= -17,83 + 1,19X_1 + 2,13X_2

Tendo-se um novo inseto que apresenta número médio de pelos centrais e periféricos de 6,21 e 5,31, respectivamente, qual a raça a que pertence?

Logo,

FD= -17,83 + 1,19x6,21 + 2,13x5,31= ***0,87***

2°)Cálculo dos centroides:

Functions at Group Centroids

	Function
Raça	1
Raça A	1.179
Raça B	-1.081

Unstandardized canonical discriminant functions evaluated at group means

3°)Cálculo do escore de corte:

O escore de corte deve ser calculado pela fórmula:

$$EC = \frac{11(1,179) + 12(-1,081)}{23} = 0$$

4º) Classificação:

O critério de classificação será:

- Se FD > 0; o inseto é classificado como da raça A.
- Se FD ≤ 0; o inseto é classificado como da raça B.

Como o escore discriminante(0,87) é maior do que 0, ***o inseto é da raça A.***

Tabela 9
Avaliação da Confiabilidade e Validade da Função Discriminante
Poder Preditivo da Função Discriminante
Designação aos Grupos

Classification Results[b,c]

			Predicted Group Membership		
		Raça	Raça A	Raça B	Total
Original	Count	Raça A	11	0	11
		Raça B	2	10	12
	%	Raça A	100.0	.0	100.0
		Raça B	16.7	83.3	100.0
Cross-validated[a]	Count	Raça A	10	1	11
		Raça B	2	10	12
	%	Raça A	90.9	9.1	100.0
		Raça B	16.7	83.3	100.0

a. Cross validation is done only for those cases in the analysis. In cross validation, each case is classified by the functions derived from all cases other than that case.

b. 91.3% of original grouped cases correctly classified.

c. 87.0% of cross-validated grouped cases correctly classified.

A porcentagem do item (b) do rodapé da tabela envolve todos os insetos classificados na raça A ou B pela função discriminante gerada e a porcentagem do item (c) somente os insetos da amostra de validação, selecionada aleatoriamente da amostra original.

A proporção de sucesso ou a porcentagem de casos classificados corretamente pela função discriminante estimada é de 91,3% no caso (b) e de 87,0% no caso (c).

A proporção do item (b) da nota de rodapé indica que a função classifica 91,3% os insetos corretamente na raça A ou B e a proporção do item(c) da nota de rodapé indica que 87,0% de acerto para a amostra de validação.

O que significa que o modelo tem bom poder de classificação.

8) Pesquisadores levantaram previsões para os resultados da Copa do Mundo do Brasil em 2014. Os resultados se encontram na base de dados abaixo. Realize uma análise de *cluster* e agrupe as seleções em grupos homogêneos de probabilidades de vitória (1=Grupos das Favoritas e 2=Grupo das Não favoritas) e depois formule um modelo de classificação de seleção nos grupos gerados.

Base Previsões dos Resultados da Copa

Seleção	**Campeão**	**Final**	**Semi**	**Quartas**	**Oitavas**
Brasil	30.30	43.18	58.15	73.18	92.600
Argentina	25.32	39.77	56.57	72.99	91.730
Espanha	10.05	20.56	37.92	52.70	82.750
Alemanha	6.81	15.12	31.76	58.33	85.460
França	6.40	14.59	29.54	47.03	79.600
Bélgica	5.43	13.51	26.29	54.82	80.290

Colômbia	3.74	9.41	21.50	50.93	76.850
Itália	2.50	7.21	19.81	44.96	71.970
Uruguai	1.90	5.99	15.88	38.58	65.630
Holanda	1.85	6.04	14.74	30.36	64.920
Rússia	1.34	4.84	14.48	35.10	65.880
Inglaterra	.97	3.23	10.10	28.36	52.090
Suíça	.92	3.61	11.41	27.53	60.660
Equador	.45	1.84	6.53	18.41	46.130
Portugal	.40	2.20	8.20	25.25	66.280
Chile	.37	1.74	5.94	17.17	42.890
Costa do Marfim	.30	1.17	4.35	15.03	50.350
Bósnia	.25	1.42	5.92	18.97	56.430
Japão	.14	.74	3.03	12.29	42.740
Coréia	.13	.76	3.07	12.47	36.150
Nigéria	.11	.77	2.82	10.33	37.670
Grécia	.10	.43	1.93	8.06	30.060
México	.09	.64	2.66	9.99	40.700
Croácia	.06	.59	2.56	9.60	38.610
Argélia	.03	.10	.71	3.85	17.680
EUA	.02	.09	.75	3.76	20.130
Camarões	.01	.10	.96	5.38	28.090
Gana	.01	.22	1.10	6.42	28.130
Austrália	.00	.01	.22	1.62	9.440
Costa Rica	.00	.08	.25	1.79	10.310
Honduras	.00	.03	.37	2.04	13.610
Irã	.00	.01	.48	2.70	14.170

Solução:

1º) Análise de *Cluster*

Análise de *Cluster* Hierárquico:

Tabela 1
Calendário de Agregação

Agglomeration Schedule

Stage	Cluster Combined		Coefficients	Stage Cluster First Appears		Next Stage
	Cluster 1	Cluster 2		Cluster 1	Cluster 2	
1	31	32	.381	0	0	11
2	29	30	.777	0	0	11
3	27	28	1.335	0	0	8
4	21	24	2.095	0	0	6
5	25	26	5.101	0	0	20
6	21	23	9.472	4	0	10
7	14	16	15.672	0	0	21
8	22	27	21.911	0	3	25
9	9	11	29.796	0	0	24
10	20	21	40.656	0	6	12
11	29	31	57.255	2	1	20
12	19	20	75.497	0	10	25
13	1	2	95.356	0	0	30
14	10	13	117.364	0	0	18
15	17	18	144.874	0	0	21
16	7	8	179.218	0	0	26
17	4	6	215.951	0	0	19
18	10	15	254.258	14	0	23
19	4	5	322.426	17	0	22
20	25	29	392.564	5	11	28
21	14	17	473.516	7	15	27
22	3	4	571.088	0	19	26
23	10	12	678.716	18	0	24
24	9	10	842.307	9	23	29
25	19	22	1085.176	12	8	27
26	3	7	1452.512	22	16	29
27	14	19	2159.716	21	25	28
28	14	25	5171.931	27	20	31
29	3	9	8318.816	26	24	30
30	1	3	16041.357	13	29	31
31	1	14	46990.136	30	28	0

Com o calendário de agregação, podemos construir o gráfico dos coeficientes de fusão no *Excel*, que relaciona o estágio (*stage*) com os coeficientes de fusão (*coefficients*) e assim pode-se ter uma informação inicial do número de *cluster* ideal para a base de dados em análise. É o que apresentamos a seguir:

Gráfico 1

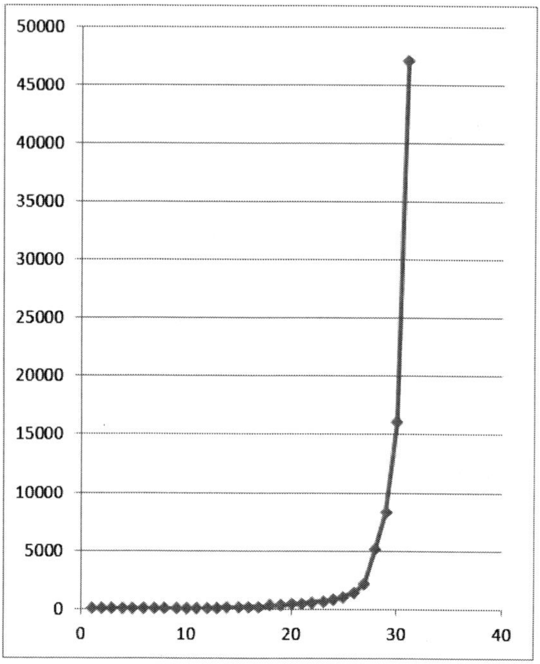

O gráfico 1, revela valores significativos até o coeficiente de fusão 2, do maior para o menor. Em seguida, ocorre uma queda. Este comportamento evidencia uma segmentação da base de dados em dois *clusters*.

Gráfico 2
Dendograma

```
* * * * * * H I E R A R C H I C A L   C L U S T E R   A N A L Y S I S * * * * * *

 Dendrogram using Ward Method

                     Rescaled Distance Cluster Combine

   C A S E      0         5        10        15        20        25
  Label  Num   +---------+---------+---------+---------+---------+

          31    òø
          32    òú
          29    òôòòòø
          30    òú   ó
          25    òú   ó
          26    ò÷   ó
          14    òø   ùòòòòòòòòòòòòòòòòòòòòòòòòòòòòòòòòòòòòòòòòòòòø
          16    òú   ó                                            ó
          17    òú   ó                                            ó
          18    òú   ó                                            ó
          27    òôòòò÷                                            ó
          28    òú                                                ó
          22    òú                                                ó
          21    òú                                                ó
          24    òú                                                ó
          23    òú                                                ó
          20    òú                                                ó
          19    ò÷                                                ó
           1    òûòòòòòòòòòòòø                                    ó
           2    ò÷           ó                                    ó
           9    òø           ó                                    ó
          11    òú           ùòòòòòòòòòòòòòòòòòòòòòòòòòòòòòòòòòòòò÷
          10    òôòòòø       ó
          13    òú   ó       ó
          15    òú   ó       ó
          12    ò÷   ùòòòòòòò÷
           7    òø   ó
           8    òú   ó
           4    òôòòò÷
           6    òú
           5    òú
           3    ò÷
```

O dendograma, gráfico 2, evidencia que um primeiro *cluster* é formado pelas seleções de 13 a 32 e um segundo *cluster* de 1 a 12.

Agora realizaremos a análise de *cluster* não hierárquico para perfilar os *clusters* através dos centroides e também ratificar os resultados do *cluster* hierárquico.

Análise de *Cluster* Não-Hierárquico (***K-Means***):

Tabela 1
Centróides

Final Cluster Centers

	Cluster	
	1	2
Campeão (%)	8.7	.2
Final (%)	16.38	.94
Semi (%)	29.69	3.49
Quartas (%)	50.82	11.48
Oitavas (%)	78.0	35.3

Tabela 2
Número de Casos em Cada *Cluster*

Number of Cases in each Cluster

Cluster	1	11.0
	2	21.0
Valid		32.0
Missing		.0

Há uma divergência entre os resultados do *cluster* hierárquico e *k-means*. O *cluster* hierárquico divide as seleções em dois *clusters*: um com 18 seleções e outro com 14 seleções. Já o *cluster* não hierárquico, secciona a base de dados em dois grupos: um com 11 seleções e outro com 21 seleções. Vamos adotar a classificação da análise *k-means*.

O gráfico 3 apresenta como ficam agrupadas nos clusters as seleções que participam da Copa de 2014.

Gráfico 3
Seleções Pertencentes em cada Cluster

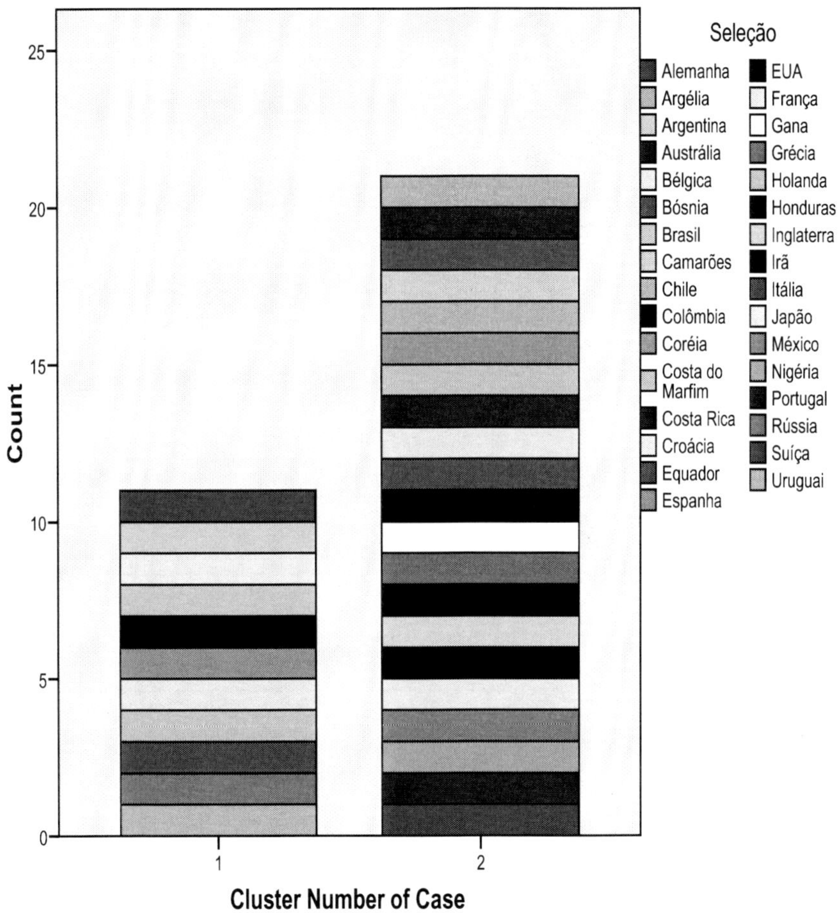

O cluster 1 pode ser rotulado como ***"Grupo das Favoritas"*** e o cluster 2, ***"Grupo das Não Favoritas"***.

A variável dependente tem 2 níveis e o modelo possui 5 variáveis explicativas, logo a análise discriminante gerará uma função discriminante. A base de dados para realização da análise segue abaixo:

Base Previsões dos Resultados da Copa para Análise Discriminante

Seleção	Campeão	Final	Semi	Quartas	Oitavas	Desempenho
Brasil	30.30	43.18	58.15	73.18	92.600	1
Argentina	25.32	39.77	56.57	72.99	91.730	1
Espanha	10.05	20.56	37.92	52.70	82.750	1
Alemanha	6.81	15.12	31.76	58.33	85.460	1
França	6.40	14.59	29.54	47.03	79.600	1
Bélgica	5.43	13.51	26.29	54.82	80.290	1
Colômbia	3.74	9.41	21.50	50.93	76.850	1
Itália	2.50	7.21	19.81	44.96	71.970	1
Uruguai	1.90	5.99	15.88	38.58	65.630	1
Holanda	1.85	6.04	14.74	30.36	64.920	1
Rússia	1.34	4.84	14.48	35.10	65.880	1
Inglaterra	.97	3.23	10.10	28.36	52.090	2
Suíça	.92	3.61	11.41	27.53	60.660	2
Equador	.45	1.84	6.53	18.41	46.130	2
Portugal	.40	2.20	8.20	25.25	66.280	2
Chile	.37	1.74	5.94	17.17	42.890	2
Costa do Marfim	.30	1.17	4.35	15.03	50.350	2
Bósnia	.25	1.42	5.92	18.97	56.430	2
Japão	.14	.74	3.03	12.29	42.740	2
Coréia	.13	.76	3.07	12.47	36.150	2
Nigéria	.11	.77	2.82	10.33	37.670	2
Grécia	.10	.43	1.93	8.06	30.060	2
México	.09	.64	2.66	9.99	40.700	2
Croácia	.06	.59	2.56	9.60	38.610	2
Argélia	.03	.10	.71	3.85	17.680	2

EUA	.02	.09	.75	3.76	20.130	2
Camarões	.01	.10	.96	5.38	28.090	2
Gana	.01	.22	1.10	6.42	28.130	2
Austrália	.00	.01	.22	1.62	9.440	2
Costa Rica	.00	.08	.25	1.79	10.310	2
Honduras	.00	.03	.37	2.04	13.610	2
Irã	.00	.01	.48	2.70	14.170	2

2º) Análise Discriminante

Tabela 1
Resumo dos Resultados

Analysis Case Processing Summary

Unweighted Cases		N	Percent
Valid		32	100.0
Excluded	Missing or out-of-range group codes	0	.0
	At least one missing discriminating variable	0	.0
	Both missing or out-of-range group codes and at least one missing discriminating variable	0	.0
	Total	0	.0
Total		32	100.0

A tabela 1 mostra que nenhuma seleção da base de dados foi excluída da análise. Todas as seleções participantes do mundial de 2014 no Brasil foram incluídas na análise.

Tabela 2
Teste de Existência de Multicolinearidade
Matriz de Correlações

Pooled Within-Groups Matrices

		Campeão (%)	Final (%)	Semi (%)	Quartas (%)	Oitavas (%)
Correlation	Campeão (%)	1.000	.991	.938	.691	.352
	Final (%)	.991	1.000	.973	.754	.425
	Semi (%)	.938	.973	1.000	.863	.579
	Quartas (%)	.691	.754	.863	1.000	.845
	Oitavas (%)	.352	.425	.579	.845	1.000

As correlações da base de dados são em sua maioria dentro dos limites aceitáveis para que a multicolinearidade não comprometa a precisão das estimativas.

Tabela 3
Poder de Explicação do Modelo Gerado
Tabelas dos Autovalores

Eigenvalues

Function	Eigenvalue	% of Variance	Cumulative %	Canonical Correlation
1	5.292[a]	100.0	100.0	.917

a. First 1 canonical discriminant functions were used in the analysis.

O quadrado dessa correlação PE=$(0,917)^2$= 0,841, o que indica que 84,1% da variação da variável dependente (Grupo de Seleções) é explicada ou atribuída às variáveis explicativas retidas, isto é, ao modelo. Este resultado revela um bom poder de explicação das variáveis independentes.

Tabela 4
Teste de Significância da Função Discriminante
λ de *Wilks*

Wilks' Lambda

Test of Function(s)	Wilks' Lambda	Chi-square	df	Sig.
1	.159	50.579	5	.000

A estatística λ *de Wilks* é uma medida inversa do grau de diferenciação entre os grupos: ***quanto menor o seu valor, maior esse grau de diferenciação.*** Quanto maior for a semelhança entre os grupos, menores serão as diferenças entre os grupos e mais o valor do λ *de Wilks* se aproximará de 1.

Na tabela 4, pode-se notar que λ de *Wilks* (0,16) é um valor médio, o que é favorável, e indica que a amostra não é fruto de erro amostral, um acidente estatístico.

O valor-p é 0,000<0,05, isto é, rejeita-se a hipótese de que as médias dos centroides dos grupos sejam iguais, isto é, os grupos são diferentes. A função discriminante é significante estatisticamente.

Tabela 5
Função Discriminante Estimada
Tabela dos Coeficientes (Pesos) Não Padronizados (Brutos)

Canonical Discriminant Function Coefficients

	Function
	1
Campeão (%)	-.440
Final (%)	.082
Semi (%)	.180
Quartas (%)	.127
Oitavas (%)	-.060
(Constant)	-1.570

Unstandardized coefficients

Pela tabela 5, poderemos especificar a equação da função discriminante gerada:

FD= -1,57 – 0,44Campeão + 0,08Final + 0,18Semi + 0,13Quartas – 0,06Oitavas

Tabela 6
Função Discriminante Estimada
Tabela dos Coeficientes (Pesos) Padronizados
Avaliação da Importância das Variáveis Explicativas em Termos Relativos

Standardized Canonical Discriminant Function Coefficients

	Function
	1
Campeão (%)	-2.511
Final (%)	.632
Semi (%)	1.688
Quartas (%)	1.349
Oitavas (%)	-.895

As variáveis que têm maior peso absoluto na classificação das seleções são: ***"Campeão", "Semi" e "Quartas".***

Tabela 7
Tabelas das Correlações Canônicas
Matriz Estruturante do Espaço de Análise

Structure Matrix

	Function
	1
Quartas (%)	.791
Oitavas (%)	.608
Semi (%)	.595
Final (%)	.425
Campeão (%)	.317

Pooled within-groups correlations between discriminating variables and standardized canonical discriminant functions
Variables ordered by absolute size of correlation within function.

As cargas estruturais indicam que as variáveis ***"Quartas"***, ***"Oitavas" e "Semi"*** são as mais correlacionadas com a função discriminante gerada. Contudo, se verifica um equilíbrio entre elas na associação com a função discriminante.

Tabela 8
Função Classificação
Designação aos Grupos

1°)Calcule o escore discriminante do empregado a ser classificado:

FD=-1,57 – 0,44Campeão + 0,08Final + 0,18Semi + 0,13Quartas – 0,06Oitavas

Tendo-se uma seleção com as seguintes probabilidades
Campeão=6,81
Final=15,12
Semi=31,76
Quartas=58,33
Oitavas=85,46
Qual o grupo que ela pertence?

Temos,
FD= -1,57 – 0,44x6,81 + 0,08x15,12 + 0,18x31,76 + 0,13x58,33 – 0,06x85,46 = ***4,82***

2°)Cálculo dos centroides:

Functions at Group Centroids

Grupos de Seleções	Function 1
Grupo das Favoritas	3.077
Grupo das Não Favoritas	-1.612

Unstandardized canonical discriminant functions evaluated at group means

3º)Cálculo do escore de corte:

O escore de corte deve ser calculado pela fórmula:

$$EC = \frac{11(3{,}077)+21(-1{,}612)}{32} = 0$$

4º)Classificação:

O critério de classificação será:

- Se FD > 0; a seleção é classificada no grupo das favoritas.
- Se FD ≤ 0; a seleção é classificada no grupo das não favoritas.

Como o escore discriminante (4,82) é maior do que 0, ***a seleção é uma das favoritas.***

Tabela 9
Avaliação da Confiabilidade e Validade da Função Discriminante
Poder Preditivo da Função Discriminante
Designação aos Grupos

Classification Results[b,c]

		Grupos de Seleções	Predicted Group Membership: Grupo das Favoritas	Predicted Group Membership: Grupo das Não Favoritas	Total
Original	Count	Grupo das Favoritas	11	0	11
		Grupo das Não Favoritas	0	21	21
	%	Grupo das Favoritas	100.0	.0	100.0
		Grupo das Não Favoritas	.0	100.0	100.0
Cross-validated[a]	Count	Grupo das Favoritas	9	2	11
		Grupo das Não Favoritas	1	20	21
	%	Grupo das Favoritas	81.8	18.2	100.0
		Grupo das Não Favoritas	4.8	95.2	100.0

a. Cross validation is done only for those cases in the analysis. In cross validation, each case is classified by the functions derived from all cases other than that case.

b. 100.0% of original grouped cases correctly classified.

c. 90.6% of cross-validated grouped cases correctly classified.

A porcentagem do item (b) do rodapé da tabela envolve todas as seleções classificadas no grupo das seleções pela função discriminante gerada e a porcentagem do item (c) somente as seleções da amostra de validação, selecionada aleatoriamente da amostra original.

A proporção de sucesso ou a porcentagem de seleções classificadas corretamente nos grupos pela função discriminante estimada é de 100% no caso (b) e de 90,6% no caso (c).

A proporção do item (b) da nota de rodapé indica que a função classifica 100% as seleções corretamente no grupo das favoritas ou no grupo das não favoritas e a proporção do item(c) da nota de rodapé indica que 90,6% de acerto para a amostra de validação. O que significa que o modelo tem bom poder de classificação.

9) Um grupo de biólogos analisou 60 plantas e de acordo com os critérios da tabela abaixo, lhes atribui um índice de 1 a 5 a seu caráter daninho. Quanto mais próximo de 5, mais se assemelha a uma planta daninha. Utilizando a *Two Step Cluster* os biólogos segmentaram os vegetais em plantas daninhas e não daninhas.

Tabela-Critério para Discriminação de Plantas Daninhas

Variáveis	**Descrição**
X_1	Nenhuma exigência para germinar
X_2	Rápido crescimento
X_3	Alta capacidade de florescimento
X_4	Alta produção de sementes
X_5	Habilidade de dispersão

X_6	Adaptação às práticas de manejo
X_7	Tolerância à variação ambiental
X_8	Plasticidade fenotípica
X_9	Germinação as sincrônica
X_{10}	Formação de raças fisiológicas
Classificação em Daninha	0=Não daninha 1-Daninha

Os dados da operação de classificação se encontram na base de dados abaixo. Realize uma análise discriminante nos dados para descobrir os índices que distinguem as plantas daninhas, das não daninhas, de modo que, conhecidos os índices de uma nova planta, se possa prever a que grupo de planta pertence.

Base Classificação de Plantas Daninhas 1

X_1	X_2	X_3	X_4	X_5	X_6	X_7	X_8	X_9	X_{10}	Classificação Daninha
2	3	3	1	3	3	1	1	1	2	0
2	1	3	2	1	2	2	1	1	2	0
1	5	4	3	4	3	4	5	3	4	1
3	4	5	3	4	4	4	5	3	5	1
2	1	1	2	1	2	1	2	2	2	0
5	4	5	5	4	5	4	4	5	4	1
5	4	4	3	5	5	4	3	5	4	1
4	5	3	5	3	4	4	4	5	4	1
5	3	5	5	4	5	5	4	5	3	1
4	4	3	5	5	5	4	3	4	3	1
2	2	2	2	2	2	2	2	2	2	0
3	5	3	5	3	3	5	3	5	3	1
2	2	2	2	1	1	2	2	2	1	0
5	4	4	5	5	3	4	5	5	3	1
5	5	3	5	5	5	4	5	5	3	1
1	2	1	2	2	2	1	2	2	1	0
4	5	3	3	4	5	5	4	3	4	1
3	3	3	3	5	3	3	3	4	5	1

2	1	2	2	2	2	1	2	2	1	0
4	5	5	4	5	3	5	5	4	5	1
1	1	1	2	1	1	2	1	1	2	0
5	4	5	3	3	3	5	3	3	3	1
4	5	4	4	4	5	4	3	5	4	1
3	5	3	4	3	5	3	5	3	5	1
5	4	4	3	4	5	4	3	3	3	1
1	1	1	1	2	2	2	2	1	2	0
4	4	4	3	3	4	5	3	4	4	1
4	4	5	5	3	4	5	4	3	3	1
3	3	5	3	5	3	5	4	3	3	1
1	1	1	1	2	1	1	2	1	1	0
4	3	1	5	4	5	3	4	5	3	1
1	1	1	2	2	1	1	2	2	2	0
5	4	5	5	3	5	5	4	3	5	1
5	4	4	3	4	5	3	5	5	4	1
5	3	5	5	3	5	5	4	3	5	1
3	3	3	3	3	5	4	4	5	5	1
3	3	3	4	3	3	5	4	3	5	1
5	4	4	3	3	3	5	4	4	4	1
5	5	4	5	3	3	3	3	4	3	1
3	4	5	4	4	4	3	4	3	5	1
4	2	3	3	3	4	4	3	3	5	1
3	4	4	3	4	4	3	5	5	3	1
4	3	3	4	5	4	5	5	4	5	1
1	1	1	1	2	2	1	1	1	1	0
4	5	4	3	5	3	4	4	3	4	1
2	1	2	2	2	1	2	2	1	1	0
4	3	1	5	3	4	4	3	3	5	1
1	2	1	2	1	2	1	2	1	2	0
5	3	3	4	4	3	3	3	3	3	1
2	1	2	1	2	2	2	1	2	2	0
3	3	3	3	3	3	3	3	3	3	1
5	4	4	3	3	4	5	3	4	4	1
1	2	2	1	2	2	1	1	1	1	0
1	2	2	2	2	1	2	1	2	1	0
4	5	5	3	4	5	3	5	4	4	1
2	1	2	2	1	1	2	2	2	2	0

5	4	3	4	4	3	4	5	3	5	1
2	1	2	1	1	5	1	1	2	1	0
1	1	1	2	1	1	2	1	1	1	0
4	3	3	3	3	5	5	5	5	3	1

Solução:

Tabela 1
Resumo dos Resultados

Analysis Case Processing Summary

Unweighted Cases		N	Percent
Valid		60	100.0
Excluded	Missing or out-of-range group codes	0	.0
	At least one missing discriminating variable	0	.0
	Both missing or out-of-range group codes and at least one missing discriminating variable	0	.0
	Total	0	.0
Total		60	100.0

A tabela 1 mostra que nenhuma planta da base de dados foi excluída da análise. Todas as plantas participantes da amostra foram incluídas na modelagem.

Tabela 2
Teste de Existência de Multicolinearidade
Matriz de Correlações

Pooled Within-Groups Matrices

		X1	X2	X3	X4	X5	X6	X7	X8	X9	X10
Correlation	X1	1.000	-.024	.227	.263	-.003	.255	.170	-.127	.222	-.137
	X2	-.024	1.000	.270	.068	.192	.044	-.084	.169	.105	-.095
	X3	.227	.270	1.000	-.117	.116	.064	.254	.085	-.089	.000
	X4	.263	.068	-.117	1.000	-.110	-.002	.100	.047	.218	-.082
	X5	-.003	.192	.116	-.110	1.000	.000	-.182	.209	.136	-.091
	X6	.255	.044	.064	-.002	.000	1.000	-.141	.008	.276	.028
	X7	.170	-.084	.254	.100	-.182	-.141	1.000	-.042	-.074	.072
	X8	-.127	.169	.085	.047	.209	.008	-.042	1.000	.159	.169
	X9	.222	.105	-.089	.218	.136	.276	-.074	.159	1.000	-.271
	X10	-.137	-.095	.000	-.082	-.091	.028	.072	.169	-.271	1.000

As correlações da base de dados são suficientes e sustentam uma análise discriminante; e não são extremamente elevadas, que impliquem em problemas de multicolinearidade.

Tabela 3
Poder de Explicação do Modelo Gerado
Tabelas dos Autovalores

Eigenvalues

Function	Eigenvalue	% of Variance	Cumulative %	Canonical Correlation
1	17.125[a]	100.0	100.0	.972

a. First 1 canonical discriminant functions were used in the analysis.

A correlação entre variável dependente e o grupo *"Classificação Daninha"* é forte (CORR=0,972). O quadrado dessa correlação PE=$(0{,}972)^2$= 0,945. Este resultado indica que 94,5% da variação da variável dependente (Classificação Daninhas) é explicada ou atribuída às variáveis independentes, isto é, ao modelo. A modelagem revela, portanto, um bom poder de explicação das variáveis independentes.

Tabela 4
Teste de Significância da Função Discriminante
λ de *Wilks*

Wilks' Lambda

Test of Function(s)	Wilks' Lambda	Chi-square	df	Sig.
1	.055	153.557	10	.000

A estatística λ *de Wilks* é uma medida inversa do grau de diferenciação entre os grupos: ***quanto menor o seu valor, maior esse grau de diferenciação.*** Quanto maior for a semelhança entre os grupos, menores serão as diferenças entre os grupos e mais o valor do λ *de Wilks* se aproximará de 1.

Na tabela 4, pode-se notar que λ de *Wilks* (0,055) é um valor bem reduzido, o que é favorável, e indica que a amostra não é fruto de erro amostral, um acidente estatístico.

O valor-p é 0,000<0,05, isto é, rejeita-se a hipótese de que as médias dos centroides dos grupos sejam iguais, isto é, os grupos são diferentes. A função discriminante é significante estatisticamente.

Tabela 5
Função Discriminante Estimada
Tabela dos Coeficientes (Pesos) Não Padronizados (Brutos)

Canonical Discriminant Function Coefficients

	Function
	1
X1	.261
X2	.440
X3	-.025
X4	.270
X5	.504
X6	.228
X7	.688
X8	.222
X9	.330
X10	.651
(Constant)	-11.255

Unstandardized coefficients

Os pesos brutos somente são utilizados para a especificação da função discriminante, que gerará o escore discriminante, que possibilitará classificar um elemento novo em um dos grupos previsores. Não tem valor interpretativo, isto é, para avaliar as variáveis mais importantes para a função e em cada grupo. Para esta finalidade devem ser utilizados os pesos padronizados.

O valor do peso bruto de determinado previsor depende dos pesos de outros previsores incluídos na análise.

Os sinais dos coeficientes são arbitrários, mas eles indicam quais valores da variável resultarão em valores da função discriminante (FD) pequenos ou grandes e os que implicam para associação aos grupos.

Pela tabela 5, poderemos especificar a equação da função discriminante gerada:

$$FD = -11,26 + 0,26X_1 + 0,44X_2 - 0,02X_3 + 0,27X_4 + 0,50X_5 + 0,23X_6 + 0,69X_7 + 0,22X_8 + 0,33X_9 + 0,65X_{10}$$

Tabela 6
Função Discriminante Estimada
Tabela dos Coeficientes (Pesos) Padronizados
Avaliação da Importância das Variáveis Explicativas em Termos Relativos

Standardized Canonical Discriminant Function Coefficients

	Function
	1
X1	.214
X2	.334
X3	-.023
X4	.211
X5	.368
X6	.205
X7	.490
X8	.162
X9	.258
X10	.490

De maneira geral, as variáveis explicativas com coeficientes relativamente grandes padronizados contribuem mais para o poder discriminatório da função do que as variáveis explicativas com coeficientes menores.

Observando a tabela 6, as variáveis têm a mesma importância na classificação dos grupos. Contudo, as variáveis abaixo que se destacam na classificação das plantas são:

- X_7: Tolerância à variação ambiental
- X_{10}: Formação de raças fisiológicas

Estas são as variáveis que mais discriminam as plantas em daninhas e não daninhas.

Tabela 7
Tabelas das Correlações Canônicas
Matriz Estruturante do Espaço de Análise

Structure Matrix

	Function
	1
X7	.427
X2	.385
X8	.381
X10	.377
X1	.361
X9	.352
X5	.341
X4	.325
X6	.289
X3	.262

Pooled within-groups correlations between discriminating variables and standardized canonical discriminant functions
Variables ordered by absolute size of correlation within function.

A importância relativa das variáveis explicativas também pode ser percebida por meio do exame das correlações estruturais, também chamada de cargas canônicas ou cargas discriminantes. Essas simples correlações entre cada variável explicativa e a função discriminante representa a variância que a variável explicativa compartilha com a função. Utilizamos tais correlações para interpretações substantivas, por exemplo, nomear constructos básicos representados pela função discriminante.

As cargas estruturais revelam que a maioria das variáveis da base de dados tem correlações significantes com a função discriminante (maior que 0,3; igual às cargas fatoriais). Contudo, a variável X_7*: Tolerância à variação ambiental* é a que possui a maior associação com o modelo canônico. Podemos, portanto, nomear a função discriminante como *"Influência Ambiental"*.

Tabela 8
Função Classificação
Designação aos Grupos

1°)Calcule o escore discriminante do empregado a ser classificado:

$$FD= -11{,}26 + 0{,}26X_1 + 0{,}44X_2 - 0{,}02X_3 + 0{,}27X_4 + 0{,}50X_5 + 0{,}23X_6 + 0{,}69X_7 + 0{,}22X_8 + 0{,}33X_9 + 0{,}65X_{10}$$

Tendo-se uma planta com os seguintes índices nas variáveis:

$X_1=3$
$X_2=4$
$X_3=5$
$X_4=3$
$X_5=4$
$X_6=4$

$X_7=4$
$X_8=5$
$X_9=3$
$X_{10}=5$

Esta planta é daninha ou não?

Temos,

$FD= -11,26 + 0,26 \times 3 + 0,44 \times 4 - 0,02 \times 5 + 0,27 \times 3 + 0,50 \times 4 + 0,23 \times 4 + 0,69 \times 4 + 0,22 \times 5 + 0,33 \times 3 + 0,65 \times 5 = \mathbf{3,01}$

2°)Cálculo dos centroides:

Functions at Group Centroids

Classificação Daninhas	Function 1
Não Daninha	-5.754
Daninha	2.877

Unstandardized canonical discriminant functions evaluated at group means

3°)Cálculo do escore de corte:

O escore de corte deve ser calculado pela fórmula:

$$EC = \frac{20(-5,754) + 40(2,877)}{60} = 0$$

4º) Classificação:

O critério de classificação será:

- Se FD > 0; a planta é classificada no grupo das daninhas.
- Se FD ≤ 0; a planta é classificada no grupo das não daninhas.

Como o escore discriminante (3,01) é maior do que 0, ***a planta é daninha.***

Tabela 9
Avaliação da Confiabilidade e Validade da Função Discriminante
Poder Preditivo da Função Discriminante
Designação aos Grupos

Classification Results[b,c]

		Classificação Daninhas	Predicted Group Membership: Não Daninha	Predicted Group Membership: Daninha	Total
Original	Count	Não Daninha	20	0	20
		Daninha	0	40	40
	%	Não Daninha	100.0	.0	100.0
		Daninha	.0	100.0	100.0
Cross-validated[a]	Count	Não Daninha	20	0	20
		Daninha	0	40	40
	%	Não Daninha	100.0	.0	100.0
		Daninha	.0	100.0	100.0

a. Cross validation is done only for those cases in the analysis. In cross validation, each case is classified by the functions derived from all cases other than that case.

b. 100.0% of original grouped cases correctly classified.

c. 100.0% of cross-validated grouped cases correctly classified.

A porcentagem do item (b), do rodapé da tabela, envolve todas as plantas inseridas no cálculo da função discriminante gerada e a porcentagem do item (c), somente as plantas da amostra de validação, selecionada aleatoriamente da amostra original.

A proporção de sucesso ou a porcentagem de plantas classificadas corretamente nos grupos pela função discriminante estimada é de 100% no caso (b) e de 100% no caso (c).

A proporção do item (b) da nota de rodapé indica que a função classifica 100% as plantas corretamente em daninhas e não daninhas e a proporção do item(c) da nota de rodapé indicam também 100% de acerto para a amostra de validação. O que significa que o modelo tem excelente poder de classificação.

10) Um grupo de biólogos analisou 60 plantas e de acordo com os critérios da tabela abaixo, lhes atribui um índice de 1 a 5 a seu caráter daninho. Utilizando a *Two Step Cluster* segmentou os vegetais em plantas daninhas e não daninhas.

Tabela-Critério para Discriminação de Plantas Daninhas

Variáveis	**Descrição**
X_1	É uma planta que se desenvolve onde não é desejada(1 a 5)
X_2	É uma planta que causa mais danos que benefícios(1 a 5)
X_3	É uma planta que causa danos às outras plantas de interesse(1 a 5)
X_4	É uma planta fora de lugar(1 a 5)
X_5	É uma planta indesejável(1 a 5)
X_6	É uma planta que ocupa espaço destinado às outras atividades(1 a 5)
X_7	É uma planta que domina todas as artes de sobrevivência, exceto a de crescer em fileiras(1 a 5)
Classificação em Daninha	0-Não daninha 1-daninha

Os dados da operação de classificação se encontram na base de dados abaixo. Realize uma análise discriminante nos dados para descobrir os índices que distinguem as plantas daninhas, das não daninhas, de modo que, conhecidos os índices de uma nova planta, se possa prever a que grupo de planta pertence.

Base Classificação de Plantas Daninhas 2

X_1	X_2	X_3	X_4	X_5	X_6	X_7	Classificação Daninha
2	2	1	1	2	1	1	0
5	4	4	4	4	5	5	1
5	4	5	4	4	4	4	1
2	1	2	2	1	2	1	0
3	4	3	4	3	4	3	1
5	5	4	4	4	4	5	1
4	3	3	3	3	4	3	1
1	2	1	1	2	2	1	0
4	5	4	5	4	5	4	1
4	4	4	4	3	3	3	1
1	2	2	2	2	2	2	0
1	2	1	2	1	2	2	0
2	1	2	1	2	2	2	0
4	4	4	4	3	4	4	1
2	2	1	1	1	1	1	0
1	2	1	1	2	2	1	0
2	2	1	2	2	2	1	0
1	2	2	1	2	1	2	0
2	2	1	2	1	1	2	0
1	1	2	1	2	2	2	0
4	3	4	3	4	3	3	1
5	4	5	4	5	4	5	1
2	2	1	2	2	1	2	0
5	4	5	5	4	5	5	1
1	1	1	2	1	1	2	0
4	3	3	3	4	4	3	1
4	5	5	5	4	4	4	1
2	1	2	2	2	1	1	0
1	2	2	2	2	1	2	0
5	4	4	4	5	4	5	1

1	1	2	1	2	2	1	0
2	2	2	1	1	1	1	0
1	1	1	1	2	1	1	0
5	5	5	5	5	5	5	1
4	3	3	4	4	3	4	1
4	4	5	5	5	5	5	1
2	1	1	2	2	1	1	0
4	5	4	4	5	4	4	1
1	1	1	2	1	2	2	0
3	3	4	3	4	4	3	1
1	2	1	2	1	1	1	0
5	5	4	4	4	5	5	1
4	4	3	3	3	4	3	1
3	4	3	3	3	4	3	1
4	4	4	4	3	3	4	1
5	5	4	4	4	5	5	1
5	5	4	4	5	5	4	1
5	5	5	4	4	5	4	1
1	2	1	2	2	2	2	0
2	1	1	1	2	1	2	0
5	4	4	5	4	5	4	1
1	1	1	2	2	2	2	0
1	2	1	2	1	1	1	0
1	2	1	1	2	2	2	0
4	4	5	5	5	4	5	1
4	5	4	4	4	4	4	1
2	1	2	2	2	2	2	0
1	1	1	1	1	1	1	0
2	1	2	2	2	2	1	0
5	5	4	4	5	5	4	1

Solução:

Tabela 1
Resumo dos Resultados

Analysis Case Processing Summary

Unweighted Cases		N	Percent
Valid		60	100.0
Excluded	Missing or out-of-range group codes	0	.0
	At least one missing discriminating variable	0	.0
	Both missing or out-of-range group codes and at least one missing discriminating variable	0	.0
	Total	0	.0
Total		60	100.0

A tabela 1 mostra que nenhuma planta da base de dados foi excluída da análise. Todas as plantas participantes da amostra foram incluídas na modelagem.

Tabela 2
Teste de Existência de Multicolinearidade
Matriz de Correlações

Pooled Within-Groups Matrices

		X1	X2	X3	X4	X5	X6	X7
Correlation	X1	1.000	.240	.370	.263	.336	.253	.392
	X2	.240	1.000	.173	.316	.188	.306	.320
	X3	.370	.173	1.000	.423	.452	.289	.451
	X4	.263	.316	.423	1.000	.221	.304	.503
	X5	.336	.188	.452	.221	1.000	.366	.467
	X6	.253	.306	.289	.304	.366	1.000	.393
	X7	.392	.320	.451	.503	.467	.393	1.000

As correlações da base de dados são suficientes e sustentam uma análise discriminante; e não são extremamente elevadas, que impliquem em problemas de multicolinearidade.

Tabela 3
Poder de Explicação do Modelo Gerado
Tabelas dos Autovalores

Eigenvalues

Function	Eigenvalue	% of Variance	Cumulative %	Canonical Correlation
1	12.447a	100.0	100.0	.962

a. First 1 canonical discriminant functions were used in the analysis.

A correlação entre variável dependente se o grupo *"Classificação Daninha"* é forte(CORR=0,962). O quadrado dessa correlação PE=$(0,962)^2$= 0,925. Este resultado indica que 92,5% da variação da variável dependente (Classificação Daninhas) é explicada ou atribuída às variáveis independentes, isto é, ao modelo. A modelagem revela, portanto, um bom poder de explicação das variáveis independentes.

Tabela 4
Teste de Significância da Função Discriminante
λ de *Wilks*

Wilks' Lambda

Test of Function(s)	Wilks' Lambda	Chi-square	df	Sig.
1	.074	141.634	7	.000

Na tabela 4, pode-se notar que λ de *Wilks* (0,074) é um valor bem reduzido, o que é favorável e indica que a amostra não é fruto de erro amostral, um acidente estatístico. O valor-p é 0,000<0,05, isto é, rejeita-se a hipótese de que as médias dos centroides dos grupos sejam iguais, isto é, os grupos são diferentes. A função discriminante é significante estatisticamente.

Tabela 5
Função Discriminante Estimada
Tabela dos Coeficientes (Pesos) Não Padronizados (Brutos)

Canonical Discriminant Function Coefficients

	Function
	1
X1	.684
X2	.527
X3	.416
X4	.367
X5	.229
X6	.516
X7	-.168
(Constant)	-7.304

Unstandardized coefficients

Pela tabela 5, poderemos especificar a equação da função discriminante gerada:

$$FD= -7{,}30 - 0{,}68X_1 + 0{,}53X_2 + 0{,}42X_3 + 0{,}37X_4 + 0{,}23X_5 + 0{,}52X_6 - 0{,}17X_7$$

Tabela 6
Função Discriminante Estimada
Tabela dos Coeficientes (Pesos) Padronizados
Avaliação da Importância das Variáveis Explicativas em Termos Relativos

Standardized Canonical Discriminant Function Coefficients

	Function
	1
X1	.402
X2	.326
X3	.249
X4	.217
X5	.140
X6	.310
X7	-.111

De maneira geral, observando a Tabela 6, as variáveis têm a mesma importância na classificação dos grupos. Contudo, as variáveis que têm maior peso padronizado na classificação das plantas são:

- X_1: É uma planta que se desenvolve onde não é desejada
- X_2: É uma planta que causa mais danos que benefícios

Essas são as variáveis que mais discriminam as plantas em daninhas e não daninhas.

Tabela 7
Tabelas das Correlações Canônicas
Matriz Estruturante do Espaço de Análise

Structure Matrix

	Function
	1
X1	.711
X6	.657
X3	.649
X2	.620
X4	.601
X7	.559
X5	.559

Pooled within-groups correlations between discriminating variables and standardized canonical discriminant functions
Variables ordered by absolute size of correlation within function.

As cargas estruturais revelam que todas as variáveis da base de dados têm correlações tolerantes com a função discriminante. Contudo, a variável X_1: É uma planta que se desenvolve onde não é desejada é a que possui a maior associação com o modelo canônico.

Tabela 8
Função Classificação
Designação aos Grupos

1°) Calcule o escore discriminante do empregado a ser classificado:

$$FD= -7{,}30 - 0{,}68X_1 + 0{,}53X_2 + 0{,}42X_3 + 0{,}37X_4 + 0{,}23X_5 + 0{,}52\,X_6 - 0{,}17X_7$$

Tendo-se uma planta com os seguintes índices nas variáveis:

$X_1=3$
$X_2=4$
$X_3=3$
$X_4=5$
$X_5=3$
$X_6=5$
$X_7=3$

Esta planta é daninha ou não?

Temos,

FD= -7,30 – 0,68 x 3 + 0,53 x 4 + 0,42 x 3 + 0,37 x 5+ 0,23 x 3 + 0,52 x 5 – 0,17 x 3 = ***-1,33***

2º)Cálculo dos centroides:

Functions at Group Centroids

Classificaçãdaninha	Function 1
Não é Daninha	-3.469
Daninha	3.469

Unstandardized canonical discriminant functions evaluated at group means

3º)Cálculo do escore de corte:

O escore de corte deve ser calculado pela fórmula:

$$EC = \frac{3(-3,469)+(3,469)}{2} = 0$$

4º) Classificação:

O critério de classificação será:

- Se FD > 0; a planta é classificada no grupo das daninhas.
- Se FD ≤ 0; a planta é classificada no grupo das não daninhas.

Como o escore discriminante (-1,33) é menor do que 0, ***a planta não é daninha.***

Tabela 9
Avaliação da Confiabilidade e Validade da Função Discriminante
Poder Preditivo da Função Discriminante
Designação aos Grupos

Classification Results[b,c]

		Classificaçãdaninha	Predicted Group Membership: Não é Daninha	Predicted Group Membership: Daninha	Total
Original	Count	Não é Daninha	30	0	30
		Daninha	0	30	30
	%	Não é Daninha	100.0	.0	100.0
		Daninha	.0	100.0	100.0
Cross-validated[a]	Count	Não é Daninha	30	0	30
		Daninha	0	30	30
	%	Não é Daninha	100.0	.0	100.0
		Daninha	.0	100.0	100.0

a. Cross validation is done only for those cases in the analysis. In cross validation, each case is classified by the functions derived from all cases other than that case.

b. 100.0% of original grouped cases correctly classified.

c. 100.0% of cross-validated grouped cases correctly classified.

A porcentagem do item (b), do rodapé da tabela, envolve todas as plantas inseridas no cálculo da função discriminante gerada e a porcentagem do item (c), somente as plantas da amostra de validação, selecionada aleatoriamente da amostra original.

A proporção de sucesso ou a porcentagem de plantas, classificadas corretamente nos grupos pela função discriminante, estimada é de 100% no caso (b) e de 100% no caso (c).

A proporção do item (b) da nota de rodapé indica que a função classifica 100% as plantas corretamente em daninhas e não daninhas e a proporção do item(c) da nota de rodapé indica também 100% de acerto para a amostra de validação. O que significa que o modelo tem excelente poder de classificação.

Capítulo 4

Análise de Correlação Canônica

4.1 Conceito da Análise de Correlação Canônica

A análise de regressão múltipla prevê o valor de uma única variável dependente (métrica) a partir de uma função linear de um conjunto de variáveis independentes.

Para alguns problemas de pesquisa, o interesse pode não se concentrar em uma única variável dependente, em vez disso, o pesquisador talvez esteja interessado nas relações entre os conjuntos de múltiplas variáveis dependentes e múltiplas variáveis independentes.

A análise de correlação canônica é um modelo estatístico multivariado que facilita o estudo das inter-relações entre o conjunto de múltiplas variáveis dependentes e múltiplas variáveis independentes.

Ao contrário da regressão múltipla, que prevê uma única variável dependente a partir de um conjunto de variáveis independentes múltiplas, a correlação canônica, simultaneamente, prevê múltiplas variáveis dependentes a partir de múltiplas variáveis independentes.

Portanto, a análise da correlação canônica é uma técnica de avaliação das relações entre múltiplas variáveis dependentes e múltiplas variáveis independentes (geralmente métricas ou *dummy*).

Exemplo:

A relação entre o desempenho de certa marca (mensurado em termos de vendas, participação no mercado, crescimento nas vendas, lucro etc.) e as variáveis do mix de marketing (preço, promoção, distribuição, publicidade etc.) pode ser avaliada mediante a análise canônica.

A matriz de *input* é formada pelos valores originais para ambos os conjuntos de variáveis dependentes e independentes (geralmente variáveis métricas ou *dummy*).

4.2 Comparação da Correlação Canônica com Técnicas Multivariadas

A correlação canônica apresenta o menor número de restrições sobre os tipos de dados nos quais ela opera.

Como as outras técnicas impõem restrições mais rígidas, em geral, acredita-se que a informação obtida a partir delas tem maior qualidade, mais interpretáveis e generalizáveis, possibilitando a otimização de melhores tomadas de decisão do que a análise canônica.

Por esta razão, muitos pesquisadores consideram a correlação canônica como última alternativa a ser usada quando todas as outras técnicas de nível mais alto são descartadas.

Contudo, nas situações com muitas variáveis dependentes e independentes, a correlação canônica é a técnica multivariada mais adequada e poderosa.

A análise canônica obteve aceitação em muitas áreas e representa uma ferramenta útil para a análise multivariada, particularmente porque aumentou o interesse na consideração de múltiplas variáveis dependentes.

4.3 Análise das Relações em Correlação Canônica

A análise de correlação canônica é o membro mais generalizado da família de técnicas estatísticas multivariadas. Está diretamente relacionada com diversos métodos de dependência. Semelhante à regressão e à análise discriminante, a meta da correlação canônica é quantificar a força da relação, neste caso, entre dois conjuntos de variáveis (dependentes e independentes).

Ela corresponde à análise fatorial na criação de composições de variáveis. Também se assemelha à análise discriminante por conta de sua habilidade em determinar as dimensões (funções discriminantes) para cada conjunto de variáveis. Contudo, na análise canônica, existe o objetivo de produzir a máxima correlação entre as dimensões.

A análise de correlação canônica lida com a associação entre os conjuntos de múltiplas variáveis dependentes e independentes. Ao fazer isso, desenvolve diversas **funções canônicas** (pares de variáveis estatísticas canônicas) independentes que maximizam a correlação entre os compostos lineares, também conhecidas como **variáveis estatísticas canônicas,** as quais são conjuntos de variáveis estatísticas dependentes e independentes.

Cada função canônica é realmente baseada na correlação entre duas variáveis canônicas, uma para as variáveis dependentes e outra para as variáveis independentes.

Outra característica singular da correlação canônica é que as variáveis canônicas são obtidas para maximizar sua correlação.

A correlação canônica não termina com a derivação de uma única relação entre os conjuntos de variáveis. Em vez disso, diversas funções canônicas (pares de variáveis estatísticas canônicas) podem ser obtidas.

4.4 Modelo Matemático da Correlação Canônica

O objetivo da correlação canônica é determinar uma combinação linear para cada grupo de variáveis (dependentes e independentes) que maximiza a correlação entre os dois grupos.

As funções adicionais não correlacionadas com a primeira podem ser calculadas, sendo limitadas pelo número de variáveis do menor grupo.

A forma geral de expressar a correlação canônica consiste em determinar uma combinação linear entre as variáveis independentes X, denominada W, e as variáveis dependentes Y, denominada V, como descritas abaixo, de modo que a correlação $\boldsymbol{CORR_{canônica}}$ ***(W,V)*** seja maximizada:

$W = a_1X_1+a_2X_2+...+a_qX_q$, variável canônica independente

$V = b_1Y_1+b_2Y_2+...+b_pY_p$, variável canônica dependente

A função canônica ou o modelo gerado que expressa a relação é:

$$\boldsymbol{b_1Y_1+b_2Y_2+...+b_pY_p = a_1X_1+a_2X_2+...+a_qX_q}$$

(variável estatística dependente) (variável estatística independente)

É este modelo que gera os escores canônicos para cada função canônica calculada na análise.

4.5 Conceito de Correlação Canônica:

É o grau ***linear*** ótimo de associação entre duas ***variáveis estatísticas*** tidas em forma de escores calculados.

Exemplo: *Suponha que uma análise de correlação canônica gere os escores canônicos para as variáveis estatísticas dependentes e independentes da função canônica 1, como é apresentado na tabela abaixo:*

V	W
-2.83	-3.18
-3.36	-2.76
-2.93	-3.04
-2.61	-3.26
-3.30	-3.33
-3.52	-3.40
-3.58	-3.08
-2.99	-2.68
-2.93	-2.96
-3.21	-3.33
-3.30	-3.21
-3.09	-3.03
-1.34	-1.47
-2.02	-1.22
-2.02	-1.29
-.53	-1.57
-1.40	-1.83
-1.18	-.53
-2.08	-1.69
-1.43	-1.00
-.90	-.86
-1.65	-1.61
-1.16	-.82
-1.16	-1.21
-1.00	-1.25
-.96	-1.58
-1.18	-.92
-1.49	-.89
-1.00	-1.40

$$CORR_{canônica} = 0,899$$

4.6 Método da Correlação Canônica

O método da correlação canônica corresponde aos passos necessários para sua execução. Os estágios para a análise da correlação canônica são:

- Especificação do problema de pesquisa e dos objetivos da correlação canônica;
- Desenvolvimento do plano de análise;
- Avaliação das suposições inerentes à correlação canônica;
- Estimação do modelo canônico e avaliação do ajuste geral do modelo;
- Interpretação das variáveis estatísticas canônicas;
- Validação do modelo.

4.7 Problema de Pesquisa

Os dados apropriados à análise de correlação canônica são dois conjuntos de variáveis. Consideramos que a cada conjunto pode ser dado algum significado teórico, pelo menos a ponto de um conjunto poder ser definido como variáveis independentes e o outro como variáveis dependentes.

Uma vez que essa distinção tenha sido feita, a correlação canônica aborda uma vasta gama de objetivos. Tais metas podem ser qualquer uma das seguintes ou até mesmo todas:

- Determinar se dois conjuntos de variáveis (medidas feitas sobre os mesmos casos) são dependentes um do outro e qual o grau dessa correlação;

- Determinar um conjunto de pesos para cada conjunto de variáveis dependentes e independentes de modo que as combinações lineares de cada conjunto sejam maximamente correlacionadas. As funções lineares adicionais que maximizam a correlação remanescente são independentes dos conjuntos precedentes de combinações lineares;

- Explicar a natureza de quaisquer relações que venham a existir entre os conjuntos de variáveis dependentes e independentes, geralmente pela medida da contribuição relativa de cada variável às funções canônicas extraídas.

A flexibilidade inerente da correlação canônica em termos do número e dos tipos de variável com os quais se lida, dependentes ou independentes, torna a mesma uma candidata lógica para muitos dos mais complexos problemas abordados com técnicas multivariadas.

4.8 Planejamento da Análise de Correlação Canônica

Por ser a forma mais geral de análise multivariada, a análise de correlação canônica compartilha questões básicas de implementação comuns a todas as técnicas multivariadas.

Os tipos de variáveis e suas transformações que podem ser incluídas são igualmente relevantes para a análise de correlação canônica.

Os problemas referentes ao impacto do tamanho da amostra (pequena ou grande) e à necessidade de um número suficiente de observações por variável frequentemente são encontrados com a correlação canônica.

Os pesquisadores são tentados a incluir muitas variáveis nos dois conjuntos (dependentes e independentes), sem perceber as implicações para o tamanho da amostra.

Tamanhos amostrais muito pequenos não representarão bem as correlações, obscurecendo, assim, quaisquer relações significativas.

Amostras muito grandes terão uma tendência a indicar significância estatística em todos os casos, mesmo onde a significância prática não é indicada.

O pesquisador também é encorajado a manter pelo menos 10 observações por variável para evitar o ***"superajustamento"*** dos dados.

A classificação das variáveis como dependentes ou independentes é de pouca importância para a estimação das funções canônicas, pois a análise de correlação canônica pondera ambas as variáveis estatísticas para maximizar a correlação e não enfatiza nenhuma variável estatística particular.

Como a correlação canônica produz variáveis estatísticas para maximizar a correlação entre elas, uma variável em qualquer conjunto se relaciona com todas as outras variáveis em ambos os conjuntos. Isso significa que a adição ou a eliminação de uma única variável afeta a solução inteira, particularmente a outra variável estatística dependente.

A composição de cada variável estatística, dependente ou independente, torna-se crítica. Um pesquisador deve ter conjuntos de variáveis conceitualmente ligados antes de aplicar a análise de correlação canônica. Isso torna a especificação das variáveis estatísticas dependentes *versus* independentes essenciais para produzir algum conhecimento científico generalizável.

4.9 Pressupostos da Correlação Canônica

As suposições básicas da análise de correlação canônica são:

- Linearidade de correlações;

- Linearidade de relação;
- Normalidade multivariada.

A generalidade da análise de correlação canônica também se estende às suas suposições estatísticas inerentes.

A suposição de linearidade afeta dois aspectos dos resultados de correlação canônica: a ***linearidade de correlações*** e a ***linearidade de relação***.

4.10 Linearidade de Correlações

O coeficiente de correlação entre duas variáveis quaisquer é baseado em uma relação linear. Se a relação é não linear, então, uma ou ambas as variáveis devem ser transformadas, se possível.

4.11 Linearidade de Relação

A correlação canônica é a relação linear entre as variáveis canônicas. Se as variáveis estatísticas se relacionarem de maneira não linear, a relação não será capturada pela correlação canônica.

Logo, apesar da análise de correlação canônica ser o método multivariado mais generalizável, ela ainda se limita a identificar as relações lineares.

4.12 Normalidade Multivariada

A correlação canônica pode acomodar quaisquer variáveis métricas sem a suposição estrita de normalidade.

A normalidade é desejável porque padroniza uma distribuição para permitir uma maior correlação entre as variáveis.

Mas no sentido mais estrito, a análise de correlação canônica poderá acomodar até mesmo variáveis não normais, se a forma de distribuição (por exemplo, altamente enviesado) não diminuir a correlação canônica.

A liberdade de normalidade permite usar na análise canônica dados dicotômicos (variáveis *dummys*).

No entanto, a normalidade multivariada é exigida para o teste de inferência estatística da significância de cada função canônica.

Como os testes de normalidade multivariados não estão prontamente disponíveis, a orientação predominante é garantir que cada variável tenha uma normalidade univariada.

A variância constante (homocedasticidade), a partir do ponto em que ela diminui a correlação canônica, também deve ser remediada.

Finalmente, a multicolinearidade em qualquer conjunto de variáveis irá atrapalhar a interpretação dos pesos canônicos e da importância das variáveis.

4.13 Determinação das Funções Canônicas e Avaliação do Ajuste Geral

O primeiro passo da análise de correlação canônica é obter uma ou mais funções canônicas. Cada função canônica consiste em um par de variáveis estatísticas, em que uma representa as variáveis independentes e a outra, as dependentes.

O número máximo de funções canônicas que podem ser extraídas dos conjuntos de variáveis é igual ao número de variáveis no menor conjunto de dados, independentes ou dependentes.

Exemplo:

Quando o problema de pesquisa envolve cinco variáveis independentes e três variáveis dependentes, o número máximo de funções canônicas que podem ser extraídas é três.

4.14 Determinação de Funções Canônicas

A obtenção de variáveis estatísticas canônicas sucessivas é semelhante ao procedimento usado com a análise fatorial não rotacionada.

A análise fatorial se concentra na *maximização da explicação* de cada composto linear. O primeiro fator explica a *máxima quantidade de variação no conjunto de variáveis*. Em seguida, o segundo fator é computado de modo a explicar tanta variância quanto possível, a qual não esteja explicada pelo primeiro fator, e assim por diante, até que todos os fatores tenham sido extraídos. Portanto, os fatores sucessivos são obtidos a partir da *variância residual* dos fatores anteriores.

A análise de correlação canônica segue um procedimento análogo, mas se concentra na *maximização da relação linear* entre dois conjuntos de variáveis, ao invés de considerar apenas a maximização da explicação de um conjunto linear.

O resultado é que o primeiro par de conjuntos canônicos é obtido de forma a ter a inter-relação mais alta possível entre os dois conjuntos de variáveis. O segundo par de variáveis estatísticas canônicas é, então, obtido de forma a exibir a segunda relação máxima entre os dois conjuntos de variáveis estatísticas.

Em resumo, os pares sucessivos de variáveis estatísticas canônicas são baseados na *correlação residual* e suas respectivas correlações canônicas (as quais refletem as inter-relações entre as variáveis estatísticas) se tornam menores quando cada função adicional é extraída.

O primeiro par de variáveis estatísticas canônicas exibe a maior intercorrelação, o próximo par exibe a segunda maior inter-relação, e assim por diante.

Um ponto adicional sobre a obtenção de variáveis estatísticas canônicas: como observado, os pares sucessivos de variáveis estatísticas canônicas são baseados na cor*relação residual*. Portanto, cada função canônica é ***ortogonal*** e ***independente*** de todas as outras funções canônicas obtidas a partir da mesma base de dados.

A força da relação entre os pares de variáveis canônicas é medida pela correlação canônica. Quando elevada ao quadrado, obtém-se o ***coeficiente de explicação (PE)*** do modelo, que representa a quantidade de variação do conjunto dependente que é explicado pelo conjunto independente.

4.15 Quais funções canônicas devem ser interpretadas?

Como ocorre com a pesquisa que usa outras técnicas estatísticas, a prática mais comum é analisar as funções cujos coeficientes de correlação canônica são estatisticamente significantes além de algum nível, normalmente 5% ou acima.

As funções canônicas consideradas ***não significantes*** não devem ser interpretadas.

A adoção das variáveis estatísticas canônicas significantes garante que as relações detectadas e a interpretação da importância das variáveis em cada conjunto canônico e suas inter-relações possam ser tomadas como teorias populacionais e generalizáveis.

Os pesquisadores acreditam que o emprego de um único critério, ***teste de significância da função canônica***, é insuficiente para obter funções canônicas totalmente confiáveis.

Os analistas recomendam que três critérios sejam usados em conjunção, um com o outro, para decidir quais funções canônicas devem ser interpretadas:

- *Teste de Significância das Funções Canônicas;*
- *Força da Correlação Canônica;*
- Índice de Redundância.

4.16 Teste de Significância das Funções Canônicas

Os testes de significância das funções canônicas geralmente envolvem níveis de significância de 5% ou 1%.

Os valores-p menores ou iguais a estes níveis implicam na rejeição da hipótese nula de que a correlação entre os conjuntos canônicos é zero e implica que a função canônica é significante.

4.17 Força da Correlação Canônica

A significância prática das funções canônicas representadas pelo tamanho das correlações canônicas também deve ser considerada na decisão sobre quais funções interpretar.

Não há orientações geralmente aceitas referentes ao grau adequado para as correlações canônicas.

Contudo, na prática, os analistas seguem a seguinte orientação para tomar a força da correlação canônica de significante na prática:

Critério para Determinar a Força da Correlação

Valor Absoluto da Correlação Canônica	Intensidade da Relação de W e V
0	*Nula*
(0; 0,3]	*Fraca*
(0,3 ; 0,6]	*Média*
(0,6 ; 0,9]	*Forte*
(0,9 ; 0,99]	*Fortíssima*
1,00	*Perfeita*

Para podermos tirar interpretações significativas sobre o comportamento simultâneo das variáveis estatísticas analisadas, é necessário que:

0,6≤ correlação canônica ≤1,0
(Em módulo)

4.18 Índice de Redundância

As correlações canônicas se referem somente a cada uma das funções canônicas geradas. Logo, os coeficientes de explicação também se referem a cada uma das funções canônicas geradas e de forma independente da explicação.

A função canônica que se retém na análise é aquela que maximiza a correlação entre os compostos, mas isso não significa que capta, com seu coeficiente de determinação, o total de variação que a base de dados carrega. O processo otimiza, mas não implica necessariamente que o R^2 da função canônica em estudo explica necessariamente a variância total do espaço de partida. O poder de explicação, por exemplo, de cada variável dependente do modelo (Y_1, Y_2, ... , Y_p) com a variável estatística independente W não é captada pelo $R^2_{canônico}$.

Portanto, apesar de ser uma medida simples e atraente de explicação do modelo gerado, o $\mathbf{R^2_{canônico}}$ pode conduzir a algum erro de interpretação, pois as correlações canônicas ao quadrado representam ***a variância compartilhada pelas variáveis estatísticas*** e não inclui a variância total do espaço de análise.

Um novo índice pode ser calculado para evitar este viés e ter mais uma alternativa analítica para escolher e/ou ratificar as funções canônicas à interpretação no modelo, o **"Índice de Redundância, (R^2** médio)".

O $\mathbf{R^2}$ médio pode ser calculado *como a média dos quadrados dos coeficientes de correlação entre cada variável dependente original (Y_1, Y_2, ... , Y_p) incluída na análise* e a *variável estatística independente da função canônica em estudo, chamada W, é materializada por seus escores canônicos calculados.*

Esse índice corresponde a um resumo da habilidade da variável estatística independente W em explicar as variáveis originais dependentes do modelo (Y_1, Y_2, ... , Y_p). O índice pode ser comparado ao R^2 de uma regressão múltipla.

Na prática, o $\mathbf{R^2}$ médio demonstra o *percentual da variação do grupo dependente que pode ser explicado pela variável estatística oposta, isto é, pela* ***variável estatística independente****, na função canônica que se está estudando no momento.*

No SPSS, o conjunto canônico independente da função canônica 1 não é denominado W e sim, representado por *S_2_CV001.* A variável estatística independente da função canônica 2, por exemplo, é *S_2_CV002*, e assim por diante. A variável estatística dependente, por exemplo, da função canônica 1 seria *S_1_CV001.* Essas variáveis estatísticas são salvas em escores na base de dados quando efetuamos uma análise canônica.

Portanto, se em uma análise de correlação canônica, por exemplo, tivermos duas variáveis dependentes originais (Y_1 e Y_2), o $\mathbf{R^2}$ médio para a função canônica 1 será calculado seguindo os passos:

1º) Calcule o R_1^2 *entre* Y_1 *e* S_2_CV001;

2º) Calcule o R_2^2 *entre* Y_2 *e* S_2_CV001;

3º) Calcule a média entre R_1^2 *e* R_2^2, *que é o* $\boldsymbol{R^2}$ médio.

$$R^2 médio = \frac{R_1^2 + R_2^2}{2}$$

É lógico que o SPSS fornece esta estatística automaticamente como *output* na realização da correlação canônica.

4.19 Modelagem da Função Canônica e Interpretação das Variáveis Estatísticas Canônicas

Se a relação canônica é estatisticamente significante e as magnitudes do coeficiente de explicação e do índice de redundância são aceitáveis, o pesquisador precisa, por conseguinte, obter o modelo da função canônica retida e fazer interpretações importantes dos resultados.

Fazer essas interpretações envolve o exame dos pesos e das cargas das funções canônicas para determinar a importância relativa de cada variável original nas relações canônicas.

Para atingir o objetivo acima, três métodos foram propostos:

1) Pesos canônicos brutos;
2) Pesos canônicos padronizados;
3) Cargas canônicas (correlações estruturais);
4) Cargas cruzadas canônicas.

4.20 Pesos Canônicos Brutos

Os pesos canônicos brutos são os coeficientes das variáveis em cada variável estatística a que pertence na função canônica retida ou interpretável.

Assim, os valores em negrito são os pesos canônicos brutos:

$$b_1Y_1+b_2Y_2+...+b_qY_q = a_1X_1+a_2X_2+...+a_pX_p$$

4.21 Pesos Canônicos Padronizados

A abordagem tradicional para interpretar as funções canônicas envolve o exame do sinal e da magnitude do peso canônico padronizado, designado para cada variável dentro de sua variável estatística canônica.

As variáveis com pesos padronizados relativamente maiores contribuem mais para o conjunto em que está inserida do que as com pesos menores.

Exemplo:

Um pequeno peso pode significar que sua variável correspondente é irrelevante para determinar uma relação ou que ela foi parcialmente eliminada do relacionamento por causa de um grau elevado de multicolinearidade.

As variáveis cujos pesos padronizados têm sinais opostos exibem uma relação inversa um com a outra e as variáveis com pesos de mesmo sinal, uma relação direta.

Contudo, interpretar a importância ou a contribuição relativa de uma variável por seu peso canônico padronizado está sujeito às mesmas críticas associados à interpretação dos pesos beta nas técnicas de regressão e dos coeficientes da função discriminante.

A questão é que esses pesos estão sujeitos a uma considerável instabilidade (variabilidade) de uma amostra para outra.

Essa instabilidade ocorre porque o procedimento computacional para a análise canônica conduz a pesos que maximizam as correlações canônicas para uma amostra em particular de variáveis dependentes e independentes.

Esses problemas sugerem um cuidado considerável no uso de pesos canônicos para interpretar os resultados de uma análise canônica.

4.22 Cargas Canônicas ou Cargas Estruturais

As cargas canônicas têm sido cada vez mais empregadas como uma base para a interpretação por causa das deficiências inerentes aos pesos canônicos.

As cargas canônicas, também conhecidas como correlações estruturais canônicas, medem a importância percentual de cada variável para seu composto canônico.

A carga canônica reflete a variância que a variável observada compartilha com o conjunto ao qual pertence e pode ser interpretada como uma carga fatorial da análise fatorial na avaliação da contribuição relativa de cada variável a cada função canônica.

Se houver um sentido teórico e contextual entre as variáveis com alta correlação com seu composto canônico, então, à semelhança da análise fatorial e da análise discriminante, as variáveis estatísticas poderão ser nomeadas.

A metodologia considera cada função canônica independente separadamente e computa a correlação interna no conjunto de cada variável com a variável estatística.

Quanto maior a carga canônica, mais importante é a variável para derivar a variável estatística correspondente.

As cargas canônicas, como pesos, podem estar sujeitas a uma variabilidade considerável de uma amostra para outra. Essa variabilidade sugere que as cargas e, portanto, as relações atribuídas a elas, podem ser específicas da amostra, resultantes de fatores casuais específicos da amostra colhida.

Apesar de as cargas canônicas serem consideradas relativamente mais válidas do que os pesos canônicos padronizados como um meio de interpretar a natureza das relações canônicas, mesmo assim o pesquisador deve ser cuidadoso quando usar as cargas para interpretar as relações canônicas, particularmente com relação à validade externa das descobertas.

4.23 Cargas Cruzadas Canônicas

A computação das cargas cruzadas canônicas foi sugerida como mais uma alternativa interpretativa da função canônica retida.

O procedimento envolve correlacionar cada variável dependente observada original com o oposto da variável estatística do modelo, isto é, com a variável canônica independente e também cada variável independente observada original com o oposto da variável estatística do modelo, isto é, com a variável canônica dependente.

O destaque das cargas cruzadas na interpretação da análise canônica está no fato de captar as inter-relações diagonais do espaço de análise, possibilitando a confirmação do alto compartilhamento de correlações das variáveis medidas e geradas pela análise.

4.24 Qual abordagem de interpretação usar?

Como a maioria dos problemas canônicos exige um computador, o pesquisador frequentemente deve usar qualquer método disponível nos pacotes estatísticos padrões.

A abordagem de cargas cruzadas é preferida e fornecida por muitos programas de computador, mas se as cargas cruzadas não estiverem disponíveis, o pesquisador terá que usar um *software* estatístico programável e obter seus valores.

A abordagem de cargas canônicas ou estruturais é mais representativa do que o uso de pesos padronizados, assim como foi visto com a análise fatorial e a análise discriminante.

Portanto, sempre que possível, a técnica de cargas é recomendada como uma melhor alternativa em relação ao método de pesos padronizados na interpretação das funções canônicas.

4.25 Avaliação da Confiabilidade e Validação da Análise de Correlação Canônica

Como acontece com qualquer outra técnica multivariada, a análise de correlação canônica deve ser sujeita a métodos de avaliação de confiabilidade e validação para garantir que os resultados não sejam específicos apenas para os dados da amostra e possam ser generalizados para a população.

O procedimento mais direto é criar duas subamostras dos dados (se o tamanho amostral permitir) e executar a análise em cada subamostra separadamente. Os resultados podem ser comparados quanto à similaridade da correlação canônica, funções canônicas, pesos canônicos e cargas canônicas.

Se forem descobertas diferenças marcantes, o pesquisador deverá repensar as variáveis consideradas nos compostos independentes e dependentes, e o tamanho das amostras.

4.26 Sequência de Passos SPSS

O SPSS não tem um procedimento distinto para a análise canônica, mas essa técnica pode ser executada por meio do procedimento ***CANCORR*** com os comandos informados abaixo, devendo ser editado e executado no módulo sintaxe.

Digitar os comandos abaixo no módulo sintaxe:

1. *FILE*
2. *NEW*
3. *SYNTAX*
4. *Editar os comandos abaixo:*

```
INCLUDE 'Canonical correlation.sps'.
CANCORR SET1=varlist1 /
     SET2= varlist2 / .
```

5. *RUN*
6. *ALL*

Uma alternativa mais sucinta de resultados pode ser obtida pela sequ*ência de passos:*

1. *FILE*
2. *NEW*
3. *SYNTAX*
4. *Editar os comandos abaixo:*

MANOVA $Y_1\ Y_2 \ldots Y_n$ *WITH* X_1 *TO* X_p

```
  /PRINT=ERROR(SSCP COV COR) SIGNIF
     (HYPOTH EIGEN DIMENR)
  /DISCRIM=RAW STAN ESTIM COR ALPHA(1.0).
```

5. *RUN*
6. *ALL*

Resumo:

As relações entre o conjunto de variáveis dependentes e independentes são examinadas pela correlação canônica. As funções canônicas ajudam a avaliar o relacionamento entre os compostos lineares de variáveis dependentes e os compostos lineares de variáveis independentes.

As cargas canônicas, que representam a correlação entre as variáveis e seu composto linear, ajudam a interpretar a função canônica.

De maneira similar, as cargas canônicas cruzadas podem ser utilizadas para avaliar a contribuição das variáveis em um composto linear para explicar a variação no outro composto linear.

Aplicação 1:

Um pesquisador levantou as notas de 40 estudantes de Engenharia em *Cálculo* e Estatística na faculdade, e suas respectivas notas em Matemática, F*ísica e* Química no vestibular. A premissa do investigador é que o conjunto de notas do vestibular influencia o conjunto de notas da faculdade. Realize uma análise de correlação canônica e comprove a hipótese do analista.

X_1: Nota em Matemática no vestibular
X_2: Nota em Física no vestibular
X_3: Nota em Química no vestibular
Y_1: Nota em Cálculo na faculdade
Y_2: nota em Estatística na faculdade

Base Notas no Vestibular e na Faculdade

X_1	X_2	X_3	Y_1	Y_2
9	8	9	7	7
9	10	10	10	8
8	8	8	9	7
8	7	7	9	8
9	9	8	9	8
10	9	7	10	9
9	7	7	10	10
9	8	10	8	7
8	7	8	9	9
9	8	8	7	9
10	7	10	7	7
10	9	8	8	10
9	10	10	9	10
9	7	10	10	9
8	7	7	8	8
7	10	9	7	9
10	9	8	9	8
8	10	10	8	10
7	10	10	7	10
6	1	4	4	3
4	2	4	5	6
5	3	1	5	6
4	6	3	1	2
6	5	3	5	2
1	2	2	4	2
6	5	1	6	5
3	1	5	3	5
2	4	1	2	3
4	5	5	4	5
2	3	2	1	6
2	6	3	1	6

3	4	4	1	5
5	3	5	3	2
1	3	6	4	2
1	6	1	4	4
4	3	5	1	5
1	3	3	1	6
1	3	2	4	4
6	6	2	3	6
9	8	9	7	7

Solução:

Desejamos avaliar a associação entre um conjunto de variáveis de notas no vestibular (conjunto independente) e um conjunto de notas na faculdade (conjunto dependente).

Queremos saber se as notas em *Cálculo* e Estatística na faculdade (V) são influenciadas pelas notas em Matemática, F*ísica e* Química no vestibular (W).

A relação entre o conjunto V e o conjunto W de variáveis é examinada pelo cálculo da correlação canônica. A correlação canônica pode ser definida como a correlação entre a combinação linear (variável estatística) das variáveis dependentes e independentes. O cálculo da correlação canônica maximiza a correlação entre as duas combinações lineares.

Por exemplo, a combinação linear para as notas do vestibular poderia ser:

$W = a_1X_1 + a_2X_2 + \ldots + a_qX_q$, *isto é,*

$W = a_1X_1 + a_2X_2 + a_3X_3$

E a combinação linear das variáveis das notas da faculdade poderia ser:

$V = b_1Y_1 + b_2Y_2 + ...+ b_pY_p$, isto é,

$V = b_1Y_1 + b_2Y_2$

A correlação entre W e V é definida, então, como uma correlação canônica.

O número de funções canônicas é dado por mim (p, q), onde p e q representam o número de variáveis nos conjuntos de variáveis dependentes e independentes, respectivamente. Neste caso, min (p = 2, q = 3) = 2. Logo, o número de funções canônicas que pode ser gerado nesse estudo é dois.

Aplicando o SPSS na base de dados, temos os resultados a seguir e suas interpretações.

Resultados:

Tabela 1

Teste de Significância das Funções Canônicas

Funções Canônicas	λ *de* ***Wilk***	Valor-p
1	0,173	0,000
2	0,907	0,181

A função canônica 1 é significante, pois seu valor-p é menor que 0,05. A função canônica 2 não é significante, pois seu valor-p é maior que 0,05.

O valor de λ de *Wilk* é baixo para a função canônica 1, o que indica que as variações do grupo dependente, notas da faculdade, na função canônica 1, são pouco explicadas por fatores aleatórios ou erros de amostragem. O valor de λ de *Wilk* é alto para a função canônica 2, o que indica que as variações do grupo dependente, notas da faculdade, na função canônica 2, são significativamente explicadas por fatores aleatórios ou erros de amostragem.

Portanto, a função canônica 1 é a que atende este critério para ser interpretada.

Tabela 2
Correlações Canônicas

Funções Canônicas	Correlações Canônicas
1	0,899
2	0,305

A correlação entre as notas do vestibular e as notas da faculdade é fort*íssima* pela função canônica 1: ($CORR_{canônica}$ =**0,90**). A correlação entre as notas do vestibular e as notas da faculdade é média pela função canônica 2.

O poder de explicação da função canônica 1 é PE = $(0,899)^2$ = 81%. O poder de explicação da função canônica 2 é PE = $(0,305)^2$ = 9%.

Portanto, a função canônica 1 é a que atende este critério para ser interpretada.

Tabela 3
Índice de Redundância

Funções Canônicas	R^2 Médio
1	**0,696**
2	0,013

Vale exemplificar como o SPSS calculou o índice de redundância, por exemplo, da função canônica 1:

1º) Calcule o R_1^2 entre Y_1 e S_2_CV001:

Y_1	S_2_CV001
7	-3.18
10	-2.76
9	-3.04
9	-3.26
9	-3.33
10	-3.4
10	-3.08
8	-2.68
9	-2.96
7	-3.33
7	-3.21
8	-3.03
9	-1.47
10	-1.22
8	-1.29
7	-1.57
9	-1.83
8	-0.53
7	-1.69
4	-1,00
5	-0.86
5	-1.61
1	-0.82
5	-1.21
4	-1.25
6	-1.58
3	-0.92
2	-0.89
4	-1.40

$R_1^2 = 0{,}747$

2º) Calcule o R_2^2 entre Y_2 e S_2_CV001:

Y_2	S_2_CV001
7	-3.18
9	-2.76
9	-3.04
7	-3.26
10	-3.33
10	-3.4
9	-3.08
8	-2.68
9	-2.96
8	-3.33
10	-3.21
10	-3.03
3	-1.47
6	-1.22
6	-1.29
2	-1.57
2	-1.83
2	-0.53
5	-1.69
5	-1,00
3	-0.86
5	-1.61
6	-0.82
6	-1.21
5	-1.25
2	-1.58
2	-0.92
4	-0.89
5	-1.40

$R_1^2 = 0,645$

*3º) Calcule a média entre R_1^2 e R_2^2, que é o **R^2*** médio:

$$R^2 médio = \frac{R_1^2 + R_2^2}{2}$$

$$R^2 médio = \frac{0,747 + 0,645}{2} = 0,696$$

O índice de redundância para a primeira função é de 0,696 para a variável dependente canônica, o que demonstra que 69,6% da variação do conjunto dependente podem ser explicados pela variável estatística independente. Para a segunda função, o índice de redundância para o conjunto dependente é de 0,013. Este resultado confirma que a segunda função não possui significância prática, sendo descartada.

Portanto, a função canônica 1 é a que deve ser interpretada. Podermos, então, passar à interpretação da função canônica 1.

Tabela 4

Pesos Brutos da Função Canônica Retida

Variáveis Originais	Função Canônica 1
Y_1	-0,217
Y_2	-0,157
X_1	-0,181
X_2	-0,106
X_3	-0,07

Com base nos pesos brutos das variáveis dependentes, temos:

$$V = -0,217Y_1 - 0,157Y_2$$

Com base nos pesos brutos das variáveis independentes, temos:

$$W = -0{,}181X_1 - 0{,}106X_2 - 0{,}07X_3$$

Tabela 5

Pesos Padronizados da Função Canônica Retida

Variáveis Originais	Função Canônica 1
Y_1	**-0,663**
Y_2	-0,407
X_1	**-0,563**
X_2	-0,295
X_3	-0,220

Analisando os valores padronizados dos pesos canônicos. constatamos que a variável nota em ***cálculo na faculdade*** é a que mais contribui, entre as dependentes, para a formação da função canônica 1.

A nota em ***Matemática no vestibular*** é a que mais contribui, entre as independentes, para a formação da função canônica em estudo.

Contudo, estas correlações devem ser vistas com reservas porque podem ser inerentes *à* amostra selecionada especificamente. São recomendados fortemente os estudos das cargas estruturais e cruzadas.

Tabela 6

Cargas Estruturais

Variáveis Originais	Função Canônica 1
Y_1	**-0,961**
Y_2	-0,893
X_1	**-0,962**
X_2	-0,891
X_3	-0,886

Analisando as cargas estruturais, constatamos que a variável nota em ***Cálculo na faculdade*** é a que mais contribui, entre as dependentes, para a formação da função canônica 1.

A ***nota em Matemática*** no vestibular é a que mais contribui, entre as independentes, para a formação da função canônica em estudo.

Poderemos, então, nomear o conjunto dependente como ***"Desempenho em Cálculo"*** e o conjunto independente como ***"Desempenho em Matemática"***.

Contudo, estas correlações também devem ser vistas com reservas e as cargas cruzadas devem também ser interpretadas.

Tabela 7
Cargas Cruzadas

Variáveis Originais	**Variáveis estatísticas canônicas independentes**
Y_1	**-0,864**
Y_2	-0,803

Variáveis Originais	**Variáveis estatísticas canônicas dependentes**
X_1	**-0,866**
X_2	-0,801
X_3	-0,797

As cargas cruzadas confirmam as variáveis importantes para a formação dos conjuntos canônicos. Isso reforça a elevada variância compartilhada entre as variáveis originais do estudo e as variáveis estatísticas do modelo.

Aplicação 2:

Um analista gerencial realizou uma pesquisa de clima organizacional na empresa em que trabalha. O analista suspeita que o estilo gerencial da empresa influencia a satisfação no emprego e a imagem que os funcionários têm da organização. Ele levantou os dados das variáveis abaixo:

Y_1: Satisfação no emprego
Y_2: Imagem da organização
X_1: Gerência participativa e delegação
X_2: Valorização salarial e participação nos lucros
X_3: Treinamentos constantes e plano de carreira

Cada funcionário da empresa teria que dar uma nota de 1 a 7 para sua concordância com as variáveis acima. Os dados coletados estão dispostos na tabela a seguir:

Base de Satisfação no Emprego e Estilo Gerencial

Y_1	Y_2	X_1	X_2	X_3
3	3	2	2	4
2	2	4	4	1
1	1	1	1	1
4	4	3	2	1
1	4	4	2	4
4	4	2	4	3
3	3	2	3	4
1	1	1	3	4
1	2	2	2	4
5	6	7	6	6
6	7	6	7	6
5	5	7	6	7
6	6	7	5	7

6	6	7	6	6
5	6	5	7	5
5	5	5	6	5
7	5	7	6	7
6	7	6	6	7
6	5	5	5	6

Realize a análise de correlação canônica e comprove as suspeitas do analista.

Solução:

Desejamos avaliar a associação do conjunto de variáveis X_1: *Gerência participativa e delegação,* X_2: *Valorização salarial e participação nos lucros* e X_3: *Treinamentos constantes e plano de carreira* com o conjunto de variáveis Y_1: *Satisfação no emprego* e Y_2: *Imagem da organização.*

Queremos saber se as variáveis "*Satisfação no emprego*" e "*Imagem da organização por parte dos funcionários*", grupo ***"Satisfação no emprego" (V)****, são influenciadas pelas variáveis* "*Gerência participativa e delegação*", "*Valorização salarial e participação nos lucros*" e "*Treinamentos constantes e plano de carreira*", grupo ***"Estilo Gerencial" (W).***

A relação entre o conjunto ***"Satisfação no emprego"*** e o conjunto ***"Estilo Gerencial"*** pode ser examinada pelo cálculo da correlação canônica.

A correlação canônica pode ser definida como a correlação entre a combinação linear (variável estatística) das variáveis dependentes e independentes. O cálculo da correlação canônica maximiza a correlação entre as duas combinações lineares.

Por exemplo, a combinação linear para ***"Estilo Gerencial"*** poderia ser:

$W = a_1X_1 + a_2X_2 + \ldots + a_qX_q$, *isto é,*

$W = a_1X_1 + a_2X_2 + a_3X_3$

E a combinação linear para ***"Satisfação no emprego"*** poderia ser:

$V = b_1Y_1 + b_2Y_2 + \ldots + b_pY_p$, isto é,

$V = b_1Y_1 + b_2Y_2$

A correlação entre ***"Satisfação no emprego"*** e ***"Estilo Gerencial"*** *é definida, então, como uma correlação canônica.*

O número de funções canônicas é dado por mim (p, q), onde p e q representam o número de variáveis nos conjuntos de variáveis dependentes e independentes, respectivamente. Neste caso, min (p = 2, q = 3) = 2. Logo, o número de funções canônicas que pode ser gerado nesse estudo é dois.

Aplicando o SPSS na base de dados, temos os resultados a seguir e suas interpretações.

Resultados:

Tabela 1
Teste de Significância das Funções Canônicas

Funções Canônicas	λ *de* ***Wilk***	**Valor-p**
1	0,184	0,000
2	0,986	0,902

A função canônica 1 é significante, pois seu valor-p é zero, menor que 0,05. A função canônica 2 não é significante, pois seu valor-p é 0,902, maior que 0,05.

O valor de λ de *Wilk* é baixo para a função canônica 1, o que indica que as variações do grupo dependente, "*Satisfação no Emprego*", na função canônica 1, são pouco explicadas por fatores aleatórios ou erros de amostragem.

O valor de λ de *Wilk* é alto para a função canônica 2, o que indica que as variações do grupo dependente, "*Satisfação no Emprego*", na função canônica 2, têm forte influência de fatores aleatórios ou erros de amostragem.

Portanto, a função canônica 1 é a que atende este critério para ser interpretada.

Tabela 2
Correlações Canônicas

Funções Canônicas	Correlações Canônicas
1	**0,902**
2	0,117

A correlação entre "*Satisfação no Emprego*" (V) e "*Estilo Gerencial*" (W) é for*tíssima* pela função canônica 1($CORR_{canônica}$=**0,902**), com significância prática. A correlação entre os referidos conjuntos canônicos é fraca pela função canônica 2.

O poder de explicação da função canônica 1 é PE = $(0{,}902)^2$ = 81%. O poder de explicação da função canônica 2 é PE = $(0{,}117)^2$ = 1%.

Portanto, a função canônica 1 é a que atende este critério para ser interpretada.

Tabela 3
Índice de Redundância

Funções Canônicas	R^2 Médio
1	**0,763**
2	0,001

O índice de redundância para a primeira função é de 0,763 para a variável dependente canônica, o que demonstra que 76% da variação do grupo dependente podem ser explicados pela variável estatística independente. Para a segunda função o índice de redundância para o grupo *"Satisfação no Emprego"* é de 0,001. Este resultado confirma que a segunda função não possui significância prática, sendo descartada.

Portanto, a função canônica 1 é a que deve ser interpretada. Podemos, então, passar *à* interpretação da função canônica 1.

Tabela 4
Pesos Brutos da Função Canônica Retida

Variáveis Originais	Função Canônica 1
Y_1	-0,225
Y_2	-0,304
X_1	-0,208
X_2	-0,235
X_3	-0,073

A variável estatística dependente fica:

$$V = -0{,}22Y_1 + 0{,}30Y_2$$

A variável estatística independente fica:

$$W = -0{,}21X_1 + 0{,}24X_2 + 0{,}07X_3$$

Logo, a função canônica gerada é:

$$-0{,}22Y_1 + 0{,}30Y_2 = -0{,}21X_1 + 0{,}24X_2 + 0{,}07X_3$$

Tabela 5
Pesos Padronizados da Função Canônica Retida

Variáveis Originais	Função Canônica 1
Y_1	-0,459
Y_2	**-0,573**
X_1	**-0,461**
X_2	-0,459
X_3	-0,148

Analisando os valores padronizados dos pesos canônicos, constatamos que variável *Imagem da organização por parte dos funcionários* é a que mais contribui, entre as dependentes, para a formação da função canônica 1. A variável *Gerência Participativa/Delegativa é a que mais contribui*, entre as independentes, para a formação da função canônica em estudo.

Contudo, estas correlações devem ser vistas com reservas porque podem ser inerentes *à* amostra selecionada especificamente. São recomendados fortemente os estudos das cargas estruturais e cruzadas.

Tabela 6
Cargas Estruturais

Variáveis Originais	Função Canônica 1
Y_1	**-0,991**
Y_2	-0,975
X_1	**-0,955**
X_2	-0,949
X_3	-0,842

Analisando as cargas estruturais, constatamos que a variável *"Satisfação no emprego"* é a que mais contribui, entre as dependentes, para a formação da função canônica 1 pela análise de cargas estruturais. A *"Gerência Participativa e Delegação" é a que mais contribui,* entre as independentes, para a formação da função canônica 1.

Contudo, estas correlações também devem ser vistas com reservas e as cargas cruzadas devem também ser interpretadas.

Tabela 7
Cargas Cruzadas

Variáveis Originais	Variáveis estatísticas canônicas independentes
Y_1	-0,867
Y_2	**-0,880**

Variáveis Originais	Variáveis estatísticas canônicas dependentes
X_1	**-0,861**
X_2	-0,856
X_3	-0,759

As cargas estruturais e as cargas cruzadas confirmam as variáveis importantes para a formação dos conjuntos canônicos. Isso reforça a elevada variância compartilhada entre as variáveis originais do estudo e as variáveis estatísticas do modelo.

4.27 Exercícios Propostos

1) A base de dados abaixo consiste em 100 observações sobre 14 variáveis separadas. É um estudo de segmentação para uma situação de negócios, especificamente um levantamento de clientes existentes da HATCO. Três tipos de informações foram coletadas. O primeiro é a percepção da HATCO sobre sete atributos identificados em estudos anteriores como os mais influentes na escolha dos fornecedores. Os respondentes, executivos que compram da HATCO, a avaliaram em cada atributo. O segundo tipo de informação se refere a compras reais, tanto *às avaliações da satisfação de cada cliente com a HATCO como ao percentual de compras da HATCO daquele cliente. O terceiro tipo de informação contém características gerais das companhias compradoras* (p. ex., tamanho da empresa, tipo de indústria). Os dados fornecidos deveriam dar à HATCO uma melhor compreensão das características de seus clientes e das relações entre suas percepções sobre a HATCO e suas ações sobre a mesma (compras e satisfação). Uma breve descrição das variáveis da base de dados é dada a seguir.

Percepção da HATCO:

Cada variável foi medida em uma escala gráfica, onde uma linha de 10 centímetros foi desenhada entre os pontos extremos chamados de "Ruim" e "Excelente".

Ruim Excelente

Os respondentes indicaram suas percepções fazendo uma marca em qualquer ponto da linha. A marca era então medida e a distância a partir de 0 (em centímetros) era anotado. O resultado foi uma escala que varia de 0 a 10, arredondada para uma casa decimal. Os sete atributos da HATCO avaliados por cada respondente são os seguintes:

X_1: Velocidade de entrega- tempo total necessário para entregar o produto assim que a encomenda foi confirmada.

X_2: Nível de preço- nível percebido de preço cobrado por fornecedores do produto.

X_3: Flexibilidade de preço- disposição percebida de representantes da HATCO em negociar preços em todos os tipos de compras.

X_4: Imagem do fabricante- imagem geral do fabricante.

X_5: Serviço geral-nível geral de serviço necessário para manter uma relação satisfatória entre fornecedor e comprador.

X_6: Imagem da força de vendas-imagem geral da força de vendas do fabricante.

X_7: Qualidade do produto: nível percebido de qualidade de um produto particular(p.ex.funcionamento ou produtividade).

Resultados das Compras:

Foram obtidas duas medidas específicas, que refletiram os resultados das relações das compras dos respondentes com a HATCO. Essas medidas incluem:

X_9: Nível de uso-quanto do produto total da empresa é comprado da HATCO, medido em uma escala de 100 pontos percentuais, que varia de 0 a 100%.

X_{10}: Nível de satisfação-quão satisfeito está o comprador com compras feitas no passado, da HATCO, medido na mesma escala gráfica de percepção empregada de X_1 a X_7.

Características do Comprador:

X_8: Tamanho da empresa- tamanho da empresa em relação a outras neste mercado. Essa variável tem duas categorias: 1=grande , 0=pequeno.

X_{11}: Especificação de compra- o quanto um comprador em particular avalia cada compra separadamente (análise de valor total) versus o uso de especificações de compra, as quais detalham precisamente as características procuradas do produto. Essa variável tem duas categorias: 1=emprega análise de valor total, avaliando cada compra separadamente; 0=uso de especificação de compra.

X_{12}: Estrutura de aquisição- método de adquirir ou comprar produtos em uma empresa em particular. Essa variável tem duas categorias: 1=indústria centralizada, 0= aquisição não-centralizada.

X_{13}: Tipo de indústria- classificação da indústria à qual um comprador pertence. Essa variável tem duas categorias: 1= indústria A , 0= outra indústrias.

X_{14}: Tipo de situação de compra- Tipo de situação que o comprador enfrenta. Essa variável tem três categorias: 1= nova tarefa, 2=nova compra modificada, 3=nova compra simples.

Usando as avaliações da HATCO (X_1 a X_7) como o conjunto de variáveis independentes e as medidas de nível de uso (X_9 e X_{10}) conjunto de variáveis dependentes, realize uma análise de correlação canônica da base de dados.

Base HATCO

X_1	X_2	X_3	X_4	X_5	X_6	X_7	X_8	X_9	X_{10}	X_{11}	X_{12}	X_{13}	X_{14}
4,1	,6	6,9	4,7	2,4	2,3	5,2	0	32,0	4,2	1	0	1	1
1,8	3,0	6,3	6,6	2,5	4,0	8,4	1	43,0	4,3	0	1	0	1
3,4	5,2	5,7	6,0	4,3	2,7	8,2	1	48,0	5,2	0	1	1	2
2,7	1,0	7,1	5,9	1,8	2,3	7,8	1	32,0	3,9	0	1	1	1
6,0	,9	9,6	7,8	3,4	4,6	4,5	0	58,0	6,8	1	0	1	3
1,9	3,3	7,9	4,8	2,6	1,9	9,7	1	45,0	4,4	0	1	1	2
4,6	2,4	9,5	6,6	3,5	4,5	7,6	0	46,0	5,8	1	0	1	1
1,3	4,2	6,2	5,1	2,8	2,2	6,9	1	44,0	4,3	0	1	0	2
5,5	1,6	9,4	4,7	3,5	3,0	7,6	0	63,0	5,4	1	0	1	3
4,0	3,5	6,5	6,0	3,7	3,2	8,7	1	54,0	5,4	0	1	0	2
2,4	1,6	8,8	4,8	2,0	2,8	5,8	0	32,0	4,3	1	0	0	1
3,9	2,2	9,1	4,6	3,0	2,5	8,3	0	47,0	5,0	1	0	1	2
2,8	1,4	8,1	3,8	2,1	1,4	6,6	1	39,0	4,4	0	1	0	1
3,7	1,5	8,6	5,7	2,7	3,7	6,7	0	38,0	5,0	1	0	1	1
4,7	1,3	9,9	6,7	3,0	2,6	6,8	0	54,0	5,9	1	0	0	3
3,4	2,0	9,7	4,7	2,7	1,7	4,8	0	49,0	4,7	1	0	0	3
3,2	4,1	5,7	5,1	3,6	2,9	6,2	0	38,0	4,4	1	1	1	2
4,9	1,8	7,7	4,3	3,4	1,5	5,9	0	40,0	5,6	1	0	0	2
5,3	1,4	9,7	6,1	3,3	3,9	6,8	0	54,0	5,9	1	0	1	3
4,7	1,3	9,9	6,7	3,0	2,6	6,8	0	55,0	6,0	1	0	0	3

3,3	,9	8,6	4,0	2,1	1,8	6,3	0	41,0	4,5	1	0	0	2
3,4	,4	8,3	2,5	1,2	1,7	5,2	0	35,0	3,3	1	0	0	1
3,0	4,0	9,1	7,1	3,5	3,4	8,4	0	55,0	5,2	1	1	0	3
2,4	1,5	6,7	4,8	1,9	2,5	7,2	1	36,0	3,7	0	1	0	1
5,1	1,4	8,7	4,8	3,3	2,6	3,8	0	49,0	4,9	1	0	0	2
4,6	2,1	7,9	5,8	3,4	2,8	4,7	0	49,0	5,9	1	0	1	3
2,4	1,5	6,6	4,8	1,9	2,5	7,2	1	36,0	3,7	0	1	0	1
5,2	1,3	9,7	6,1	3,2	3,9	6,7	0	54,0	5,8	1	0	1	3

3,5	2,8	9,9	3,5	3,1	1,7	5,4	0	49,0	5,4	1	0	1	3
4,1	3,7	5,9	5,5	3,9	3,0	8,4	1	46,0	5,1	0	1	0	2
3,0	3,2	6,0	5,3	3,1	3,0	8,0	1	43,0	3,3	0	1	0	1
2,8	3,8	8,9	6,9	3,3	3,2	8,2	0	53,0	5,0	1	1	0	3
5,2	2,0	9,3	5,9	3,7	2,4	4,6	0	60,0	6,1	1	0	0	3
3,4	3,7	6,4	5,7	3,5	3,4	8,4	1	47,0	3,8	0	1	0	1
2,4	1,0	7,7	3,4	1,7	1,1	6,2	1	35,0	4,1	0	1	0	1
1,8	3,3	7,5	4,5	2,5	2,4	7,6	1	39,0	3,6	0	1	1	1
3,6	4,0	5,8	5,8	3,7	2,5	9,3	1	44,0	4,8	0	1	1	2
4,0	,9	9,1	5,4	2,4	2,6	7,3	0	46,0	5,1	1	0	1	3
,0	2,1	6,9	5,4	1,1	2,6	8,9	1	29,0	3,9	0	1	1	1
2,4	2,0	6,4	4,5	2,1	2,2	8,8	1	28,0	3,3	0	1	1	1
1,9	3,4	7,6	4,6	2,6	2,5	7,7	1	40,0	3,7	0	1	1	1
5,9	,9	9,6	7,8	3,4	4,6	4,5	0	58,0	6,7	1	0	1	3

4,9	2,3	9,3	4,5	3,6	1,3	6,2	0	53,0	5,9	1	0	0	3
5,0	1,3	8,6	4,7	3,1	2,5	3,7	0	48,0	4,8	1	0	0	2
2,0	2,6	6,5	3,7	2,4	1,7	8,5	1	38,0	3,2	0	1	1	1
5,0	2,5	9,4	4,6	3,7	1,4	6,3	0	54,0	6,0	1	0	0	3
3,1	1,9	10,0	4,5	2,6	3,2	3,8	0	55,0	4,9	1	0	1	3
3,4	3,9	5,6	5,6	3,6	2,3	9,1	1	43,0	4,7	0	1	1	2
5,8	,2	8,8	4,5	3,0	2,4	6,7	0	57,0	4,9	1	0	1	3
5,4	2,1	8,0	3,0	3,8	1,4	5,2	0	53,0	3,8	1	0	1	3
3,7	,7	8,2	6,0	2,1	2,5	5,2	0	41,0	5,0	1	0	0	2
2,6	4,8	8,2	5,0	3,6	2,5	9,0	1	53,0	5,2	0	1	1	2
4,5	4,1	6,3	5,9	4,3	3,4	8,8	1	50,0	5,5	0	1	0	2
2,8	2,4	6,7	4,9	2,5	2,6	9,2	1	32,0	3,7	0	1	1	1
3,8	,8	8,7	2,9	1,6	2,1	5,6	0	39,0	3,7	1	0	0	1
2,9	2,6	7,7	7,0	2,8	3,6	7,7	0	47,0	4,2	1	1	1	2
4,9	4,4	7,4	6,9	4,6	4,0	9,6	1	62,0	6,2	0	1	0	2
5,4	2,5	9,6	5,5	4,0	3,0	7,7	0	65,0	6,0	1	0	0	3
4,3	1,8	7,6	5,4	3,1	2,5	4,4	0	46,0	5,6	1	0	1	3
2,3	4,5	8,0	4,7	3,3	2,2	8,7	1	50,0	5,0	0	1	1	2
3,1	1,9	9,9	4,5	2,6	3,1	3,8	0	54,0	4,8	1	0	1	3
5,1	1,9	9,2	5,8	3,6	2,3	4,5	0	60,0	6,1	1	0	0	3
4,1	1,1	9,3	5,5	2,5	2,7	7,4	0	47,0	5,3	1	0	1	3
3,0	3,8	5,5	4,9	3,4	2,6	6,0	0	36,0	4,2	1	1	1	2

1,1	2,0	7,2	4,7	1,6	3,2	10,0	1	40,0	3,4	0	1	1	1
3,7	1,4	9,0	4,5	2,6	2,3	6,8	0	45,0	4,9	1	0	0	2
4,2	2,5	9,2	6,2	3,3	3,9	7,3	0	59,0	6,0	1	0	0	3
1,6	4,5	6,4	5,3	3,0	2,5	7,1	1	46,0	4,5	0	1	0	2
5,3	1,7	8,5	3,7	3,5	1,9	4,8	0	58,0	4,3	1	0	0	3
2,3	3,7	8,3	5,2	3,0	2,3	9,1	1	49,0	4,8	0	1	1	2
3,6	5,4	5,9	6,2	4,5	2,9	8,4	1	50,0	5,4	0	1	1	2
5,6	2,2	8,2	3,1	4,0	1,6	5,3	0	55,0	3,9	1	0	1	3
3,6	2,2	9,9	4,8	2,9	1,9	4,9	0	51,0	4,9	1	0	0	3
5,2	1,3	9,1	4,5	3,3	2,7	7,3	0	60,0	5,1	1	0	1	3
3,0	2,0	6,6	6,6	2,4	2,7	8,2	1	41,0	4,1	0	1	0	1
4,2	2,4	9,4	4,9	3,2	2,7	8,5	0	49,0	5,2	1	0	1	2
3,8	,8	8,3	6,1	2,2	2,6	5,3	0	42,0	5,1	1	0	0	2
3,3	2,6	9,7	3,3	2,9	1,5	5,2	0	47,0	5,1	1	0	1	3
1,0	1,9	7,1	4,5	1,5	3,1	9,9	1	39,0	3,3	0	1	1	1
4,5	1,6	8,7	4,6	3,1	2,1	6,8	0	56,0	5,1	1	0	0	3
5,5	1,8	8,7	3,8	3,6	2,1	4,9	0	59,0	4,5	1	0	0	3
3,4	4,6	5,5	8,2	4,0	4,4	6,3	0	47,3	5,6	1	1	1	2
1,6	2,8	6,1	6,4	2,3	3,8	8,2	1	41,0	4,1	0	1	0	1
2,3	3,7	7,6	5,0	3,0	2,5	7,4	0	37,0	4,4	1	1	0	1
2,6	3,0	8,5	6,0	2,8	2,8	6,8	1	53,0	5,6	0	1	0	2
2,5	3,1	7,0	4,2	2,8	2,2	9,0	1	43,0	3,7	0	1	1	1

2,4	2,9	8,4	5,9	2,7	2,7	6,7	1	51,0	5,5	0	1	0	2
2,1	3,5	7,4	4,8	2,8	2,3	7,2	0	36,0	4,3	1	1	0	1
2,9	1,2	7,3	6,1	2,0	2,5	8,0	1	34,0	4,0	0	1	1	1
4,3	2,5	9,3	6,3	3,4	4,0	7,4	0	60,0	6,1	1	0	0	3
3,0	2,8	7,8	7,1	3,0	3,8	7,9	0	49,0	4,4	1	1	1	2
4,8	1,7	7,6	4,2	3,3	1,4	5,8	0	39,0	5,5	1	0	0	2
3,1	4,2	5,1	7,8	3,6	4,0	5,9	0	43,0	5,2	1	1	1	2
1,9	2,7	5,0	4,9	2,2	2,5	8,2	1	36,0	3,6	0	1	0	1
4,0	,5	6,7	4,5	2,2	2,1	5,0	0	31,0	4,0	1	0	1	1
,6	1,6	6,4	5,0	,7	2,1	8,4	1	25,0	3,4	0	1	1	1
6,1	,5	9,2	4,8	3,3	2,8	7,1	0	60,0	5,2	1	0	1	3
2,0	2,8	5,2	5,0	2,4	2,7	8,4	1	38,0	3,7	0	1	0	1
3,1	2,2	6,7	6,8	2,6	2,9	8,4	1	42,0	4,3	0	1	0	1
2,5	1,8	9,0	5,0	2,2	3,0	6,0	0	33,0	4,4	1	0	0	1

Solução:

O número de funções canônicas é dado por mim (p, q) onde p e q representam o número de variáveis nos conjuntos de variáveis dependentes e independentes, respectivamente. Neste caso, o min (p=2 , q=7) = 2. Logo, o número de funções canônicas que pode ser gerado nesse estudo é dois.

Aplicando o SPSS à base de dados, temos os resultados a seguir e suas interpretações.

Resultados:

Tabela 1
Teste de Significância das Funções Canônicas

Funções Canônicas	λ *de Wilk*	Valor-p
1	0,090	0,000
2	0,741	0,000

A função canônica 1 é significante pois seu valor-p é zero, menor do que 0,05. A função canônica 2 também é significante pois seu valor-p é 0,000, menor do que 0,05.

O valor de λ de *Wilk* é baixo para função canônica 1, o que indica que as variações do grupo dependente, na função canônica 1, são pouco explicadas por fatores aleatórios ou erros de amostragem.

O valor de λ de *Wilk* é alto para função canônica 2, o que indica que as variações do grupo dependente, na função canônica 2, têm forte influência de fatores aleatórios ou erros de amostragem.

Portanto, a função canônica 1 é a que atende este critério para ser interpretada.

Tabela 2
Correlações Canônicas

Funções Canônicas	Correlações Canônicas
1	**0,937**
2	0,509

A correlação entre as variáveis estatísticas na função canônica é fortíssima($CORR_{canônica}$=**0,937**).

A correlação entre os referidos conjuntos canônicos é média pela função canônica 2.

O poder de explicação da função canônica 1 é $PE=(0,937)^2 = 88\%$. O poder de explicação da função canônica 2 é $PE=(0,509)^2 = 26\%$.

Portanto, a função canônica 1 é a que atende este critério para ser interpretada.

Tabela 3
Índice de Redundância

Funções Canônicas	R^2 Médio
1	0,750
2	0,038

O índice de redundância para a primeira função é de 0,750 para a variável dependente canônica, o que demonstra que 75% da variação do grupo dependente pode ser explicada pela variável estatística independente. Para a segunda função o índice de redundância para as variáveis dependentes é de 0,038. Apesar de estatisticamente significante, a segunda função não possui significância prática, sendo descartada.

Portanto, a função canônica 1 é a que deve ser interpretada. Podermos, então, passar à interpretação da função canônica 1.

Tabela 4
Pesos Brutos da Função Canônica Retida

Variáveis Originais	Função Canônica 1
X_9	-0,056
X_{10}	-0,678
X_1	-0,171
X_2	-0,087
X_3	-0,410
X_4	-0,308
X_5	-0,592
X_6	-0,066
X_7	0,000

Com base nos pesos brutos das variáveis dependentes, temos:

$$V = -0{,}056X_9 - 0{,}678X_{10}$$

Com base nos pesos brutos das variáveis independentes, temos:

$$W = -0{,}171X_1 - 0{,}087X_2 - 0{,}410X_3 - 0{,}308X_4 - 0{,}592X_5 - 0{,}066X_6$$

Logo, a função canônica gerada é:

$$-0{,}056X_9 - 0{,}678X_{10} = -0{,}171X_1 - 0{,}087X_2 - 0{,}410X_3 - 0{,}308X_4 - 0{,}592X_5 - 0{,}066X_6$$

Tabela 5

Pesos Padronizados da Função Canônica Retida

Variáveis Originais	Função Canônica 1
X_9	-0,501
X_{10}	**-0,580**
X_1	-0,225
X_2	-0,104
X_3	**-0,568**
X_4	-0,348
X_5	-0,445
X_6	0,051
X_7	0,000

Analisando os valores padronizados dos pesos canônicos, constatamos que variável *Nível de satisfação-quão satisfeito está o comprador com compras feitas no passado, da HATCO é a que mais contribui*, dentre as dependentes, para a formação da função canônica 1. *Flexibilidade de preço- disposição percebida de representantes da HATCO em negociar preços em todos os tipos de compras é a que mais contribui dentre as independentes para a formação da função canônica em estudo.*

Contudo, estas correlações devem ser vistas com reservas, porque podem ser inerentes a amostra selecionada especificamente. É recomendado fortemente os estudos das cargas estruturais e cruzadas.

Tabela 6
Cargas Estruturais

Variáveis Originais	Função Canônica 1
X_9	-0,913
X_{10}	**-0,936**
X_1	-0,764
X_2	-0,062
X_3	-0,623
X_4	-0,415
X_5	**-0,765**
X_6	-0,348
X_7	0,278

A correlação da variável dependente *Nível de satisfação-quão satisfeito está o comprador com compras feitas no passado, da HATCO* com a função canônica 1 é a mais alta.

A correlação das variáveis independentes *Velocidade de entrega- tempo total necessário para entregar o produto assim que a encomenda foi confirmada e Serviço geral-nível geral de serviço necessário para manter uma relação satisfatória entre fornecedor e comprador* com a função canônica 1 são as mais altas.

Contudo, estas correlações também devem ser vistas com reservas e as cargas cruzadas devem também devem ser interpretadas.

Tabela 7
Cargas Cruzadas

Variáveis Originais	Variáveis estatística canônicas independentes
X_9	-0,855
X_{10}	**-0,877**

Variáveis Originais	Variáveis estatística canônicas dependentes
X_1	**-0,716**
X_2	-0,058
X_3	-0,584
X_4	-0,389
X_5	**-0,717**
X_6	-0,326
X_7	0,261

As cargas cruzadas confirmam as variáveis importantes para a formação dos conjuntos canônicos. Isso reforça a elevada variância compartilhada entre as variáveis originais do estudo e as variáveis estatísticas do modelo a correlação entre os conjuntos canônicos é significativa.

2) Um pesquisador fez uma enquete com dirigentes principais de pequenas empresas para descobrir a vontade delas em exportar para outros países. A descrição das variáveis e a escala de valores associados estão na tabela abaixo. Sessenta empresas receberam o questionário. Chamando as variáveis Y_1 e Y_2 de conjunto dependente e as variáveis de X_1 a X_6 de conjunto independente, realize uma análise completa de correlação canônica à base de dados e interprete os resultados.

Variáveis	**Descrição**	**Escala de Valores**
Y_1	Vontade de exportar	1=definitivamente não a 5=definitivamente sim
Y_2	Nível de interesse em buscar a ajuda do governo	1=definitivamente não a 5=definitivamente sim
X_1	Tamanho enquanto empregador	Maior que zero
X_2	Receita da empresa	Em milhões de reais
X_3	Anos de operação no mercado nacional	Número real de anos
X_4	Número de produtos atualmente fabricados pela empresa	Número real
X_5	Treinamento de empregados	0=nenhum programa ou 1=existência de um programa formal
X_6	Experiência empresarial em operações internacionais	0=nenhuma experiência ou 1(existência de experiência

As informações obtidas por meio do instrumento de enquête são apresentadas na tabela abaixo:

Base Vontade de Exportar

Y_1	Y_2	X_1	X_2	X_3	X_4	X_5	X_6
5	4	54	4,0	6,5	7	1	1
3	4	45	2,0	6,0	6	1	1
2	5	44	2,0	5,8	11	1	1
4	3	46	1,0	7,0	3	1	0
5	4	46	3,0	6,5	8	1	1
1	2	37	0,9	5,0	2	0	1
2	1	42	0,9	5,0	2	0	1
3	3	29	3,6	6,5	3	0	0
3	2	46	0,9	6,0	5	0	1
2	3	28	0,9	6,0	2	0	1
4	1	39	3,6	7,0	3	0	1
3	2	31	4,0	7,0	3	1	0
4	5	65	1,0	7,0	9	1	1

1	4	50	1,0	7,0	9	1	1
4	1	30	2,0	7,5	3	1	0
5	4	58	1,0	6,0	5	1	1
3	4	54	2,0	6,5	4	1	1
4	5	58	1,0	7,0	9	1	1
2	1	37	1,0	7,0	9	1	0
5	1	35	2,0	9,5	5	1	0
4	3	49	2,0	8,5	4	1	1
3	2	37	2,0	7,0	2	0	1
3	4	34	0,9	6,0	5	0	1
2	5	66	1,0	5,5	10	1	1
5	4	50	0,3	6,5	6	1	1
4	3	43	1,0	7,0	3	1	0
4	3	54	1,0	7,0	4	1	1
3	4	49	1,0	6,5	7	1	1
3	2	43	1,8	6,0	2	0	1
2	4	52	1,8	5,0	7	0	1
4	5	29	0,9	4,5	11	0	1
2	3	37	0,9	5,5	2	0	1
3	1	27	0,9	7,0	3	0	0
2	2	32	0,9	6,5	3	0	0
3	2	34	2,7	6,5	2	0	1
3	4	48	1,8	5,0	4	0	1
4	5	53	0,9	4,5	5	0	0
4	3	41	0,9	5,5	2	0	1
5	4	47	2,7	5,5	4	0	1
1	2	31	1,8	6,0	4	0	0
3	2	34	0,9	6,5	3	0	0
1	1	28	0,9	7,0	2	0	0
2	3	39	0,9	5,5	2	0	1
1	4	45	0,9	5,5	4	0	0
2	2	29	1,8	7,0	2	0	0
2	3	37	1,8	6,0	3	0	1
2	5	49	0,9	4,5	9	0	1
2	1	33	0,9	6,5	2	0	1

3	1	27	1,8	7,0	3	0	0
2	4	49	1,0	5,5	6	1	1
4	3	46	1,0	6,5	4	1	1
4	5	54	1,0	6,0	7	1	1
2	2	31	0,9	6,0	3	0	0
3	2	31	3,0	6,0	5	1	0
3	4	50	2,0	6,5	7	1	1
2	5	69	1,0	5,5	9	1	1
5	1	34	1,0	7,0	6	1	1
4	5	62	2,0	5,5	7	1	1
3	4	49	1,0	7,0	5	1	0
4	3	43	2,0	7,5	4	1	1

Solução:

O número de funções canônicas é dado por mim(p, q) onde p e q representam o número de variáveis nos conjuntos de variáveis dependentes e independentes, respectivamente. Neste caso, o min (p=2 , q=6) = 2. Logo, o número de funções canônicas que pode ser gerado nesse estudo é dois.

Aplicando o SPSS à base de dados, temos os resultados a seguir e suas interpretações.

Resultados:

Tabela 1
Teste de Significância das Funções Canônicas

Funções Canônicas	λ *de Wilk*	Valor-p
1	0,199	0,000
2	0,717	0,003

A função canônica 1 é significante pois seu valor-p é zero, menor do que 0,05. A função canônica 2 também é significante pois seu valor-p é 0,003, menor do que 0,05.

O valor de λ de *Wilk é baixo para função canônica 1, o que indica que as variações do grupo dependente, na função canônica 1, são pouco explicadas por fatores aleatórios ou erros de amostragem.*

O valor de λ de *Wilk* é alto para função canônica 2, o que indica que as variações do grupo dependente, na função canônica 2, têm forte influência de fatores aleatórios ou erros de amostragem.

Portanto, a função canônica 1 é a que atende este critério para ser interpretada.

Tabela 2
Correlações Canônicas

Funções Canônicas	Correlações Canônicas
1	**0,850**
2	0,532

A correlação entre as variáveis estatísticas na função canônica é forte($CORR_{canônica}$=**0,850**).

A correlação entre os referidos conjuntos canônicos é média pela função canônica 2.

O poder de explicação da função canônica 1 é $(0,850)^2 = 72\%$. O poder de explicação da função canônica 2 é $(0,532)^2 = 28\%$.

Portanto, a função canônica 1 é a que atende este critério para ser interpretada.

Tabela 3
Índice de Redundância

Funções Canônicas	R^2 Médio
1	0,363
2	0,141

O índice de redundância para a primeira função é de 0,363 para a variável dependente canônica, o que demonstra que 36% da variação do grupo dependente pode ser explicada pela variável estatística independente. Para a segunda função o índice de redundância para as variáveis dependentes é de 0,141. Apesar de estatisticamente significante, a segunda função não possui significância prática, sendo descartada.

Portanto, a função canônica 1 é a que deve ser interpretada. Podemos, então, passar à interpretação da função canônica1.

Tabela 4
Pesos Brutos da Função Canônica Retida

Variáveis Originais	Função Canônica 1
Y_1	0,048
Y_2	**-0,745**
X_1	-0,053
X_2	-0,044
X_3	**0,434**
X_4	-0,152
X_5	-0,047
X_6	0,025

Com base nos pesos brutos das variáveis dependentes, temos:

$$V = -0{,}048Y_1 - 0{,}745Y_2$$

Com base nos pesos brutos das variáveis independentes, temos:

$$W = -0{,}053X_1 - 0{,}044X_2 + 0{,}434X_3 - 0{,}152X_4 - 0{,}047X_5 + 0{,}025X_6$$

Logo, a função canônica gerada é:

$$-0{,}048Y_1 - 0{,}745Y_2 = -0{,}053X_1 - 0{,}044X_2 + 0{,}434X_3 - 0{,}152X_4 - 0{,}047X_5 + 0{,}025X_6$$

Tabela 5
Pesos Padronizados da Função Canônica Retida

Variáveis Originais	Função Canônica 1
Y_1	0,055
Y_2	**-1,006**
X_1	-0,561
X_2	-0,038
X_3	**0,399**
X_4	**-0,391**
X_5	-0,024
X_6	0,012

Analisando os valores padronizados dos pesos canônicos, constatamos que variável *Nível de interesse em buscar a ajuda do governo é a que mais contribui, dentre as dependentes, para a formação da função canônica 1. Anos de operação no mercado nacional e Número de produtos atualmente fabricados pela empresa* são as que mais contribuem, dentre as independentes, para a formação da função canônica em estudo.

Contudo, estas correlações devem ser vistas com reservas, porque podem ser inerentes a amostra selecionada especificamente. É recomendado fortemente os estudos das cargas estruturais e cruzadas.

Tabela 6
Cargas Estruturais

Variáveis Originais	Função Canônica 1
Y_1	-0,084
Y_2	**-0,998**
X_1	-0,58
X_2	0,153
X_3	**0,548**
X_4	**-0,777**
X_5	-0,355
X_6	-0,505

A correlação da variável *Nível de interesse em buscar a ajuda do governo* com a função canônica 1 é a mais alta.

A correlação das variáveis independentes. *Anos de operação no mercado nacional e Número de produtos atualmente fabricados pela empresa* com a função canônica 1 são as mais altas. Confirma os resultados encontrados ao se interpretar os pesos padronizados da função canônica 1.

Contudo, estas correlações também devem ser vistas com reservas e as cargas cruzadas devem também devem ser interpretadas.

Tabela 7
Cargas Cruzadas

Variáveis Originais	Variáveis estatística canônicas independentes
Y_1	-0,072
Y_2	**-0,849**

Variáveis Originais	Variáveis estatística canônicas dependentes
X_1	-0,729
X_2	0,130
X_3	**0,466**
X_4	**-0,661**
X_5	-0,302
X_6	-0,429

As cargas cruzadas confirmam as variáveis importantes para a formação dos conjuntos canônicos. Isso reforça a elevada variância compartilhada entre as variáveis originais do estudo e as variáveis estatísticas do modelo a correlação entre os conjuntos canônicos é significativa.

3) Um banco selecionou aleatoriamente uma amostra de 45 de seus clientes negativados para estudar fatores intervenientes em suas expectativas da casa própria e de positivar o CPF. Realizou uma pesquisa por *call center*, solicitando um nota de 0 a 10 para suas expectativas de casa própria no futuro e de positivar o seu CPF. Os resultados da enquête e as variáveis supostamente intervenientes do problema (foram tiradas do cadastro dos clientes) estão descritas abaixo. Chamando as variáveis Y_1 e Y_2 de conjunto dependente e as variáveis de X_1 a X_6 de conjunto independente, realize uma análise completa de correlação canônica à base de dados e conclua se o banco achou os fatores condicionantes das expectativas da casa própria e de positivamento do CPF por parte de seus clientes.

Variáveis da Pesquisa

Variáveis	Descrição	Escala
Y_1	Expectativa de casa própria	0 a 10
Y_2	Expectativa de positivar o CPF	0 a 10
X_1	Número de protestos	Conjunto dos números naturais
X_2	Número de cheques sem fundos	Conjunto dos números naturais
X_3	Número de pendências e restrições financeiras	Conjunto dos números naturais
X_4	Número de ações judiciais	Conjunto dos números naturais
X_5	Número de dívidas vencidas	Conjunto dos números naturais
X_6	Número de falências e concordatas	Conjunto dos números naturais

A seguir apresentamos a base de dados.

Base Expectativa da Casa Própria e Positivar o CPF

Y_1	Y_2	X_1	X_2	X_3	X_4	X_5	X_6
3	1	18	14	12	11	14	17
0	0	20	15	14	15	18	15
2	3	16	16	19	16	12	19
1	3	18	13	13	20	15	18
8	10	0	0	0	1	2	3
10	8	3	1	1	2	1	1
7	9	2	1	1	2	2	1
1	1	20	12	15	15	17	14
4	6	7	10	10	8	9	10
8	9	2	3	0	2	3	1
8	8	3	3	1	1	1	2
8	10	0	0	1	1	2	0
0	1	16	11	16	19	14	13
8	9	3	3	2	3	1	0
5	4	6	7	10	8	6	10
6	6	6	9	6	9	7	6

6	6	9	9	9	8	6	9
9	7	1	0	1	3	1	0
9	9	3	2	2	3	0	2
3	0	13	15	16	18	12	18
5	6	7	9	8	9	10	7
2	1	18	12	11	20	15	19
4	5	9	6	6	7	9	9
5	4	6	10	9	7	7	6
8	10	1	3	2	1	3	2
6	5	10	7	6	9	10	8
5	4	10	8	6	6	10	7
1	3	19	14	20	16	12	13
1	2	17	15	14	11	15	11
10	9	2	3	0	0	1	3
4	6	8	10	6	6	8	7
8	10	0	3	2	2	3	1
6	5	8	9	6	10	9	9
6	6	6	10	8	8	8	10
8	7	0	0	2	0	1	0
9	10	0	2	1	2	1	2
0	1	18	20	20	17	15	20
9	9	3	3	3	0	3	3
4	6	8	6	8	9	6	6
0	1	18	14	18	19	17	20
1	0	12	17	20	13	14	11
6	6	8	6	7	10	6	7
8	10	0	1	1	0	0	3
6	5	6	8	8	9	6	10
2	2	16	17	15	12	18	14

Solução:

O número de funções canônicas é dado por mim(p, q) onde p e q representam o número de variáveis nos conjuntos de variáveis dependentes e independentes, respectivamente. Neste caso, o min (p=2 , q=6) = 2. Logo, o número de funções canônicas que pode ser gerado nesse estudo é dois.

Aplicando o SPSS à base de dados, temos os resultados a seguir e suas interpretações.

Resultados:

Tabela 1

Teste de Significância das Funções Canônicas

Funções Canônicas	λ *de Wilk*	Valor-p
1	0,034	0,000
2	0,952	0,860

A função canônica 1 é significante pois seu valor-p é zero, menor do que 0,05.

A função canônica 2 também é não significante pois seu valor-p é 0,860, maior do que 0,05.

O valor de λ de *Wilk* é bem baixo para função canônica 1, o que indica que as variações do grupo dependente, na função canônica 1, são pouco explicadas por fatores aleatórios ou erros de amostragem.

O valor de λ de *Wilk* é alto para função canônica 2, o que indica que as variações do grupo dependente, na função canônica 2, têm forte influência de fatores aleatórios ou erros de amostragem.

Portanto, a função canônica 1 é a que atende este critério para ser interpretada.

Tabela 2
Correlações Canônicas

Funções Canônicas	Correlações Canônicas
1	**0,982**
2	0,218

A correlação entre as variáveis estatísticas na função canônica é fortíssima ($CORR_{canônica}$=**0,982**). O que indica que a expectativa de casa própria e de positivar o CPF dos clientes do banco são altamente influenciadas pelas variáveis que medem o grau de negatividade dos mesmos.

A correlação entre os referidos conjuntos canônicos é fraca pela função canônica 2.

O poder de explicação da função canônica 1 é 96,43%. O poder de explicação da função canônica 2 é de apenas 4,75%.

Portanto, a função canônica 1 é a que atende este critério para ser interpretada.

Tabela 3
Índice de Redundância

Funções Canônicas	R^2 Médio
1	0,918
2	0,002

O índice de redundância para a primeira função é de 0,918 para a variável dependente canônica,o que demonstra que 92% da variação do grupo dependente pode ser explicada pela variável estatística independente. Para a segunda função, o índice de redundância para as variáveis dependentes é de 0,002. Este resultado confirma que a segunda função não possui significância prática, sendo descartada.

Portanto, a função canônica 1 é a que deve ser interpretada. Podermos, então, passar à interpretação da função canônica1.

Tabela 4
Pesos Brutos da Função Canônica Retida

Variáveis Originais	Função Canônica 1
Y_1	-0,210
Y_2	-0,112
X_1	0,020
X_2	-0,017
X_3	0,069
X_4	0,024
X_5	0,087
X_6	-0,014

Com base nos pesos brutos das variáveis dependentes, temos:

$$\boldsymbol{V = -0{,}210Y_1 - 0{,}112Y_2}$$

Com base nos pesos brutos das variáveis independentes, temos:

$$W = 0{,}020X_1 - 0{,}017X_2 + 0{,}069X_3 + 0{,}024X_4 + 0{,}087X_5 - 0{,}014X_6$$

Logo, a função canônica gerada é:

$$-0{,}210Y_1 - 0{,}112Y_2 = 0{,}020X_1 - 0{,}017X_2 + 0{,}069X_3 + 0{,}024X_4 + 0{,}087X_5 - 0{,}014X_6$$

Tabela 5

Pesos Padronizados da Função Canônica Retida

Variáveis Originais	Função Canônica 1
Y_1	**-0,653**
Y_2	-0,368
X_1	0,136
X_2	-0,098
X_3	**0,437**
X_4	0,150
X_5	**0,494**
X_6	-0,090

Analisando os valores padronizados dos pesos canônicos, constatamos que variável *Expectativa de ter casa própria* é a que mais contribui, dentre as dependentes, para a formação da função canônica 1. *Pendência/restrições financeiras e Dívidas vencidas* são as que mais contribuem, dentre as independentes, para a formação da função canônica em estudo.

Contudo, estas correlações devem ser vistas com reservas, porque podem ser inerentes a amostra selecionada especificamente. É recomendado fortemente os estudos das cargas estruturais e cruzadas.

Tabela 6

Cargas Estruturais

Variáveis Originais	Função Canônica 1
Y_1	-0,988
Y_2	-0,963
X_1	0,966
X_2	0,942

X_3	0,961
X_4	0,945
X_5	0,975
X_6	0,926

Todas as variáveis dependentes originais têm alta correlação com a função canônica 1. Todas as variáveis independentes originais também têm alta correlação com a função canônica 1.

Contudo, estas correlações também devem ser vistas com reservas e as cargas cruzadas devem também devem ser interpretadas.

Tabela 7
Cargas Cruzadas

Variáveis Originais	Variáveis estatística canônicas independentes
Y_1	-0,970
Y_2	-0,946

Variáveis Originais	Variáveis estatística canônicas dependentes
X_1	0,949
X_2	0,924
X_3	0,944
X_4	0,928
X_5	0,958
X_6	0,909

As variáveis dependentes originais têm forte relação com a variável estatística independente da função canônica. Observamos também que as variáveis independentes originais têm forte relação com a variável estatística dependente da função canônica.

Conclusão:

O banco achou os fatores condicionantes das expectativas da casa própria e de positivamento do CPF de seus clientes pela análise da correlação canônica.

4) Um pesquisador levantou dados sociodemográficos e indicadores de ascensão social de 30 pessoas adultas, e as informações estão descritas na base de dados abaixo. Realize uma *Análise de Correlação Canônica* entre os conjuntos "Características Sociodemográficas", composto explicativo, e "Características de Ascensão Social, composto explicado.

Base de Características Sociodemográficas** versus **Características de Ascensão Social

X_1	X_2	X_3	Y_1	Y_2
2	2	3	16	20000
1	2	1	6	600
1	1	1	9	800
1	1	2	14	3500
2	1	3	14	5500
2	2	3	16	8000
2	1	2	10	2500
1	1	1	9	750
1	2	3	20	50000
1	1	1	9	900
2	2	3	16	15000
1	1	3	16	6000
1	2	3	20	20000
2	2	1	4	550
1	2	3	20	10000
2	1	2	10	2500

2	1	3	14	4000
1	2	1	6	600
1	1	3	16	5000
2	1	1	7	700
2	2	1	4	550
1	1	2	14	3500
2	2	1	4	450
2	1	1	7	800
2	1	3	14	4000
1	1	3	16	5000
2	1	1	7	650
2	1	2	10	2500
1	1	2	14	3500
1	2	1	6	600

Descrição das Variáveis do Modelo:

X_1 = Sexo (1=Homem e 2=Mulher)
X_2 = Cor (1=Branca e 2=Negra)
X_3 = Classe Social (1=Baixa; 2=Média e 3=Alta)
Y_1 = Anos de Estudos
Y_2 = Salário Atual

Solução:

O número de funções canônicas é dado por mim (p, q), onde p e q representam o número de variáveis nos conjuntos de variáveis dependentes e independentes, respectivamente. Neste caso, min $(p = 2, q = 3) = 2$. Logo, o número de funções canônicas que pode ser gerado nesse estudo é dois.

Aplicando o SPSS na base de dados, temos os resultados a seguir e suas interpretações.

Resultados:

Tabela 1
Teste de Significância das Funções Canônicas

Funções Canônicas	λ *de Wilk*	Valor-p
1	0,056	0,000
2	0,728	0,016

A função canônica 1 é significante, pois seu valor-p = 0,000<0,05.

A função canônica 2 é significante, pois seu valor-p = 0,016<0,05.

O valor de λ de *Wilk* é bem baixo para a função canônica 1, o que indica que as variações do grupo dependente, na função canônica 1, são pouco explicadas por fatores aleatórios ou erros de amostragem.

O valor de λ de *Wilk* é alto para a função canônica 2, o que indica que as variações do grupo dependente, na função canônica 2, têm forte influência de fatores aleatórios ou erros de amostragem.

Portanto, a função canônica 1 é a que atende este critério para ser interpretada.

Tabela 2
Correlações Canônicas

Funções Canônicas	Correlações Canônicas
1	**0,961**
2	0,521

A correlação entre as variáveis estatísticas na função canônica é fortíssima ($CORR_{canônica}$=**0,961**), o que indica que existe uma forte associação entre o conjunto *"Características Sociodemográficas"* e *"Características de Ascensão Social"*.

A correlação entre os referidos conjuntos canônicos é média pela função canônica 2.

O poder de explicação da função canônica 1 é 92,4%. O poder de explicação da função canônica 2 é de apenas 3,5%.

Portanto, a função canônica 1 é a que atende este critério para ser interpretada.

Tabela 3
Índice de Redundância

Funções Canônicas	R^2 Médio
1	0,600
2	0,095

O índice de redundância para a primeira função é de 0,600 para a variável dependente canônica, o que demonstra que 60% da variação do conjunto *"Características de Ascensão Social"* podem ser explicados pela variável estatística independente.

Para a segunda função, o índice de redundância para as variáveis dependentes é de 0,095. Este resultado confirma que a segunda função não possui significância prática, sendo descartada.

Portanto, a função canônica 1 é a que deve ser interpretada. Podemos, cntão, passar à interpretação da função canônica 1.

Tabela 4
Pesos Brutos da Função Canônica Retida

Variáveis Originais	Função Canônica 1
Y_1	-0,220
Y_2	0,001
X_1	0,593
X_2	0,167
X_3	-1,044

Com base nos pesos brutos das variáveis dependentes, temos:

$$V = -0{,}220Y_1 + 0{,}001Y_2$$

Com base nos pesos brutos das variáveis independentes, temos:

$$W = 0{,}593X_1 + 0{,}167X_2 - 1{,}044X_3$$

Logo, a função canônica gerada é:

$$-0{,}220Y_1 + 0{,}001Y_2 = 0{,}593X_1 + 0{,}167X_2 - 1{,}044X_3$$

Tabela 5

Pesos Padronizados da Função Canônica Retida

Variáveis Originais	Função Canônica 1
Y_1	**-1,098**
Y_2	0,160
X_1	0,302
X_2	0,083
X_3	**-0,950**

Analisando os valores padronizados dos pesos canônicos, constatamos que a variável *Anos de Estudos* é a que mais contribui, entre as dependentes, para a formação da função canônica 1 e a *Classe Social* é a que mais contribui, entre as independentes, para a formação da função canônica em estudo.

Contudo, estas correlações devem ser vistas com reservas porque podem ser um acidente estatístico. São recomendados fortemente os estudos das cargas estruturais e cruzadas.

Tabela 6
Cargas Estruturais

Variáveis Originais	Função Canônica 1
Y_1	**-0,993**
Y_2	-0,561
X_1	0,302
X_2	0,083
X_3	**-0,950**

A variável dependente *"Anos de Estudos"* tem alta correlação com a função canônica 1. A variável independente *"Classe Social"* tem alta correlação com a função canônica 1.

Contudo, essas correlações também devem ser vistas com reservas e as cargas cruzadas devem também ser interpretadas.

Tabela 7
Cargas Cruzadas

Variáveis Originais	Variáveis estatísticas canônicas independentes
Y_1	**-0,954**
Y_2	-0,539

Variáveis Originais	Variáveis estatísticas canônicas dependentes
X_1	0,290
X_2	0,80
X_3	**-0,913**

A variável dependente *"Anos de Estudos"* tem forte relação com a variável estatística independente da função canônica. A variável independente *"Classe Social"* tem forte relação com a variável estatística independente da função canônica.

Conclusão:

A função canônica 1, tomada como modelo interpretativo, é significante estatisticamente. A correlação entre os compostos canônicos é fortíssima. As variáveis que mais contribuem para a alta explicação do composto canônico independente sobre o dependente são *"Anos de Estudos"* e *"Classe social"*, o que evidencia que a mobilidade social das pessoas está muito ligada ao seu nível de escolaridade.

5) Um analista de mercados realizou uma pesquisa em um mês de referência para saber se a satisfação e a fidelização dos clientes em 20 empresas de um mesmo ramo se relacionam com as vendas e o índice de crescimento no mercado. A base de dados vem a seguir. Realize uma análise de correlação canônica e obtenha as informações para o analista.

Base de Qualidade Administrativa versus Sucesso Empresarial

X_1	X_2	Y_1	Y_2
80000	56000	490000	44.2
21000	15000	130000	11.8
70000	49000	420000	37.8
80000	56000	480000	43.2
90000	70000	540000	48.6
40000	28000	240000	21.6
30000	21000	180000	16.2
70000	49000	420000	37.8
11000	60000	605000	51.0
50000	35000	300000	27.0
50000	35000	300000	27.0
10000	70000	600000	54.0
10100	7050	60200	5.8

30500	25000	190000	20.0
10000	7000	60000	5.4
60000	42000	360000	32.4
90000	63000	540000	48.6
60000	42000	360000	32.4
40000	29000	245000	23.0
20000	14000	120000	10.8

Descrição das Variáveis do Modelo:

X_1 = Número de clientes satisfeitos em um mês

X_2 = Número de clientes fidelizados em um mês

Y_1 = Vendas em um mês(em reais)

Y_2 = Percentual de variação de crescimento no mercado em relação ao mês anterior

Solução:

O número de funções canônicas é dado por mim (p, q), onde p e q representam o número de variáveis nos conjuntos de variáveis dependentes e independentes, respectivamente. Neste caso, min (p = 2, q = 2) = 2. Logo, o número de funções canônicas que pode ser gerado nessc cstudo é dois.

Aplicando o SPSS na base de dados, temos os resultados a seguir e suas interpretações.

Resultados:

Tabela 1
Teste de Significância das Funções Canônicas

Funções Canônicas	λ *de Wilk*	Valor-p
1	0,007	0,000
2	0,848	0,099

A função canônica 1 é significante, pois seu valor-p = 0,000<0,05.

A função canônica 2 não é significante, pois seu valor-p = 0,099>0,05.

O valor de λ de *Wilk é bem baixo para* a função canônica 1, o que indica que as variações do grupo dependente, na função canônica 1, são pouco explicadas por fatores aleatórios ou erros de amostragem.

O valor de λ de *Wilk* é alto para a função canônica 2, o que indica que as variações do grupo dependente, na função canônica 2, têm forte influência de fatores aleatórios ou erros de amostragem.

Portanto, a função canônica 1 é a que atende este critério para ser interpretada.

Tabela 2
Correlações Canônicas

Funções Canônicas	Correlações Canônicas
1	**0,996**
2	0,390

A correlação entre as variáveis estatísticas na função canônica é fortíssima ($CORR_{canônica}$ = 0,996), o que indica que existe uma fort*íssima* correlação entre o conjunto *"Clientes Satisfeitos e Fidelizados"* e *"Vendas e Crescimento no Mercado"*.

A correlação entre os referidos conjuntos canônicos é média pela função canônica 2.

O poder de explicação da função canônica 1 é 99,2%. O poder de explicação da função canônica 2 é de apenas 39,0%.

Portanto, a função canônica 1 é a que atende este critério para ser interpretada.

Tabela 3
Índice de Redundância

Funções Canônicas	R^2 Médio
1	**0,987**
2	0,001

O índice de redundância para a primeira função é de 0,987 para a variável dependente canônica, o que demonstra que 98,7% da variação do conjunto *"Vendas e Crescimento no Mercado"* podem ser explicados pela variável estatística independente.

Para a segunda função, o índice de redundância para as variáveis dependentes é de 0,001; muito baixo. Este resultado confirma que a segunda função não possui significância prática, sendo descartada.

Portanto, a função canônica 1 é a que deve ser interpretada. Podermos, então, passar à interpretação da função canônica 1.

Tabela 4
Pesos Brutos da Função Canônica Retida

Variáveis Originais	Função Canônica 1
Y_1	0,001
Y_2	0,099
X_1	0,001
X_2	0,001

Com base nos pesos brutos das variáveis dependentes, temos:

$$V = 0{,}001Y_1 + 0{,}099Y_2$$

Com base nos pesos brutos das variáveis independentes, temos:

$$W = 0{,}001X_1 + 0{,}001X_2$$

Logo, a função canônica gerada é:

$$0{,}001Y_1 + 0{,}099Y_2 = 0{,}001X_1 + 0{,}001X_2$$

Tabela 5
Pesos Padronizados da Função Canônica Retida

Variáveis Originais	Função Canônica 1
Y_1	-0,526
Y_2	**1,524**
X_1	-0,048
X_2	**1,028**

Analisando os valores padronizados dos pesos canônicos, constatamos que variável "*Variação Percentual de Crescimento*" é a que mais contribui, entre as dependentes, para a formação da função canônica 1 e a "*Clientes Fidelizados*" é a que mais contribui, entre as independentes, para a formação da função canônica em estudo.

Contudo, estas correlações devem ser vistas com reservas porque podem ser um acidente estatístico. São recomendados fortemente os estudos das cargas estruturais e cruzadas.

Tabela 6
Cargas Estruturais

Variáveis Originais	**Função Canônica 1**
Y_1	0,996
Y_2	**0,999**
X_1	0,571
X_2	**0,999**

A variável dependente "*Variação Percentual de Crescimento*" tem uma alt*íssima* correlação com a função canônica 1. A variável independente "*Clientes Fidelizados*" tem uma correlação muito forte com a função canônica 1.

Contudo, essas correlações também devem ser vistas com reservas e as cargas cruzadas devem também ser interpretadas.

Tabela 7
Cargas Cruzadas

Variáveis Originais	**Variáveis estatísticas canônicas independentes**
Y_1	0,992
Y_2	**0,995**

Variáveis Originais	**Variáveis estatísticas canônicas dependentes**
X_1	0,569
X_2	**0,995**

As correlações cruzadas confirmam a importância das variáveis mais discriminantes da modelagem.

6) Um levantamento apurou dados sobre os gastos com celulares de 35 usuários de *smartphones*. Realize uma análise de correlação canônica e estabeleça a força da relação entre os conjuntos canônicos.

Base de Gasto com Celular

X_1	X_2	Y_1	Y_2	Y_3
1	2	100	1	1
1	4	200	2	1
1	2	90	1	1
3	10	550	5	1
3	20	1000	10	1
2	18	900	9	2
2	5	300	3	1
1	9	300	3	1
1	9	300	3	1
3	10	500	5	1
1	8	400	3	1
1	4	200	2	1
1	2	100	1	1
1	9	300	3	1
2	6	300	3	1
2	12	600	6	2
1	4	200	2	1
3	10	550	5	1
2	18	900	9	2
2	18	900	9	2
2	8	350	3	1
3	30	1500	15	2
3	20	1000	10	1
2	6	300	3	1
2	29	1200	12	1

2	29	1200	12	1
3	30	1500	15	2
3	30	1500	15	2
1	2	100	1	1
2	12	600	6	2
3	21	1000	10	1
2	12	600	6	2
1	8	400	4	1
3	42	2100	20	2
3	40	1800	20	2

Descrição das Variáveis:

X_1 = Número de chips do celular

X_2 = Número de mensagens de promoções oferecidas por operadoras de telefonia em um mês

Y_1 = Valor da conta do celular em um mês

Y_2 = Número de sorteios a que concorre em um mês

Y_3 = Número de planos ativos em um mês

Solução:

O número de funções canônicas é dado por mim (p, q), onde p e q representam o número de variáveis nos conjuntos de variáveis dependentes e independentes, respectivamente. Neste caso, *min* (p = 3, q = 2) = 2. Logo, o número de funções canônicas que pode ser gerado nesse estudo é dois.

Aplicando o SPSS na base de dados, temos os resultados a seguir e suas interpretações.

Resultados:

Tabela 1

Teste de Significância das Funções Canônicas

Funções Canônicas	λ *de Wilk*	Valor-p
1	0,007	0,000
2	0,980	0,730

A função canônica 1 é significante, pois seu valor-p = 0,000<0,05.

A função canônica 2 não *é significante*, pois seu valor-p = 0,730>0,05.

O valor de λ de *Wilk* é bem baixo para a função canônica 1, o que indica que as variações do grupo dependente, na função canônica 1, são pouco explicadas por fatores aleatórios ou erros de amostragem.

O valor de λ de *Wilk* é alto para a função canônica 2, o que indica que as variações do grupo dependente, na função canônica 2, têm forte influência de fatores aleatórios ou erros de amostragem.

Portanto, a função canônica 1 é a que atende este critério para ser interpretada.

Tabela 2

Correlações Canônicas

Funções Canônicas	Correlações Canônicas
1	**0,996**
2	0,142

A correlação entre as variáveis estatísticas na função canônica é fortíssima ($CORR_{canônica}$=0,996), o que indica que existe uma fortíssima correlação entre os conjuntos.

A correlação entre os referidos conjuntos canônicos é baixa pela função canônica 2.

O poder de explicação da função canônica 1 é 99,2%. O poder de explicação da função canônica 2 é de apenas 2,0%.

Portanto, a função canônica 1 é a que atende este critério para ser interpretada.

Tabela 3
Índice de Redundância

Funções Canônicas	**R^2 Médio**
1	**0,774**
2	0,001

O índice de redundância para a primeira função é de 0,774 para a variável dependente canônica, o que demonstra que 77,4% da variação do conjunto *dependente* podem ser explicados pela variável estatística independente.

Para a segunda função, o índice de redundância para as variáveis dependentes é de 0,001; muito baixo. Este resultado confirma que a segunda função não possui significância prática, sendo descartada.

Portanto, a função canônica 1 é a que deve ser interpretada. Podemos, então, passar à interpretação da função canônica 1.

Tabela 4
Pesos Brutos da Função Canônica Retida

Variáveis Originais	**Função Canônica 1**
Y_1	-0,001
Y_2	-0,113
Y_3	0,171
X_1	-0,130
X_2	-0,083

Com base nos pesos brutos das variáveis dependentes, temos:

$$V = -0{,}001Y_1 - 0{,}113Y_2 + 0{,}171Y_3$$

Com base nos pesos brutos das variáveis independentes, temos:

$$W = -0{,}130X_1 - 0{,}083X_2$$

Logo, a função canônica gerada é:

$$-0{,}001Y_1 - 0{,}113Y_2 + 0{,}171Y_3 = -0{,}130X_1 - 0{,}083X_2$$

Tabela 5

Pesos Padronizados da Função Canônica Retida

Variáveis Originais	Função Canônica 1
Y_1	-0,442
Y_2	**-0,608**
Y_3	0,080
X_1	-0,107
X_2	**-0,923**

Analisando os valores padronizados dos pesos canônicos, constatamos que as variáveis "*Valor da conta do celular em um mês*" e "*Número de sorteios a que concorre em um mês*" são as que mais contribuem, entre as dependentes, para a formação da função canônica 1 e "*Número de mensagens de promoções oferecidas por operadoras de telefonia em um mês*" é a que mais contribui, entre as independentes, para a formação da função canônica em estudo.

Contudo, estas correlações devem ser vistas com reservas porque podem ser um acidente estatístico. São recomendados fortemente os estudos das cargas estruturais e cruzadas.

Tabela 6
Cargas Estruturais

Variáveis Originais	**Função Canônica 1**
Y_1	**-0,997**
Y_2	**-0,997**
Y_3	-0,593
X_1	**-0,746**
X_2	**-0,997**

As variáveis dependentes "*Valor da conta do celular em um mês*" e "*Número de sorteios a que concorre em um mês*" têm altíssima correlação com a função canônica 1. As variáveis independentes "*Número de chips do celular*" e "*Número de mensagens de promoções oferecidas por operadoras de telefonia em um mês*" têm uma correlação muito forte com a função canônica 1.

Contudo, essas correlações também devem ser vistas com reservas e as cargas cruzadas devem também ser interpretadas.

Tabela 7
Cargas Cruzadas

Variáveis Originais	**Variáveis estatísticas canônicas independentes**
Y_1	**-0,994**
Y_2	**-0,994**
Y_3	0,590

Variáveis Originais	**Variáveis estatísticas canônicas dependentes**
X_1	**-0,743**
X_2	**-0,993**

As correlações cruzadas confirmam a importância das variáveis mais discriminantes da modelagem.

7) A base abaixo apresenta alguns indicadores econômicos e alguns indicadores sociais dos países da América Latina. Realize uma análise de correlação canônica entre o conjunto *"Indicadores Econômicos"*, grupo independente, e o conjunto *"Indicadores Sociais"*, grupo dependente. Utilize um nível de significância de 10%.

Base Indicadores da América Latina

Países	X_1	X_5	X_3	X_4	Y_1	Y_2	Y_3	Y_4
Argentina	262327	3.5	4.3	40351.4	0.866	75	3004	97
Bolívia	13120	6.4	4.1	2791.14	0.729	65.1	2175	87
Brasil	1314199	4.1	4.8	118308	0.813	72	3094	88
Chile	163915	3.7	2.9	41297.1	0.878	78.4	2976	96
Colômbia	168394	4.8	6.7	21145.7	0.807	72.5	2666	94
Equador	44400	4.4	2.2	10100	0.806	74.8	2299	91
Guiana	1059	4.4	4.6	553.01	0.729	65.8	2827	97
Paraguai	12004	4.3	2.6	1697.42	0.761	71.5	2593	92
Peru	108259	2.4	1.9	16587.3	0.806	71	2450	88
Suriname	2044	4.4	3.6	265.99	0.769	69.8	2712	88
Uruguai	23087	2.2	3.6	3404.5	0.865	76.1	2923	98
Venezuela	236720	4.4	2	51859	0.844	73.4	2453	93

Descrição das Variáveis:

X_1=Total do PIB 2007

X_2=Gastos Públicos em Educação 2005

X_3=Gastos Públicos em Saúde 2004

X_4=Total da exportação - 2005

Y_1=Índice de Desenvolvimento Humano IDH 2007

Y_2=Esperança de Vida 2006

Y_3=Calorias Consumidas em Kcal 2004
Y_4=Taxa de Alfabetização 2005

Solução:

O número de funções canônicas é dado por mim(p, q) onde p e q representam o número de variáveis nos conjuntos de variáveis dependentes e independentes, respectivamente. Neste caso, o *min*(p=4 , q=4) = 4. Logo, o número de funções canônicas que pode ser gerado nesse estudo é quatro.

Aplicando o SPSS à base de dados, temos os resultados a seguir e suas interpretações.

Resultados:

Tabela 1
Teste de Significância das Funções Canônicas

Funções Canônicas	λ *de Wilk*	Valor-p
1	0,021	**0,067**
2	0,202	0,318
3	0,584	0,479
4	0,945	0,544

Somente a função canônica 1 é significante pois seu valor-p=0,067<0,10.

O valor de λ de *Wilk* é baixo somente para a função canônica 1.

Portanto, a função canônica 1 é a que atende este critério para ser interpretada.

Tabela 2
Correlações Canônicas

Funções Canônicas	Correlações Canônicas
1	**0,947**
2	0,809
3	0,618
4	0,235

As funções canônicas 1, 2 e 3 são as que apresentam correlações aceitáveis entre os conjuntos. Contudo, a função canônica 1 é a única significante e, é a recomendada para a modelagem e interpretação da importância das variáveis.

O poder de explicação da função canônica 1 é 90%.

Tabela 3
Índice de Redundância

Funções Canônicas	R^2 Médio
1	**0,505**
2	0,087
3	0,075
4	0,006

O único índice de redundância aceitável é o da primeira função(0,505). Portanto, 50,5% das variações do conjunto *"Indicadores Sociais"* são explicadas pela variável estatística independente.

Portanto, a função canônica 1 é a que deve ser interpretada. Podemos, então, passar à interpretação da função canônica1.

Tabela 4
Pesos Brutos da Função Canônica Retida

Variáveis Originais	**Função Canônica 1**
Y_1	-25,922
Y_2	0,161
Y_3	-0,001
Y_4	-0,017
X_1	0,001
X_2	0,668
X_3	-0,336
X_4	0,001

Com base nos pesos brutos das variáveis dependentes, temos:

$$V = -25{,}922Y_1 + 0{,}161Y_2 - 0{,}001Y_3 - 0{,}017Y_4$$

Com base nos pesos brutos das variáveis independentes, temos:

$$W = 0{,}001X_1 + 0{,}668X_2 - 0{,}336X_3 + 0{,}0013X_4$$

Logo, a função canônica gerada é:

$$-25{,}922Y_1 + 0{,}161Y_2 - 0{,}001Y_3 - 0{,}017Y_4 = 0{,}001X_1 + 0{,}668X_2 - 0{,}336X_3 + 0{,}0013X_4$$

Tabela 5

Pesos Padronizados da Função Canônica Retida

Variáveis Originais	Função Canônica 1
Y_1	-1,331
Y_2	**0,632**
Y_3	-0,296
Y_4	-0,070
X_1	**1,871**
X_2	0,732
X_3	-0,471
X_4	-2,183

Analisando os valores padronizados dos pesos canônicos, constatamos que a variável "*Esperança de Vida*" é a que mais contribui, dentre as dependentes, para a formação da função canônica 1. "*Total do PIB*" é a que mais contribui, dentre as independentes, para a formação da função canônica em estudo.

Contudo, estas correlações devem ser vistas com reservas, porque ser um acidente estatístico. É recomendado fortemente os estudos das cargas estruturais e cruzadas.

Tabela 6

Cargas Estruturais

Variáveis Originais	Função Canônica 1
Y_1	**-0,992**
Y_2	**-0,756**
Y_3	**-0,708**
Y_4	-0,575
X_1	-0,359
X_2	**0,667**
X_3	-0,065
X_4	**-0,528**

As variáveis dependentes "Índice de Desenvolvimento Humano", *"Esperança de Vida"e "Calorias Consumidas"* têm altíssimas correlaç*ões* com a função canônica 1. A variável independente *"Total do PIB"* e *"Total de Exportação"* têm fortes correlaç*ões* com a função canônica 1.

Contudo, estas correlações também devem ser vistas com reservas e as cargas cruzadas também devem ser interpretadas.

Tabela 7

Cargas Cruzadas

Variáveis Originais	**Variáveis estatísticas canônicas independentes**
Y_1	**-0,873**
Y_2	**-0,716**
Y_3	**-0,670**
Y_4	**-0,544**

Variáveis Originais	**Variáveis estatísticas canônicas dependentes**
X_1	-0,340
X_2	**0,632**
X_3	-0,061
X_4	**-0,500**

As correlações cruzadas indicam que todas as variáveis do conjunto *"Indicadores Sociais" são importantes para a modelagem. Do conjunto "Indicadores Econômicos" são discriminantes as variáveis "Gastos Públicos em Educação"* e *"Total de Exportação"*.

Fazendo um balanço das interpretações da função canônica, existem evidências de que todas as variáveis incluídas no modelo contribuem de alguma forma para os *"Indicadores Econômicos"* explicarem os *"Indicadores Sociais"* na América latina, corroborando para altíssima correlação dos conjuntos(0,947).

8) Inteligência Competitiva é a atividade de coletar, analisar e aplicar, legal e eticamente, informações relativas às capacidades, vulnerabilidades e intenções dos concorrentes, ao mesmo tempo monitorando o ambiente competitivo em geral. A maioria dos tomadores de decisão nas organizações trabalha com muitos dados em estado bruto, poucas informações baseadas em análises e quase nenhuma inteligência. Um Sistema de Inteligência Competitiva busca transformar dados em informação e esta, em inteligência. A informação é o conjunto de dados analisados e organizados, sendo útil à tomada de decisão. Já a inteligência fornece um grau de previsão das coisas que podem causar um impacto na organização. Ela é ativa, pois obriga algum tipo de atitude em resposta ao que foi recebido. Um pesquisador levantou dados de inteligência competitiva e de saúde de 30 empresas representativas de um mercado consumidor para saber se a inteligência competitiva realmente implica na saúde das empresas. Os dados do levantamento estão na base de dados abaixo. Faça uma análise de correlação canônica para inferir se existe correlação entre os conjuntos *"Inteligência Competitiva" (X)* e *"Saúde da Empresa"(Y)*.

Base de Inteligência Competitiva

X_1	X_2	X_3	Y_1	Y_2
1	1	1	0.20	0.10
3	3	3	0.99	0.88
2	2	2	0.70	0.65
3	3	3	0.99	0.88
1	2	1	0.15	0.40
2	2	2	0.55	0.66
1	1	1	0.16	0.34
3	3	3	0.80	0.85
3	3	3	1.00	0.98
2	3	2	0.75	0.77
2	3	2	0.75	0.76

3	3	3	0.99	0.88
2	2	2	0.50	0.50
3	3	3	0.99	0.99
2	2	3	0.55	0.57
1	1	1	0.35	0.55
1	1	1	0.20	0.30
2	1	2	0.45	0.45
2	2	3	0.70	0.72
1	1	1	0.10	0.10
2	2	1	0.65	0.66
3	2	3	0.89	1.00
3	3	3	0.98	0.98
3	3	3	0.86	0.95
3	3	3	0.87	0.88
2	2	2	0.60	0.50
1	1	1	0.20	0.05
1	1	1	0.10	0.30
3	3	3	0.99	0.88
3	3	3	0.90	0.80

Descrição das Variáveis:

X_1 = Conhecimento sobre o produto, serviço e inovações da concorrente (1=Pouco; 2=Médio e 3=Muito)

X_2 = Conhecimento sobre os processos de gestão da concorrente (1=Pouco; 2=Médio e 3=Muito)

X_3 = Conhecimento da evolução da concorrente no mercado (1=Pouco; 2=Médio e 3=Muito)

Y_1 = Índice de saúde de gestão da empresa (em uma escala de 0 a 1)

Y_2 = Índice de saúde financeira da empresa (em uma escala de 0 a 1)

Solução:

A correlação entre *"Saúde da Empresa"* e *"Inteligência Competitiva"* é definida, então, como uma correlação canônica.

O número de funções canônicas é dado por mim (p, q), onde p e q representam o número de variáveis nos conjuntos de variáveis dependentes e independentes, respectivamente. Neste caso, min (p = 2, q = 3) = 2. Logo, o número de funções canônicas que pode ser gerado nesse estudo é dois.

Aplicando o SPSS na base de dados, temos os resultados a seguir e suas interpretações.

Resultados:

Tabela 1
Teste de Significância das Funções Canônicas

Funções Canônicas	λ *de Wilk*	Valor-p
1	0,057	0,000
2	0,990	0,875

A função canônica 1 é significante, pois seu valor-p é menor que 0,05. A função canônica 2 não é significante, pois seu valor-p é maior que 0,05.

O valor de λ de *Wilk* é baixo para a função canônica 1, o que indica que as variações do grupo dependente, *"Saúde da Empresa"*, na função canônica 1, são pouco explicadas por fatores aleatórios ou erros de amostragem. O valor de λ de *Wilk* é alto para a função canônica 2, o que indica que as variações do grupo dependente, *"Saúde da Empresa"*, na função canônica 2, são significativamente explicadas por fatores aleatórios ou erros de amostragem.

Portanto, a função canônica 1 é a que atende este critério para ser interpretada.

Tabela 2

Correlações Canônicas

Funções Canônicas	Correlações Canônicas
1	0,971
2	0,101

A correlação *"Saúde da Empresa"* e *"Inteligência Competitiva" é fortíssima* pela função canônica 1 ($CORR_{canônica}$ = 0,971). A correlação entre *"Saúde da Empresa"* e *"Inteligência Competitiva" é* muito baixa pela função canônica 2.

O poder de explicação da função canônica 1 é PE = $(0{,}971)^2$ = 94%. O poder de explicação da função canônica 2 é PE = $(0{,}101)^2$ = 1%.

Portanto, a função canônica 1 é a que atende este critério para ser interpretada.

Tabela 3

Índice de Redundância

Funções Canônicas	R^2 Médio
1	**0,902**
2	0,000

O índice de redundância para a primeira função é de 0,902 para a variável dependente canônica, o que demonstra que 90% das variações do conjunto *"Saúde da Empresa"* podem ser explicadas pela variável estatística independente. Para a segunda função, o índice de redundância para o conjunto *"Saúde da Empresa"* é de 0,000. Este resultado confirma que a segunda função não possui significância prática, sendo descartada.

Portanto, a função canônica 1 é a que deve ser interpretada. Podemos, então, passar à interpretação da função canônica 1.

Tabela 4

Pesos Brutos da Função Canônica Retida

Variáveis Originais	**Função Canônica 1**
Y_1	-2,777
Y_2	-0,427
X_1	-0,881
X_2	-0,336
X_3	-0,028

A variável estatística dependente do modelo canônico é:

$$V = -2{,}777Y_1 - 0{,}427Y_2$$

A variável estatística independente do modelo canônico é:

$$W = -0{,}881X_1 - 0{,}336X_2 - 0{,}028X_3$$

A função canônica do modelo fica, então,

$$-2{,}777Y_1 - 0{,}427Y_2 = -0{,}881X_1 - 0{,}336X_2 - 0{,}028X_3$$

Tabela 5

Pesos Padronizados da Função Canônica Retida

Variáveis Originais	Função Canônica 1
Y_1	**-0,884**
Y_2	-0,122
X_1	**-0,722**
X_2	-0,281
X_3	-0,025

Analisando os valores padronizados dos pesos canônicos, constatamos que a variável *"Índice de Saúde de Gestão da Empresa"* é a que mais contribui, entre as dependentes, para a formação da função canônica 1.

A variável "*Conhecimento sobre o produto, serviço e inovações da concorrente" é a que mais contribui*, entre as independentes, para a formação da função canônica em estudo.

Contudo, estas correlações devem ser vistas com reservas porque podem ser inerentes *à* amostra selecionada especificamente. São recomendados fortemente os estudos das cargas estruturais e cruzadas.

Tabela 6

Cargas Estruturais

Variáveis Originais	Função Canônica 1
Y_1	**-0,999**
Y_2	**-0,957**
X_1	**-0,991**
X_2	**-0,932**
X_3	**-0,925**

Analisando as cargas estruturais, constatamos que todas as variáveis incluídas no modelo têm altas correlações com a função canônica e, portanto, *são importantes para sua discriminação.*

Contudo, essas correlações também devem ser vistas com reservas e as cargas cruzadas devem também ser interpretadas.

Tabela 7
Cargas Cruzadas

Variáveis Originais	Variáveis estatísticas canônicas independentes (W)
Y_1	**-0,970**
Y_2	**-0,930**

Variáveis Originais	Variáveis estatísticas canônicas dependentes (V)
X_1	**-0,962**
X_2	**-0,905**
X_3	**-0,898**

As cargas cruzadas confirmam as variáveis importantes para a formação dos conjuntos canônicos. Isso reforça a elevada variância compartilhada entre as variáveis originais do estudo e as variáveis estatísticas do modelo.

Concluindo, a *Inteligência Competitiva* melhora muito a *Saúde da Empresa* e deve ser sempre conduzida com ética pelas corporações.

9) A base de dados abaixo contém estatísticas de times de futebol brasileiro. Realize uma análise de correlação canônica entre os dois conjuntos indicados.

Base Características de Times de Futebol Brasileiros

Dribles certos(X_1)	Finalizacoes certas(X_2)	Bolas recebidas(X_3)	Bolas recuperadas(X_4)	Gols(Y_1)	Lancamentos certos(Y_2)
85	60	1341	0	15	1
0	1	290	286	1	0
134	16	3627	12	1	21
91	17	2689	9	2	6
298	197	8840	8	48	50
77	43	1501	0	11	14
128	19	4293	5	5	25
45	24	3544	50	7	6
707	324	16058	254	80	90
1.145	538	26848	313	154	216
1.069	489	23726	369	152	149
1.093	565	29638	452	158	107
632	368	14634	204	102	84
1.087	502	24956	375	137	166
673	318	15753	186	81	58
1.028	580	25610	324	175	162
326	161	8350	122	39	56
819	556	26337	324	160	120
391	161	6864	128	33	88
1.057	569	29417	397	145	166
1.215	519	24267	335	115	157
272	146	6001	88	36	29
385	154	7241	119	42	36
1.240	522	26219	336	155	122
1.382	542	29949	349	161	152
1.085	501	24311	343	137	155
264	174	8343	108	50	39

740	348	1611	225	92	86
637	318	15135	214	73	83
678	346	16505	178	80	76
368	159	6230	98	36	48
263	146	6762	100	35	39
266	138	6617	113	32	26
414	155	7510	121	39	35
914	503	24109	308	131	123

Solução:

O conjunto explicativo é formado pelas variáveis: *Dribles certos, Finalizações certas, Bolas recebidas e Bolas recuperadas*. O conjunto explicado é formado pelas variáveis: *Gols e Lançamentos certos.*

O conjunto dependente tem duas variáveis e o conjunto independente tem 4 variáveis. Portanto, o modelo gerará duas funções canônicas e os próximos passos da análise serão: definir qual delas interpretar e, por conseguinte, a interpretação passa necessariamente pela importância das variáveis em cada variável estatística, que pode ser avaliado pelos pesos padronizados e pelas cargas canônicas ou estruturais e as cargas cruzadas.

Aplicando a sequência de passo no SPSS, temos os resultados descritos abaixo.

Resultados:

Tabela 1
Teste de Significância das Funções Canônicas

Funções Canônicas	λ *de* ***Wilk***	**Valor-p**
1	**0,013**	**0,000**
2	0,251	0,574

A função canônica 1 é significante pois seu valor-p é menor do que 0,05. A função canônica 2 não é significante pois seu valor-p é maior do que 0,05.

O valor de λ de *Wilk é baixo para função canônica 1, o que indica que as variações do grupo dependente*, na função canônica 1, são pouco explicadas por fatores aleatórios ou erros de amostragem. O valor de λ de *Wilk* é alto para função canônica 2, o que indica que as variações do grupo dependente, na função canônica 2, são significativamente explicadas por fatores aleatórios ou erros de amostragem.

Portanto, a função canônica 1 é a que atende este critério para ser interpretada.

Tabela 2
Correlações Canônicas

Funções Canônicas	Correlações Canônicas
1	**0,932**
2	0,251

A correlação dos conjuntos canônicos é fortíssima pela função canônica 1 ($CORR_{canônica}$ =0,932). A correlação dos conjuntos canônicos é muito baixa pela função canônica 2 ($CORR_{canônica}$ =0,251)

O poder de explicação da função canônica 1 é $PE=(0{,}932)^2 = 86{,}86\%$. O poder de explicação da função canônica 2 é $PE=(0{,}251)^2 = 6\%$.

Portanto, a função canônica 1 é a que atende este critério para ser interpretada.

Tabela 3
Índice de Redundância

Funções Canônicas	R^2 Médio
1	**0,932**
2	0,003

O índice de redundância para a primeira função é de 0,932 para a variável dependente canônica, o que demonstra que 93,2% das variações do conjunto dependente pode ser explicada pela variável estatística independente. Para a segunda função, o índice de redundância para conjunto dependente é praticamente zero. Este resultado confirma que a segunda função não possui significância prática, sendo descartada.

Portanto, a função canônica 1 é a que deve ser interpretada. Podemos, então, passar à interpretação da função canônica 1.

Tabela 4
Pesos Brutos da Função Canônica Retida

Variáveis Originais	Função Canônica 1
Y_1	-0,014
Y_2	-0,003
X_1	0,001
X_2	-0,005
X_3	0,001
X_4	0,001

A variável estatística dependente do modelo canônico é:

$$V = -0{,}014Y_1 - 0{,}003Y_2$$

A variável estatística independente do modelo canônico é:

$$W = -0,001X_1 - 0,005X_2 + 0,001X_3 + 0,001X_4$$

A função canônica do modelo fica, então:

$$-0,014Y_1 - 0,003Y_{22} = -0,001X_1 - 0,005X_2 + 0,001X_3 + 0,001X_4$$

Tabela 5
Pesos Padronizados da Função Canônica Retida

Variáveis Originais	Função Canônica 1
Y_1	**-0,822**
Y_2	-0,190
X_1	0,074
X_2	**-1,035**
X_3	0,025
X_4	0,014

Analisando os valores padronizados dos pesos canônicos constatamos que variável *"Gols"* é a que mais contribui, dentre as dependentes, para a formação da função canônica 1.

A variável *"Finalizações certas" é a que mais contribui dentre as independentes para a formação da função canônica em estudo.*

Contudo, estas correlações devem ser vistas com reservas, porque podem ser inerentes à amostra selecionada especificamente. É recomendado fortemente os estudos das cargas estruturais e cruzadas.

Tabela 6
Cargas Estruturais

Variáveis Originais	**Função Canônica 1**
Y_1	**-0,997**
Y_2	**-0,947**
X_1	0,056
X_2	**-0,998**
X_3	**-0,959**
X_4	**-0,901**

Analisando as cargas estruturais, constatamos que as variáveis *"Gols"* e *"Lançamentos certos" são importantes para a formação da função canônica retida na análise. Já das variáveis independentes do modelo, são importantes as variáveis "Finalizações certas", "Bolas recebidas"* e *"Bolas recuperadas"* são importantes para a formação da função canônica retida na análise.

Contudo, estas correlações também devem ser vistas com reservas e as cargas cruzadas também devem ser interpretadas.

Tabela 7
Cargas Cruzadas

Variáveis Originais	**Variáveis estatísticas canônicas independentes(W)**
Y_1	**-0,990**
Y_2	**-0,940**

Variáveis Originais	**Variáveis estatísticas canônicas dependentes(V)**
X_1	0,055
X_2	**-0,990**
X_3	**-0,952**
X_4	**-0,895**

As cargas cruzadas confirmam as variáveis importantes para a formação dos conjuntos canônicos. Isso reforça a bondade do ajustamento realizado. Os dois conjuntos canônicos hipotizados são correlacionados.

Referências

[1] **ARBUCKLE**, J. L. *Amos 16.0 User's Guide*, USA, Amos Development Corporation. Disponível em: http://www.amosdevelopment.com/download/Amos%2016.0%20User's%20Guide.pdf, consultado em 26/02/2010.

[2] **BRYMAN**, A. e D. Cramer (2003). *Análise de Dados em Ciências Sociais*, Oeiras, 3ª edição portuguesa: 288-295.

[3] **BOTELHO**, Maria do Carmo; **LAUREANO**, Raul. *SPSS - O Meu Manual de Consulta Rápida*. 2ª ed. Portugal, Editora Silabo, 2012.

[4] **CARVALHO**, Helena. *Análise Multivariada de Dados Qualitativos: Utilização da Análise de Correspondências Múltiplas com o SPSS*. Lisboa, Edições Sílabo, 2008.

[5] **CARVALHO**, Helena. *Análise Multivariada de Dados Qualitativos: Utilização da HOMALS com o SPSS*. Lisboa, Edições Sílabo, 2004.

[6] **CHAN,** Betty**; SILVA,** Fabiana Lopes**; FAVERO,** Luiz Paulo; **BELFIORE**, Patrícia. *Análise de Dados - Modelagem Multivariada para Tomadas de Decisão*. Rio de Janeiro, Editora Campus, 2009.

[7] **CHIU**, T.; **FANG**, D.; **CHEN**, J. e **WANG**, Y. *A Robust and Scalable Clustering Algorithm for Mixed Type Attributes in Large Database Environment*, Proc. 2001Int. Conf. On knowledge Discovery and Data Mining. 2001 August. San Francisco (2001).

[8] **COSTA**, Giovani Glaucio O. *Curso de Estatística Básica: Teoria e Prática*. São Paulo, Editora Atlas, 2011.

[9] **COSTA**, Giovani Glaucio O. *Curso de Estatística Inferencial e Probabilidades: Teoria e Prática*. São Paulo, Editora Atlas, 2012.

[10] **ESTER**, M.; **KRIEGEL**, H. P.; **SANDER**, J. e **XU**, X. *A Density-Based Algorithm for Discovering Clusters in Large spatial databases*, Proc. of the Second International Conference on Data Mining (KDD-96), 1996 August. Portland, Oregon (1996).

[11] **GUHA**, S.; **RASTOGI**, R. e SHIM, K. *Cure: An Efficient Clustering Algorithm for Large Databases*, Proc. 1998ACM-SIGMOD Int. Conf. Management of Data. 1998 June. Seattle, WA (1998).

[12] **HINNEBURG**, A. e **KEIM**, D. *An Efficient Approach to Clustering in Large Multimedia Databases with Noise*, Proc. 1998 Int. Conf. on Data Mining and Knowledge Discovery (KDD'98). 1998 August. New York (1998).

[13] **HUANG**, Z. *Extensions to the K-Means Algorithm for Clustering Large Data Sets with Categorical Values*, Data Mining and Knowledge Discovery, Vol. 2, pp. 283-304 (1998).

[14] **LATTIN**, James; **CARROLL**, J. Douglas; **GREEN**, Paul E. *Análise de Dados Multivariados*. Cengage Learning, 2011.

[15] **LI**, C. e **BISWAS**, G. *Unsupervised Learning with Mixed Numeric and Nominal Data*, IEEE Transactions on Knowledge and Data Engineering, Vol. 14, p. 4 (2002).

[16] **LOESCH**, Claudio; **HOELTGEBAUM**, Marianne. *Métodos Estatísticos Multivariados*. São Paulo, Editora Saraiva, 2012.

[17] **MANLY**, Bryan J. F. *Métodos Estatísticos Multivariados*. Artmed e Bookman, 2008.

[18] **MAROCO,** J. (2007). *Análise Estatística com utilização do SPSS*, Lisboa, Sílabo, 3ª edição: 648-667.

[19] **MAROCO**, João. *Análise de Equações Estruturais: Fundamentos Teóricos, Softwares e Aplicações*. Lisboa, Editora Report Number, 2010.

[20] **MARTINS**, Carla. *Manual de Análise de Dados Quantitativos com Recurso ao IBM SPSS*. Lisboa, Editora Sílabo, 2011.

[21] **RIBAS**, José Roberto; **VIEIRA**, Paulo Roberto da Costa. *Análise Multivariada com Uso do SPSS*. Rio de Janeiro, Editora Ciência Moderna, 2011.

[22] **OLIVEIRA**, Francisco Estevam Martins. *SPSS: Básico para Análise de Dados*. Rio de Janeiro, Editora Ciência Moderna, 2007.

[23] **Pereira**, Alexandre. *SPSS: Guia Prático de Utilização-Análise de Dados Para Ciências Sociais e Psicologia*. Lisboa, Edições Sílabo, 2004.

[24] **Reis**, Elizabeth. *Estatística Multivariada Aplicada*. Lisboa, Edições Sílabo, 2001.

[25] **Ullman**, J. B. *Structural Equation Modeling*, em Tabachnick, B. G. & L. S. Fidell (Orgs.). Using multivariate statistics (5ª ed.). Boston, Pearson Education, 2007.

[26] **ZAMBALDI**, Felipe. *Análise Fatorial em Administração.* São Paulo, Cengage Leorning Editora, 2008.

[27] **ZHANG**, T.; **RAMAKRISHMAN**, R. e **LIVNY**, M. *BIRCH: An Efficient Data Clustering Method for Very Large Databases*, Proc. 1996 ACM-SIGMOD Int. Conf. Management of Data, 1996 June. Montreal, Canada (1996).

ANEXO

Manual de Inicialização no SPSS 15.0

Introdução

*O SPSS é uma poderosa ferramente da informática que permite realizar cálculos estatísticos complexos e visualizar seus resultados, em poucos segundos. Um aspecto desafiador do uso do SPSS refere-se a saber qual teste estatístico usar para responder às suas questões e interpretar corretamente os resultados do cálculo estatístico efetuado. O presente manual pretende responder esses problemas, dando exemplos práticos de utilização de diversos testes estatísticos, assim como dos seus princípios de utilização, e apresentando uma interpretação suscinta dos resultados obtidos. Esses exemplos são complementados com exercícios, em parte resolvidos, no fim de cada seq*uência *de passos para a análise de dados apresentada.*

O manual é dividido em três partes. A primeira parte, ***Visão Geral do SPSS para Windows****, apresenta e define as principais janelas do SPSS, orienta quanto* à *definição das variáveis e o que fazer depois da definição das variáveis da base de dados, isto é, como realizar a inserção de dados.*

A segunda parte, ***Comando de Manipulação do SPSS****, define os principais comandos de manipulação do SPSS e expõe as seq*uências *de passos para realizá-los na base de dados criada.*

A terceira e última parte do manual, ***Comandos para Análise de Dados no SPSS****, define os principais comandos de análise de dados do SPSS, 40 técnicas de análises de dados e expõe as seq*uências *de passos para realizá-los na base de dados criada.*

O SPSS (Statistical Package for Social Sciences) é uma aplicação que proporciona um moderno e eficiente tratamento *estatístico de dados, combinando potencialidades gráficas com uma gestão de informações.*

O SPSS apresenta-se como uma aplicação de fácil manuseio, visto que sua apresentação e o modo como funciona são semelhantes a qualquer aplicação desenvolvida para o Windows baseada em janelas e menus característicos do referido ambiente.

Este manual se propõe a ser um guia de consulta rápida e instantânea para a execução de análises de dados no SPSS, apresentando imediatamente, sem figuras ilustrativas e com objetividade, a sequência de passos para realizar determinada técnica estatística.

O manual se baseia na versão 15.0 do SPSS.

No próximo parágrafo, serão apresentados alguns comandos de manipulação da base de dados criada no SPSS, que proporcionam a dinamização e a flexibilidade no uso do arquivo ou arquivos de dados utilizados.

As Principais Janelas do SPSS

- No SPSS, podemos encontrar as seguintes janelas:

- A janela de edição dos dados (**SPSS Data Editor**) mostra um conjunto de células características de uma folha de cálculo, permitindo criar arquivos de dados ou modificar os já existentes;

- A janela de comandos (**SPSS Sintax Editor**) mostra os comandos correspondentes às diferentes operações efetuadas. Apresenta vantagens quando fazemos sempre as mesmas estatísticas;

- A janela de resultados (**SPSS Viewer** ou **Output**) mostra os resultados sempre que executamos um procedimento de análise;

A janela de **Script** é uma janela de programação que permite personalizar e automatizar as tarefas do SPSS.

Definição de Variáveis (*Variable View*)

1º passo: Definir o nome da variável

Na coluna **Name** *da versão 10 ou na caixa* **Variable Name** *da caixa de diálogo* **Define Variable** *da versão 15.0, escreve-se no primeiro caso o nome que se pretende dar à variável ou substitui-se 'VAR00001' por um nome sugestivo que permita identificar a que se referem os valores que serão introduzidos nessa coluna.*

Existem algumas regras que se aplicam na definição dos nomes das variáveis:

- Qualquer nome de uma variável não pode ter mais de oito caracteres;
- O nome deve começar com uma letra;
- Os nomes das variáveis não devem acabar em um ponto;
- Os espaços em branco e os caracteres especiais não podem ser usados.

2º passo: Definir o tipo de dados

No lado esquerdo, podemos escolher o tipo de dados relativos à variável, selecionando o círculo correspondente. As variáveis podem ser tanto quantitativas, como, por exemplo, a altura ou a idade, quanto qualitativas, como o sexo ou o nome. Por regra, escolhe-se o tipo de dados numérico, mesmo que a variável seja qualitativa, pois no caso das variáveis qualitativas, é útil usar valores numéricos. Deverá ser usado este procedimento sempre que possível exceto, por exemplo, em variáveis tais como 'Nome', na qual não traz vantagem usar valores numéricos.

Após ter definido o tipo de dados, clique em ***Continue*** da subcaixa de diálogo ***Define Variable Type*** para voltar à caixa de diálogo ***Define Variable,*** onde será possível observar as alterações na zona de descrição.

NOTA: *O tipo de dado numérico deve ser preferencialmente usado relativamente aos outros tipos de dados. Por regra, todas as variáveis são assumidas como numéricas. Os tipos comma, dot, scientific notation, date, dollar, custom currency são formatos alternativos para a escrita de valores numéricos. String é um tipo que aceita a escrita de qualquer símbolo ASCII.*

Neste passo, podemos também definir, no canto direito, o número do tamanho da variável (width) e o número de casas decimais da variável quantitativa (decimals places).

3º passo: Definir o tamanho da variável

O tipo de variável inclui ainda a definição do seu tamanho (width), com um limite de 40 caracteres, e do número de casa decimais (decimal places) com um limite de 16 casas decimais.

4º passo: Definir o número de casas decimais

O número de casas decimais da variável quantitativa pode ser definido também na coluna 'decimals', bastanto clicar no lado direito da céluna e com o mouse, subir ou descer a seta de ajuste.

5º passo: Escrever por extenso o nome das variáveis

Na versão 11.0, para atribuir uma descrição por extenso ao nome da variável, basta clicar na coluna dos labels e escrever o nome da variável, uma vez que em name, só dá para escrever oito caracteres e, por vezes, precisamos de muito mais. Uma opção para definir melhor a variável é escrever a pergunta a que se refere no seu questionário de pesquisa.

6º passo: Codificar as variáveis qualitativas

Quanto aos códigos das categorias, basta clicar no canto direito da coluna dos values. Exemplo: No caso da variável sexo (variável qualitativa), podemos usar os valores 1 e 2, em vez de masculino e feminino, respectivamente, na introdução da variável sexo. Deste modo, podemos atribuir a categoria masculino ao valor 1 e feminino, ao valor 2. Para atribuir esses códigos aos valores das variáveis, escrevem-se nas caixas ao lado das opções **Value** o valor e o nome da categoria, respectivamente, como se pode observar na figura 20. Para introduzir cada uma das categorias, clica-se no botão **Add**.

Quando você tiver introduzido todas os códigos das categorias, deverá clicar em **Continue** da subcaixa de diálogo **Define Labels** para voltar à caixa de diálogo **Define Variable**.

7º passo: Valores faltantes - "missing values"

É muitas vezes útil saber qual informação falta. Por exemplo, em um questionário, podemos ter dois tipos de valores desconhecidos e querer distingui-los. O primeiro devido ao fato de um indivíduo não ter dado uma resposta e o segundo devido ao fato de que a variável em questão não se aplica a esse indivíduo. Neste caso, atribui-se um valor a cada um dos casos e definem-se as categorias para esses valores.

Por exemplo, se desconhecemos o sexo de um indivíduo, clica-se na coluna ***missing*** da versão 15.0. Surgirá, então, a subcaixa de diálogo ***Define Missing Values***.

Logo após, define-se um valor de "missing" e clica-se em ***Continue*** para voltar à caixa anterior. Contudo, podemos definir como ausentes para a estatística até três valores discretos, um intervalo de valores ou um intervalo junto com um valor discreto.

Os valores de uma variável especificados como ***missing values*** pelo utilizador são excluídos do tratamento estatístico dos dados e tratados como um caso especial. Não se pode definir como *missing values*, para as variáveis alfanuméricas (strings), resultados com mais de 8 caracteres.

Todos os valores atribuídos às strings são considerados válidos, a menos que sejam especificados como *missing values*.

8º passo: Alterar o formato da coluna

Para alterar o tamanho da coluna da variável em questão, deve-se clicar em **columns** e com o mouse sobre a seta, aumenatr ou diminuir o tamanho da coluna.

9º passo: Alterar o alinhamento dos dados

Para alterar para um dos alinhamentos disponíveis - **left** (esquerdo), **right** (direito) e **center** (centralizado) - basta clicar no canto direito da célula e selecionar o alinhamento desejado.

10º passo: Definir o tipo de variável

A especificação do tipo de variável é apenas relevante para gerar tabelas e gráficos. Existem três tipos de variáveis admitidas pelo SPSS: scale (quantitativa), ordinal (ordinal) e nominal (nominal). As variáveis do tipo **nominal** e **ordinal** são ambas tratadas como categóricas nos procedimentos da feitura de tabelas e gráficos. No caso da variável sexo, definimos como sendo uma variável **Nominal**.

Inserção de dados (Data View)

Tem de se repetir este processo para todas as variáveis que queiramos criar. Depois de definir todas as variáveis, podemos, então, passar à introdução dos dados. Para isto, *basta dar um clique no botão inferior esquerdo da tela (***Data View***) para ir para a janela de inserção dos dados coletados. Nesta hora, o pesquisador deve estar de posse dos questionários numerados preenchidos pelos informantes. Os questionários são ótimos instrumentos para a coleta de dados e devem ser preferidos para a coleta sempre que possível.*

Para as variáveis qualitativas, introduzimos os valores correspondentes aos códigos atribuídos a esses valores. Nas variáveis quantitativas, basta apenas introduzir os valores observados. Se em uma variável com respeito a um informante, se desconhecer o valor dessa variável, deixa-se em branco esse valor, a menos que tenhamos definido categorias para os dados faltantes.

Quando tivermos definidas todas as variáveis sem, contudo, termos introduzido os dados, teremos a "máscara da base de dados".

Depois de introduzidos os dados, temos finalmente a base de dados pronta para as análises estatísticas pertinentes.

No próximo parágrafo, exporemos alguns comandos de análise de dados no SPSS, cerca de 40 técnicas estatísticas, e as respectivas sequências de passos para sua realização.

RECODE

Agrupa as categorias de uma variável em outras, geralmente de menor quantidade.

Sequência de Passos:

1. TRANSFORM;
2. RECODE;

3. INTO DIFFRENT VARIABLES;
4. Selecionar a variável a ser recodificada;
5. OUTPUT VARIABLE: indicar o nome da nova variável;
6. CHANCE;
7. OLD AND NEW VALUES...;
8. VALUES [ ] –
9. NEW VALUES [ ] -
10. [ ] ADD ;
11. CONTINUE;
12. OK;
13. VARIABLE NEW;
14. Acertar os parâmetros da nova variável.

COMPUTE

Cria classes para uma variável de interesse.

Sequência de Passos:

1. TRANSFORM;
2. COMPUTE;
3. TARGET VARIABLE: indicar um nome para a variável em classes
4. NUMERIC EXPRESSION: indicar l para a condição da 1ª classe, 2 para a 2ª classe, 3 para a 3ª classe, e assim por diante. Para cada classe, deverá ser feito um COMPUTE;
5. IF;
6. INCLUDE IF CASE SATISFIES CONDITION;
7. Estabelecer a condição;
8. CONTINUE;
9. OK.

SELECT CASE

Cria uma nova base por meio da base já existente e seleciona aleatoriamente uma amostra da base existente.

Para criar uma nova base:

Sequência de Passos:

1. DATA;
2. SELECT CASE;
3. IF CODITION IS SATIFIED;
4. IF;
5. Colocar a condição para criar a nova base;
6. DELETE;
7. OK.

Para selecionar aleatoriamente uma amostra da base existente:

Sequência de Passos:

1. DATA;
2. SELECT CASE;
3. RONDON SAMPLE OF CASE;
4. SAMPLE;
5. APPROXIMATELY [   ]% OF CASES;
6. DELETE;
7. OK.

MERG

Une bases distintas.

Sequência de Passos:

1. Abrir o arquivo ao qual será adicionada uma base;
2. DATA;
3. MERG FILES;
4. ADD CASES;
5. Selecionar arquivo onde está a base a ser adicionada;
6. ABRIR;
7. OK.

Observação:

As bases que serão unidas devem ter compatibilidade de variáveis no que se refere à denominação, formatação e quantidade.

SPLIT FILE

Produz tabelas de frequência e estatísticas descritivas de subgrupos da base.

Sequência de Passos:

1. DATA;
2. SPLIT FILE;
3. ORGANIZE OUTPUT BY GROUPS: indicar a variável pela qual devem ser realizadas as estatísticas por seus subgrupos;
4. OK (aparecerá em cima da base atual uma nova base organizada por grupos da variável pela qual se deseja estatísticas por grupos);
5. ANALYZE;

6. Selecionar a estatística pretendida, por exemplo, FREQUENCIES/DESCRIPTIVES;
7. Selecionar as variáveis para produzir estatísticas por subgrupos;
8. OK.

OBS: Tanto no *SELECT CASE* quanto no *MERG* e no *SPLIT FILE,* para voltar à base original. basta dar os comandos **DATA → SELECT CASE → ALL CASES**.

Impressão e acabamento
Gráfica da Editora Ciência Moderna Ltda.
Tel: (21) 2201-6662